JN028185

新 調理の科学

－基礎から実践まで－

高崎 禎子・小林 理恵 編著

学文社

はしがき

　私たちが生きていくために，食べることは欠かせません。いろいろな種類の食べ物をそのまま食べるのみならず，人類は火を使い調理することで，食品を安全で消化吸収しやすい形にし，さまざまな食品を組み合わせ，食事として摂取しています。はじめは，空腹を満たすための食でしたが，作物を栽培し，家畜を飼育することで食料を確保できるようになると，各地域の歴史と文化も影響し，生活に潤いや楽しみをもたらすおいしい食べ物が求められるようになりました。先人たちは，試行錯誤し，経験によりおいしいものを作り出すことに成功し，調理法が「かん(勘)」や「こつ」として伝承されてきました。自然科学の発展とともに，食品を取り巻くさまざまな学問が体系化されました。それにより多くの事象が解明され，複合的な領域である調理も50年ほど前に「調理学」として基盤が確立されました。今では，基礎的な理論に基づいて，要点を押さえることで調理技術の習得が容易にできるようになり，再現性のある調理が可能となっています。

　調理は，食事計画を立て，それに従い食品を選択・入手して，食品にさまざまな操作を施し，出来上がった食べ物を盛りつけ，食するまでのプロセスを含んでいます。調理の過程では，食品の栄養機能(栄養成分による)，感覚機能(物性，嗜好成分による)および生体調節機能(生理機能成分による)に変化が生じます。調理の仕方によっては，体に有用なものになり，または，調理操作で有害物質ができることもあります。さらに，調理方法により，嗜好性の高い食べ物になり，または，嗜好に合わないものになることもあります。したがって，食品の調理上の性質や調理操作の原理を十分に理解し，各操作のポイントを把握することで，安全でおいしい食べ物を調製するための調理条件を工夫することが大切です。調理過程で起きている科学的現象を十分に理解し，実践することができれば，目的とする食べ物を調製することができます。

　2020年4月に当時の管理栄養士国家試験出題基準(ガイドライン)や「日本食品標準成分表2020年版(八訂)」に沿い，調理を行う際の基礎的な内容から，実際に対象者を考えて食べ物を調製する力を身につけて実践できるようになるために，本書を企画しました。その内容として，環境や食文化の知識も習得したうえで，さまざまな対象者に対する食事設計ができるように配慮して構成しました。また，調理に興味をもつ皆様に十分役立つものとするため，災害時の食を新しい視点として取り入れました。

　初版より4年が経過し，社会情勢も変化しています。2023年2月に令和4年度 管理栄養士国家試験出題基準(ガイドライン)改定検討会は，管理栄養士の今後の方向性を踏まえた上で見直しを行い，報告書を発表しました。また，国民の健康の増進の総合的な推進を図るための基本的な方針が全部改正され，2024年4月から「健康日本21(第三次)」として開始されます。さらに「日本食品標準成分表2020年版(八訂)」も「日本食品標準成分表(八訂)増補2023年」として食品数の追加が行われました。本書は，従来の内容構成を引き継

ぎ，最新情報を加え，改訂版として出版することとしました。

　最後に，本書を出版するにあたり，ご尽力，ご配慮をいただきました学文社社長の田中
千津子様はじめ編集部の方々に厚くお礼申し上げます。

2024 年 4 月吉日

　　　　　　　　　　　　　　　　　　　　　　　編者　高崎禎子　小林理恵

目　次

第4章 調理と安全

第5章 調理と食品機能

第 8 章　調理操作による化学的，物理的，組織的変化

第 9 章　調理と食文化

第 10 章　食事設計

第1章 調理とは

1.1 調理の意義

調理とは，広義には食事計画を立て，それに従い食品を選択・入手し，調理操作を経て仕上がった食べ物を盛り付け，食卓を構成するまでをいう（図1.1）。この過程における改善点を次の食事計画に生かすことで，食事はスパイラルアップされていく。狭義の調理はこの一連の流れにおいて，さまざまな調理条件で処理を施し，食品を化学的，物理的および組織的に変化させ，私たちにとって好ましい食べ物に変える操作をさす。言いかえれば，いつも同じ良い状態の食べ物を提供するためには，食品が好ましい変化をするための調理条件を知ることが重要であり，これを学ぶのが調理科学（調理学）である。

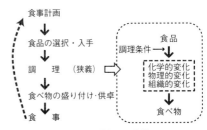

図 1.1 調理の意義

1.2 調理の目的

食品は私たちにとって好ましい特性である，栄養機能（一次機能），感覚機能（二次機能），生体調節機能（三次機能）を備えている。栄養機能は，生命を維持し活動するために必要な栄養素やエネルギー源として働く。感覚機能は，色，味，香り，テクスチャーなどが感覚に作用し，おいしさに関与する。そして，生体調節機能は，栄養素とは別の成分が，生体の免疫系，分泌系，神経系，循環系，消化系，細胞系などにおいて，生体のリズムを調節し，生体防御，疾病の予防・回復，老化防止などを調節・制御する。実際に食品に含まれている成分の中には，2つまたは3つの機能を併せ持つ場合もある。

調理は私たちの命を維持するだけでなく，心身の健康を保ち，生活を豊かにするために，これらの優れた機能性を有する食品の安全性，栄養性，嗜好性を高めた食べ物に調整することを目的としている（図1.2）。

たとえば，「じゃがいも」は糖質や，微量栄

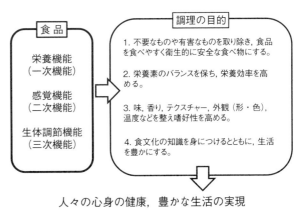

人々の心身の健康，豊かな生活の実現

図 1.2 調理の目的

1

養素のカリウムやカルシウムが多く含まれ，淡泊な味わいから他の食品との調和を楽しむことができる食品である。しかし，収穫したてのじゃがいもは土がついており，硬くてそのままでは食べられない。これを洗って皮や芽を取り除き，食べやすい大きさに切って加熱することで，安全で栄養価を高め食べやすくすることができる。加熱する時に利用される水と熱は，消化しにくいでんぷんの構造を変化させ，体内において消化しやすくする。煮汁にだしのうま味や調味料を加えて味を調え，その他の食品と組み合わせることで，じゃがいものおいしさをさらに高めることができる。

　また，「肉じゃが」などの和食の定番料理や郷土料理は，日本の家庭や地域で親しまれ，その調理法は伝承技術として受け継がれてきた。これまでに構築されてきた家庭や地域・国の食文化を伝承していくこと，農山漁村の豊かな地域資源である食品に新たな付加価値を生み出し[*]，文化を創出することも調理の目指すべき事柄であろう。

1.3　調理科学（調理学）の役割

　長い間，食べ物をおいしく仕上げるこつは，人から人への伝承や修業により体得していくものと考えられていた。しかし，調理過程で起こる食品の変化には，科学的アプローチができるはずであると考えられるようになり，調理のこつが科学的に解明され，調理科学が学問として発展してきた。さまざまな研究成果は，日々の調理技術や食生活に役立つ調理理論として体系化され，社会において広く応用されている。

　例えば焼き魚を調理する時には，古くから「強火の遠火」が良いとされてきた。これは強火にして熱源から放射熱を放出させ，遠火にして対流を均一にする手法を表現したものであることが明らかにされている。炭火焼きが理想的とされる理由は，火力が強く放射熱をつくりやすいためである。この加熱法は，家庭用コンロに搭載されているグリルの構造に生かされ，小さな庫内でおいしい焼き魚が簡単に調理できるようになった。

　ここ数年では，わが国の行政による米活用の施策が背景となり，米粉の新たな用途の提案が増えている。特に小麦代替粉としての利用については，科学的なエビデンスが蓄積されており，小麦アレルギーを抱える人々が安心して食生活を楽しめるよう，食べ物の選択の幅を広げることにつながっている。

　また，国連サミットでは，2015年に「持続可能な開発のための2030アジェンダ」が採択され，17のゴールが示された。「持続可能な開発」とは，「将来世代のニーズを損なわずに，現代世代のニーズを満たす開発」のことであり，健康・福祉に寄与することはもちろん，持続可能な消費と生産，環境負

＊六次産業化・地産地消法（平成22年公布）　農林漁業の六次産業化とは，一次産業としての農林漁業と，二次産業としての製造業，三次産業としての小売業等の事業との総合的かつ一体的な推進を図り，農山漁村の豊かな地域資源を活用した新たな付加価値を生み出す取組みである。

荷の低減につながるエネルギーの利用方法など，実践につながる提案をするための研究に取り組むことも調理科学の使命であろう(p.55 参照)。

このように調理科学は，自然科学(食品学，栄養学，物理学，化学，生物学，工学，環境学など)的な側面ばかりでなく，人文科学(心理学など)，社会科学(政治・経済学，民俗学など)的なアプローチも加えて，調理に関わる事柄について多面的に追究している総合科学的な学問である。すなわち，「人がどのような食べ方をしたらよいか」を学び研究することを目的としている。

1.4 栄養士・管理栄養士と調理

栄養士・管理栄養士には，保健，医療，介護・福祉，研究・教育，スポーツなど多くの活躍の場があり，各領域において個人や集団の栄養に関するあらゆる課題に取り組むことになる。

「おいしく食べたい」という気持ちは，人々の共通の願いである。おいしい食べ物は，体の中でも利用しやすい状態になるばかりでなく，生活に楽しみと豊かさを与える。食品を組み合わせ，エネルギーや栄養素バランスを適した状態に整えたとしても，おいしくなければ食べ続けることはできない。おいしいと感じるためには，食べ物だけではなく，食べる人の状態も関わるため，その支援には高い専門性が求められる。特に心身の問題を抱え，栄養管理を必要とする人々に寄り添い，栄養性，嗜好性に配慮した食べ物を調製するためには，調理理論と技術を修得する必要がある。

食品の優れた機能性を知り，これに含まれる成分が消化・吸収され，代謝されることによりどのように人の健康に関わるのかを考える時に，栄養士・管理栄養士は調理科学で学ぶ「人がどのような食べ方をしたらよいか」という視点を失ってはならない。また調理科学での学びは，大量調理を伴う食品加工や給食管理の基礎となるほか，ライフステージおよび疾病ごとの栄養管理の実践における食事設計につながる。栄養士・管理栄養士の現場において調理科学がどう生かされるのかについては，本書の第 10 章にて概説するが，「人が食べる」ことに従事する者にとっては，欠くことのできない学問であることを理解してほしい。

📖 参考文献

十河桜子，相墨智，伊藤あすか，西川向一：特集 熱源としての燃焼 実用機器の現状とこれからの燃料／ガス調理機器の燃焼およびその周辺技術，日本燃焼学会誌，**52**，267-274（2010）

長尾慶子編著：調理を学ぶ［第 3 版］，八千代出版（2021）

吉田惠子，綾部園子編著：新版 調理学，理工図書（2020）

第**2**章　食生活と健康

2.1　食生活の現状

　わが国は第二次世界大戦後の食料難による低栄養問題に対する対策として，栄養改善法を制定し，さまざまな取組みを行ってきた。また，戦後の急速な経済成長に伴い，洋風化が急速に進み，日本人の食生活が大きく変容した。その結果，国民の食生活は豊かになり，栄養改善法は平成 15（2003）年にその役割を終えた。近年では，食品加工技術の進展や流通が発達し，食品，加工品が世界中から集められるようになったことで食の多様化が進んだ。豊かな食生活になったことで，日本人の食に対する意識の変化，課題がみられるようになった。そこで，食生活の状況について令和元（2019）年の「国民健康・栄養調査」の結果をもとに概説する。

2.1.1　肥満およびやせの状況

　20 歳以上の男性で BMI 25 kg/m^2 以上の者[*1]の割合が 33.0 ％（総数）と 3 人に 1 人が肥満者で平成 25 年から有意に増加している。肥満はメタボリックシンドロームとも関連し，多くの生活習慣病の危険要因となる。

　20 歳以上の女性では肥満者の割合が 22.3 ％（総数）であり，10 年間で有意な増減はみられないが，高年齢層で割合が高く，60 歳代で 28.1 ％となっている。一方，やせ（BMI < 18.5 kg/m^2）の割合は，男性 3.9 ％，女性 11.5 ％（総数）であり，この 10 年間でみると男女ともに増減は見られない。しかし，20 歳代女性のやせの割合は 20.7 ％と，年齢階級別では高値を示した。極端なやせは免疫機能の低下にもつながり，さらに若い女性の場合，生殖機能や次世代にも影響[*2]する。過去 10 年間の推移では肥満もやせも改善傾向にあるとはいえない。

2.1.2　食塩摂取量は徐々に減少

　20 歳以上の男女 1 日の平均摂取量は 10.1 g で，男性 10.9 g，女性 9.3 g となっており，男性はこの 10 年間で減少傾向，女性はこの 4 年間で増減がみられない（図 2.1）。年齢階級別では，男性では 30 歳代，女性では 20 歳代が最も少なく，男女とも 60 歳代で最も多かったと報告している。日本人の食

*1　**BMI（Body Mass Index）** ボディマス指数と呼ばれ，体重と身長から算出される肥満度を表す体格指数のこと。成人ではBMIが国際的基準となっており，肥満のスクリーニングにも用いられている。「BMI = 体重（kg）÷ 身長（m）^{2}」の計算式で求められる。BMI 22 が適正体重とされ，日本肥満学会では，BMI 18.5 未満が「やせ」，BMI 18.5 以上 25 未満が「普通」，BMI 25 以上が「肥満」としている。

*2　**女性のやせの影響**　体に必要な栄養が不足すると筋肉量の低下とともに，体脂肪の減少により月経異常や無月経を誘発し，不妊の原因ともなり得る。また，低栄養状態で妊娠した場合，低体重児の出産につながることもあり，低体重児は将来生活習慣病を罹患するリスクが高いことがわかっている。

事摂取基準（2020 年版）では，成人 1 日あたり男性 7.5 g 未満，女性 6.5 g 未満の目標量*が設定されており，減少傾向にはあるものの目標値に到達していないのが現状である。

2.1.3 年齢による野菜摂取量の差

20 歳以上の男女の野菜摂取量の平均値は 280.5 g，男性 288.3 g，女性 273.6 g であった（図 2.2）。健康日本 21（第二次）の野菜摂取量の目標値は 1 日 350 g の摂取を推奨しているが，目標値に届いていない。生活習慣病を発症し始める 20 〜 40 歳代の摂取量が少なく，男性では 70 歳代，女性では 60 歳代が最も多く，年齢による差が明らかとなっている。若年層の野菜摂取不足からくるビタミンやミネラル，食物繊維など栄養素の不足が懸念され，対策が重要である。

2.1.4 性・年代別の食習慣改善の意思の違い

食習慣改善の意思について，「関心はあるが改善するつもりはない」と考える者の割合が男女で最も高かった（図 2.3）。また，BMI の状況別にみると，

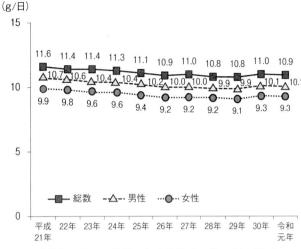

図 2.1 食塩摂取量の平均値の年次推移（20 歳以上）（平成 21 〜 令和元年）

出所）厚生労働省：令和元年国民健康・栄養調査結果の概要
https://www.mhlw.go.jp/content/10900000/000687163.pdf（2023.6.23.）

＊日本人の食塩摂取目標量
WHO（世界保健機関）の掲げる食塩摂取推奨量は，高血圧による心疾患や脳卒中のリスク軽減から，1 日 5 g 未満となっている。しかし，現在の日本人の食生活ではこの 5 g の目標量は達成することが難しく，日本人の食事摂取基準（2020 年版）では実施の可能性を考慮し，男性 7.5 g 未満，女性 6.5 g 未満としている。

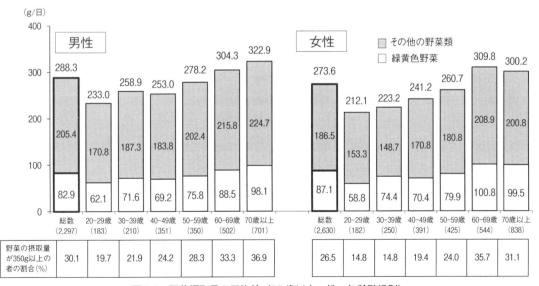

図 2.2 野菜摂取量の平均値（20 歳以上，性・年齢階級別）

出所）図2.1に同じ

男女ともに普通および肥満の者で「関心はあるが改善するつもりはない」,「食習慣に問題はないため改善する必要はない」と回答した割合が高かった(図

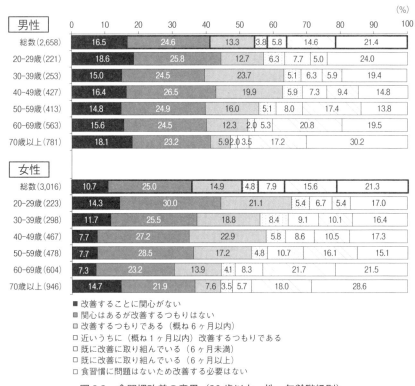

図 2.3 食習慣改善の意思（20 歳以上，性・年齢階級別）

出所）図2.1に同じ

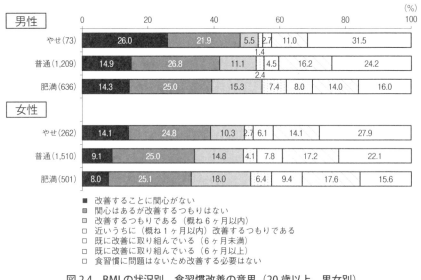

図 2.4 BMI の状況別，食習慣改善の意思（20 歳以上，男女別）

出所）図2.1に同じ

2.4）。いわゆる「健康無関心層」の実態が明らかになり，この健康無関心層に対し健康改善をいかに後押しするかが課題である。さらに，食塩摂取量の状況別でみると，男女ともに1日の摂取量が8g未満の者であっても，8g以上の者であっても，「関心があるが改善するつもりはない」と回答した割合が最も多かった（図2.5）。

　健康な食習慣の防げとなる点では，年齢階級別でみると，30～40歳代での「仕事（家事・育児等）が忙しくて時間がないこと」と回答した割合が最も高い。子育てに時間が取られる，あるいは仕事の責任が増してくる世代では，食習慣改善が後回しになっている状況がうかがえる（図2.6）。次いで，20歳代を除いてすべての年齢で「面倒くさい」と回答した割合が高く，時間がとれないことや意欲がないことが防げとなっていることが考えられる。

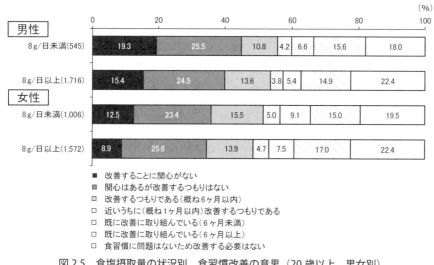

　　■ 改善することに関心がない
　　■ 関心はあるが改善するつもりはない
　　□ 改善するつもりである（概ね6ヶ月以内）
　　□ 近いうちに（概ね1ヶ月以内）改善するつもりである
　　□ 既に改善に取り組んでいる（6ヶ月未満）
　　□ 既に改善に取り組んでいる（6ヶ月以上）
　　□ 食習慣に問題はないため改善する必要はない

図 2.5　食塩摂取量の状況別，食習慣改善の意思（20歳以上，男女別）

出所）図2.1に同じ

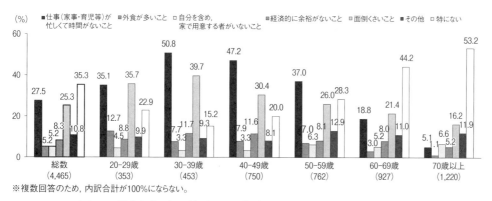

※複数回答のため，内訳合計が100%にならない。

図 2.6　健康な食習慣の妨げとなる点（20歳以上，男女計，年齢階級別）

出所）図2.1に同じ

わが国の健康増進にかかる取組みとして,「国民健康づくり対策」が数次にわたり行われてきている。1987年に始まった第1次国民健康づくり対策から,第2次国民健康づくり対策(アクティブ80ヘルスプラン)(1988年～),第3次国民健康づくり対策(健康日本21)(2000年～)へと進んだ。本項では,第4次国民健康づくり対策(健康日本21(第二次)),の最終評価概要と,さらに,第5次国民健康づくり対策(健康日本21(第三次))について概説する。

2.2.1 健康日本21(第二次)最終評価

健康日本21(第二次)は2013年度から10ヵ年計画で始まった国民健康づくり運動プランと呼称された国民運動であり,2022年10月に最終評価報告がまとめられた。目標値として掲げられた53項目のうち,約5割の項目が目標値に達した,もしくは目標値に達していないが改善傾向にあるという評価なった。一方で,約3割の項目が変わらない,悪化しているとなり,次期プランに向けた課題を残した。

*健康日本21(第二次)最終評価報告書概要　厚生労働省による最終報告は,以下のサイトに概要としてまとめられている。
https://www.mhlw.go.jp/content/000999450.pdf(2023.8.16.)

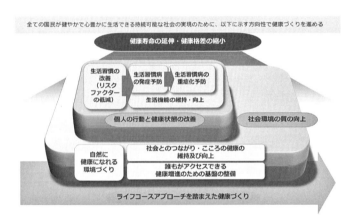

図2.7　健康日本21(第三次)概念図

出所)厚生労働省:健康日本21(第三次)推進のための説明資料
https://www.mhlw.go.jp/content/001158870.pdf(2023.6.23)

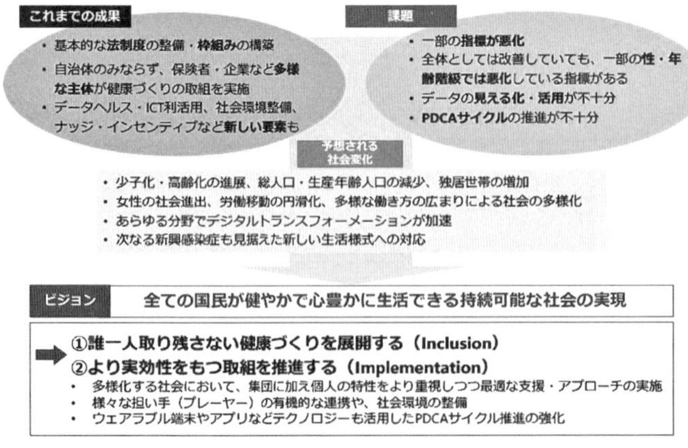

2.2.2 健康日本21(第三次)

2024年度から開始される次期プラン,健康日本21(第三次)のビジョンおよび基本的な方向(図2.7)が示され,2035年度までの12ヵ年計画で進められる。「全ての国民が健やかで心豊かに生活できる持続可能な社会の実現」をビジョンとし,実現に向け基本的な方向を4つ定め,誰一人取り残さない健康づくり(Inclusion)を展開し,より実効性をもつ取組み(Implementation)を推進する(図2.8)。第二次と同様に目標項目を設定し,第二次で未達のものは同じ目標値,目標を達成したものはさらに高い目標値を設定するとされている。

図2.8　健康日本21(第三次)のビジョン

出所)図2.7に同じ

2.3 食事の意義

　私たちはなぜ食べるのか，私たちが今日も食べる理由とは。食事の最も重要な役割は，人間の生存と健康を維持・増進するための基本的な要素である。食事を通じて私たちは栄養素を摂取し，エネルギーを得る「生理的機能」である。適切な食事内容や食事時間は，サーカディアンリズム[*]と呼ばれる体内リズムを正しく調整し，生活リズムを整えるだけでなく，取り込まれた栄養素などの働きを正常に保つことにつながる。

　また，おいしい料理は喜びや満足感，穏やかな気持ちになるなど，心を安定させる働き「精神的機能」があり，ストレスを発散し，生活意欲の向上にもつながる。さらに，家族や友人とのコミュニケーションや人間関係の結びつきを築く「社会的機能」として重要な手段でもある。コミュニケーションを円滑にするためにも，基本的な食事マナーや冠婚葬祭時の作法を学び，食経験や感謝の気持ちを育むことも重要である。

[*] サーカディアンリズムとは1日周期の体内リズムを指す。日本語では「概日リズム」と呼ばれる。「サーカ」はラテン語で「約，おおむね，おおよそ」という意味の「circa」，「ディアン」は「1日」という意味の「dies」に由来している。ヒトでは約24時間周期であり，食事や運動，光，は体内時計を調整するための重要な因子となる。

📖 参考文献

大池秀明：解説　時間栄養学によるサーカディアンリズム制御　食品・栄養成分から体内時計を調節する，化学と生物，**59**，75-83（2021）

厚生労働省：健康日本21（第三次）推進のための説明資料
　https://www.mhlw.go.jp/content/001158870.pdf
　https://www.mhlw.go.jp/content/001158871.pdf（2023.8.17.）

厚生労働省：健康日本21（第二次）最終評価報告書概要
　https://www.mhlw.go.jp/content/000999450.pdf（2023.8.17.）

厚生労働省：日本人の食事摂取基準2020
　https://www.mhlw.go.jp/content/10904750/000586553.pdf（2023.9.5.）

厚生労働省：令和元年国民健康・栄養調査報告
　https://www.mhlw.go.jp/content/001066903.pdf（2023.6.12.）

布施眞理子，篠田粧子編：応用栄養学，学文社（2015）

コラム1　日本人の野菜摂取量

　国民健康・栄養調査では，1日の野菜摂取量が280g程度で，健康日本21の目標量である350gまであと70g足りていないのが現状である。毎日サラダを食べているから，と野菜をとっているつもりになってはいないだろうか。生野菜であればかさがあり，多く食べていると思いがちだが，意外にそれほど食べられていないこともある。毎日の味噌汁に野菜をプラスして具沢山にする，加熱して食べる野菜料理のアレンジなど，調理の工夫することで，あと70gに届くことが期待できる。

第3章　調理とおいしさ

3.1　おいしさに関与する要因

3.1.1　おいしさとは

　私たちは，おいしいものを求めている。飢えや渇きを満たし，健康を維持するために食事という形で栄養素を摂取しているが，食事は栄養素を含んでいれば十分だろうか。栄養的に満たされていても，おいしくなければ，人は継続的に食べることができない。

　私たちはどのような食べ物に「おいしさ」を感じるであろうか。生まれたばかりの赤ちゃんに甘味やうま味を口に含ませると穏やかな表情を示すが，本来，忌避すべき酸っぱいものや苦いものを与えるといかにも「嫌い」という表情を示す。食べ物のおいしさは，その成り立ちから本能的なおいしさと，生後に獲得したおいしさに分類される（表3.1）。本能的なおいしさは，遺伝情報に組み込まれたもので，体が常に必要とする砂糖や油脂などのエネルギー源，たんぱく質の構成要素であるアミノ酸，ミネラルなどである。生後に獲得したおいしさは体験を重ねることで獲得したものである。

表 3.1　食べ物のおいしさの成り立ち

1) 本能的なおいしさ 　　栄養素・エネルギー源のおいしさ 　　　　欠乏するほどおいしい 2) 生後に獲得したおいしさ 　①物心つくまでの体験 　　　食文化 　　　おふくろの味 　②物心ついてからの経験・学習 　　　摂取時に快の実感と連合したおいしさ 　　　情報によるおいしさ 　　　大人のおいしさ（苦いもの，強い香辛料） 　　　嗜好品としてのおいしさ 　　　（こだわり，病みつき，うんちく，げてもの）

出所) 山本隆：おいしさとコクの科学. 日本調理科学会誌. 43.
327-332（2010）

3.1.2　おいしさに関与する要因

　おいしさは，食べ物の状態に加え，食べる人の状態や環境要因により左右される。同じ人でも健康状態によっても評価が異なることがある。食べ物の

・・・・・・・・・・・・・・・・・・・・・・・・・・ コラム 2　情報とおいしさ ・・・・・・・・・・・・・・・・・・・・・・・・・・

　「食品の価格」「産地」「安全に関する情報」「企業イメージ」「宣伝・コミュニケーション情報」あるいは，「消費する場面・環境」などの食品についての情報も脳内の味覚情報処理に強い影響を及ぼすことが知られている。特に有名店のお菓子，行列のできる店の料理，値段の高い高級ワインなどは，ことさら，おいしく感じる。これは，ほかの動物ではみられない人間特有のものである。

出所) 相良泰行：食感性モデルによる「おいしさ」の評価法. 日本調理科学会誌. 41. 390-396（2008）

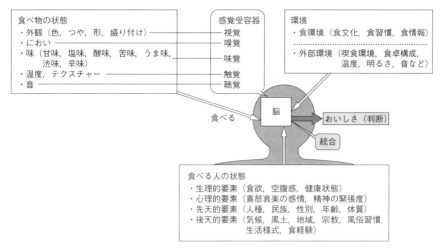

図 3.1　食べ物のおいしさに関与する要因

出所）筆者作成（初出：池本真二他編著：食事と健康の科学（第3版），108，建帛社（2010））

おいしさの判断は，生まれ育った地域の食文化・食習慣も大きく影響し，同じ食べ物でもその人の背景にある文化によって大きく異なる。フランス人と日本人では，同じものを食べても嗜好が異なり，日本人は軟らかく粘りのある米を好むが，フランス人は硬く，付着性のない米を好む。さらに，宗教などもその地域の食文化に大きな影響を与えており，タブー（食物禁忌）となっている食べ物は，おいしいとは感じない。さまざまな情報が加わって脳で判断されるので，複雑であり，個人差も大きい（図 3.1）。

3.1.3　味

食品には，固有の呈味成分が含まれており，甘味，塩味，酸味，苦味にうま味を加えた五種が基本的な味と考えられている。うま味という概念は，欧米にはなかったが，日本人研究者が中心になって取り組んだ成果により，うま味も基本味の一つであるという概念が国際的に認められ，定着してきた。今や "umami" という言葉は国際語になっている。基本味は，明らかに他の味と異なる普遍的な味で，他の基本味と組み合わせてもその味を作り出せず，独立の味であることが神経生理学的に証明されうる味である。

人類の歴史は飢餓との戦いであった。そこで，エネルギーになるものの存在，さらにたんぱく質，ミネラル等，体を構成する重要な成分の存在を瞬時に「味」として判断するシステムが整ったと推定される（表 3.2）。体に必要な栄養素をおいしいと感じるのは，このような背景からと考えられる。

表 3.2　味の意義

味の種類	成分	役割
甘味	糖の存在	エネルギーの存在，血糖になる
塩味	ミネラルの存在	電解質維持，ナトリウムの存在
うま味	グルタミン酸	たんぱく質の存在
酸味	酸類	代謝を促進する有機酸，未熟な果実や腐敗のシグナル
苦味	アルカロイド	体内に取り入れてはいけない物質の存在

＊8.5.2甘味料参照

(1) 甘　　味

　甘味を呈する成分は，糖，アミノ酸，ペプチド，テルペン配糖体など多種多様である。単糖類(グルコース，フルクトース，ガラクトースなど)，オリゴ糖(スクロース，乳果オリゴ糖，フラクトオリゴ糖など)は一般に甘味を呈するが，糖の種類により，甘味特性は異なる。天然高甘味度甘味料としてステビア，アセスルファムカリウム，グリチルリチンがあり，また，ペプチド類ではアスパルテームがある。

(2) 塩　　味

　塩味といえば，代表的な成分は塩化ナトリウムである。自然界には，カリウム(K^+)，カルシウム(Ca^{2+})，マグネシウム(Mg^{2+})，アンモニア(NH^{4+})などの陽イオンとハロゲンとの塩が存在し，塩味を呈するものが多い。塩味料として，食塩，みそ，しょうゆが利用されている。食物中の食塩濃度を**表 3.3** に示す。私たちがおいしいと感じる食塩濃度は，比較的狭く 0.6 から 1.5 ％である。特に，汁物の場合は生理的食塩水の濃度に近い 0.6 〜 0.8 ％が好まれる。

(3) 酸　　味

　酸味は解離した水素イオンの味であり，唾液の分泌を促進し，食欲を刺激する。食べ物の中で酸味を呈する代表的な成分として，酢酸，乳酸，クエン酸，リンゴ酸，酒石酸などがある(**表 3.4**)。これらの有機酸は，食品にはもともと含まれていたり，発酵や熟成中に生成される。食品中の有機酸は，それぞれ特徴のある酸味を示し，クエン酸は穏やかで爽快な酸味である。食酢は，酢酸濃度 4 ％であり，おいしいと感じる濃度は，酢酸で 0.02 〜 0.1 ％程度と大変薄い。酸味は単独でおいしいと感じることはなく，塩味や甘味と一緒になっておいしいと感じる。

(4) 苦　　味

　苦味を有する化合物は多く，毒物はほとんど苦味を有している。苦味は単独では快感を与えないが，ごく微量の苦味がおいしさに関係しているものがいくつかある。緑茶，紅茶，コーヒーに含まれるカフェインは苦味成分であるが，神経興奮，眠気予防，緊張緩和などの生理作用を有しており，嗜好品として利用されている。そのほか，チョコレートやココアに含まれるテオブロミン，ビールホップに含まれるフムロンなどがある(**表 3.5**)。

(5) うま味

　うま味は，アミノ酸系のものと核酸系のものに大別される。こんぶやチーズ，野菜類に含まれるグルタミン酸ナトリウム，煮干やかつお節などの

表 3.3　食物中の食塩濃度

食物	濃度(％)
汁物	0.6 〜 0.8
味付け飯	0.6 〜 0.8
食パン	1.1 〜 1.4
蒸し物	0.7 〜 0.8
煮物	0.8 〜 1.5
炒め物	0.8 〜 1.0
和え物	0.8 〜 1.5
漬物	2.0 〜 7.0
佃煮	4.0 〜 6.0
みそ	6.0 〜 13.0
しょうゆ	12.0 〜 16.0

表 3.4　食品に含まれる有機酸の種類

有機酸の種類	おもな所在
酢酸	食酢
乳酸	乳製品，漬物
クエン酸	かんきつ類
リンゴ酸	果物
酒石酸	果物，ワイン
フマル酸	果実
アスコルビン酸	果物，野菜，緑茶

表 3.5　食品に含まれる苦味成分

分類	種類	おもな所在
アルカロイド	カフェイン	緑茶，紅茶，コーヒー
	テオブロミン	チョコレート，ココア
テルペノイド	リモネン	かんきつ類
	フムロン	ビールホップ
	ククルビタシン	きゅうり，かぼちゃ
配糖体	ナリンギン	かんきつ類
	ソラニン	じゃがいも
	サポニン	だいず

魚類や肉類に含まれるイノシン酸ナトリウム，しいたけのグアニル酸ナトリウム，貝類や日本酒に含まれるコハク酸(有機酸の一種)が代表的なうま味成分である(**表3.6**)。うま味は，アミノ酸系のものと核酸系のものが共存すると著しく強められる(相乗効果*)。

表3.6　食品に含まれるうま味成分

種類	呈味成分	おもな所在
アミノ酸系	グルタミン酸ナトリウム	こんぶ，チーズ，野菜，緑茶
	アスパラギン酸ナトリウム	みそ，しょうゆ
	テアニン	緑茶
核酸系	イノシン酸ナトリウム	煮干し，かつお節，肉類，魚類
	グアニル酸ナトリウム	しいたけ，きのこ類
その他	コハク酸	貝類，日本酒

(6) コ　ク

「コクは味，香り，食感による多くの刺激(複雑さ(深み))のバランスで形成されるものであり，それらの刺激に広がりや持続性が感じられる味わいである」と西村敏英氏は提案している(西村ら2021)。コクを生じさせる可能性のある物質として，グリコーゲン，脂肪，グルタチオンなどの含硫化合物，各種ペプチド，各種遊離アミノ酸混合物が示唆されている。

*3.1.3 (8) 参照

(7) その他の味

辛味，渋味，えぐ味，金属味，アルカリ味は，他の基本味と異なり，味の伝達様式が異なる。これらは痛覚や収れん性，その他の皮膚感覚との複合感覚と考えられている。主な呈味成分を**表3.7**に示す。

辛味成分には，さまざまな生理機能があり，とうがらしのカプサイシンやこしょうのピペリンなどの辛味成分には体熱産生作用や抗酸化作用がある。渋味は，食品に含まれるポリフェノールが口腔内の粘膜表面のたんぱく質と結合することなどで引き起こされ，一般には好まれない味であるが，緑茶やワインでは適度な渋味がおいしさに影響を及ぼしている。茶葉のカテキン類は，抗酸化性，脂質代謝改善，血圧上昇抑制などの生理活性を有することが知られている。

表3.7　その他の味の呈味成分

種類	呈味成分	おもな所在
辛味	カプサイシン	とうがらし
	ピペリン	こしょう
	ジンゲロール	しょうが
	アリルイソチオシアネート	わさび，からし
渋味	タンニン	赤ワイン，かき(柿)
	カテキン類	緑茶，紅茶
えぐ味	ホモゲンチジン酸	たけのこ
	シュウ酸	ほうれんそう，山菜

・・・・・・・・・・・・・・・・・・・・・ コラム3　油脂とおいしさ ・・・・・・・・・・・・・・・・・・・・・

　油脂を多く含む食品，たとえば牛霜降り肉，脂ののった魚，マグロのトロ，乳脂肪含量の高いアイスクリーム，マヨネーズなどを私たちはおいしいと感じる。従来，油脂のおいしさはその香りやなめらかなテクスチャーが関与していると言われているが，それだけでは油脂のおいしさは説明できない。

　油脂そのものは，五基本味のように明確な味をもたず，食べ物の味，特にうま味や甘味を増強し，一方で苦味を抑えてトータルとして食べ物をおいしくする働きがあると考えられる。また，そのエネルギーの高いものは，特に空腹時は，消化・吸収後に強い快感を引き起こすので，食べ物の嗜好学習にも重要な役割を演じる。

出所) 山本隆：おいしさとコクの科学，日本調理科学会誌，**43**，327-332 (2010) および伏木亨：油脂とおいしさ，化学と生物，**45**，488-494 (2007) より

---

(8) 味の相互作用

　食べ物の味は，単独の味を味わうことは少なく，さまざまな味が複合された状態で味わうことが多い。数種の呈味成分が存在すると呈味性に変化が起こることがある。

　食塩が共存すると，アミノ酸，うま味成分，糖などの味覚強度は増強される。だしに塩を加えた際にうま味が引き立つように，異なる2種類の味が存在するときに一方の味が強まったように感じられる対比効果が引き起こされる。現在では，食塩の摂りすぎが問題となっているが，このような味の相互作用を上手に利用し，おいしさと健康の両面から減塩に心掛けたいものである。また，コーヒーに砂糖を加えると苦味が押さえられるように異なる2種の味成分を加えた際に，一方の味が弱められたように感じられる抑制効果が引き起こされる。うま味成分であるイノシン酸ナトリウムとグルタミン酸ナトリウムが共存すると，相乗効果がみられ，それぞれの単独の味の強さの和よりも何倍も味を強く感じられる。その例として，日本ではかつお節とこんぶがだしとしてよく利用され，西洋では肉料理にトマトソースが利用されるが，いずれもイノシン酸ナトリウムとグルタミン酸ナトリウムの相乗効果によりうま味が増強される絶妙の組み合わせである（表3.8）。

表 3.8　味の相互作用

分類	味（多）＋（少）	例
対比効果	甘味＋塩味（甘味を強める） うま味＋塩味（うま味を強める）	しるこ，あん，煮豆に食塩 だし汁に食塩
抑制効果	苦味＋甘味（苦味を弱める） 塩味＋酸味（塩味を弱める） 酸味＋塩味・甘味（酸味を弱める） 塩味＋うま味（塩味を弱める）	コーヒーに砂糖，チョコレート 漬物 すし飯，酢の物 塩辛
相乗効果	うま味の増強：MSG[*1] ＋ IMP[*2] 甘味の増強：スクロース＋サッカリン	こんぶとかつお節のだし ジュース
変調効果	ある呈味成分を摂取した後に，それとは異種の呈味成分を摂取した時，本来の味と異なる味として感じる現象	塩辛い味の後の水は甘い するめを食べた後のミカンは苦い ミラクルフルーツの後の酸味は甘い

*1　MSG：L-グルタミン酸ナトリウム　*2　IMP：5'-イノシン酸ナトリウム

3.1.4　におい

　食品のにおいは多数の揮発性の成分からできている。バナナの酢酸イソアミル，しいたけのレンチオニンなどのように単一の化合物でその食品のにおいを特徴付けられる例もあるが，多くの食品のにおいは，100以上の化合物より構成されている。個々の成分の存在量は 10 ppm 以下であり，におい成分の総量も 100 ppm ときわめて微量である。においは既知の成分をすべて配合しても，その食品のにおいが再現できないものもあり，複雑に調和して形成されている。

　食品のにおいの形成は，酵素反応による生成と非酵素的反応による生成に大別される（表3.9）。水に浸す，切る，すりつぶすことにより細胞が破壊され成分が揮発する，または酵素反応によりにおい成分が生成する。たとえば，ねぎ，にんにくなどを切るとアリインという前駆物質がアリイナーゼの作用

によりにおい成分であるアリシンを生成することが知られている。また，焼肉やパンなどでは，加熱により独特の焙焼香が生成し，食べ物においしさを付与している。

香辛料や香味野菜に含まれる特有の強いにおいの中には，抗酸化性，抗菌活性があるものも存在する。先に述べたアリシンは強い抗菌活性をもつ。このようにおいしさを感じるにおい成分の中には生体調節機能も併せもつものもある。

食べ物のにおいと味は相互に影響し合っており，甘味感度は，においの種類によって異なり，ストロベリー香料添加では，有意に甘味の感度が増加している（図3.2）。

表3.9　食品のにおいのおもな生成要因

		要因	例
酵素反応による生成	生合成	動植物の代謝によって生成されたものが二次的な変化を受けず残っている。	果物，新鮮野菜，生肉
	自己消化的分解	動植物の死後，自己の酵素によってたんぱく質，核酸，配糖体などが分解して低分子成分が生成する。	肉の熟成，バニラビーンズ
	微生物	発酵や醸造中に微生物によりたんぱく質や脂質が分解する。	みそ，しょうゆ，チーズ
非酵素的反応による生成	加熱	調理や加工の過程で加熱する間に2次的新しい成分が生成される。	コーヒー，調理食品
	酸化	空気中の酸素により酸化的分解が起る。脂質の自動酸化などが代表的。	バターのオフフレーバー

出所）中谷延二編：食品化学, 52, 朝倉書店（1987）

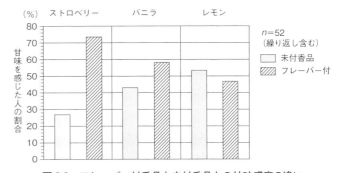

図3.2　フレーバー付香品と未付香品との甘味感度の違い

出所）日本化学会編：味とにおいの分子認識, 152, 学会出版センター（1999）一部改変

3.1.5　テクスチャー

食品を指で触れた時，または食品を口に入れて咀嚼した時，さらに嚥下した時に感じる「硬い―軟らかい」「粗い―滑らか」「粘っこい」「弾力感」のことを食品のテクスチャーと呼ぶ。テクスチャーに関する用語は，いくつか発表されているが，その一つにSzczesniak（ツェスニアク）によって提唱されたテクスチャー用語の分類がある（表3.10）。

食品のテクスチャーは，食品の状態によって異なる。食品は，単一の成分からできていることはきわめて少なく，各種成分が混ざってできた多成分系であり，気体，液体，固体の組合せによるコロイド分散系である（表3.11）。

固体・半固体の食品においては，食べ物のテクスチャーがおいしさを決定付ける場合もある。16種類の食べ物についておいしさを評価する際の重点の置き所についてアンケート調査を行った結果，食品によりおいしさの貢献する各要素の比率が異なっていることが報告されている（図3.3）。

食素材の物理的な構造によってテクスチャーは生み出される。たとえば，ゆでたてのうどんと時間が経ちのびてしまったうどん，膨化の程度の異なる小麦粉製品などでは，同じ材料であっても組織の違いにより，テクスチャーは異なることが知られている。また，生クリームを撹拌し続けるとエマルシ

表 3.10　Szczesniak によるテクスチャー用語の分類[a]

分　類	一次特性	二次特性	一般用語
機械的特性	硬　さ		軟らかい→硬い
	凝集性	もろさ	もろい→サクサクした→硬い
		咀嚼性	軟らかい→かみごたえのある
		ガム性	粉っぽい→糊状の→粘っこい
	粘　性		水っぽい→粘っこい
	弾　性		弾力性のある
	付着性		さらさらした→べとべとした
幾何学的特性	粒子径と形		きめ細かい，粒状の
	粒子径と方向性		繊維状の，多孔性の，結晶状の
その他の特性	水分含量		乾いた→湿った
	脂肪含量	油　状	脂っこい
		グリース状	脂ぎった

a）Szczesniak, A. S., *J. Food Sci.*, **28**, 385（1963）より.
出所）畑江敬子・香西みどり編：調理学，27，東京化学同人（2016）

表 3.11　食品の分散系

分散媒	分散質	分散系	食品の例
気体	液体	エアロゾル	湯気
	固体	粉類	小麦粉，食塩，粉砂糖
液体	気体	泡沫	メレンゲの泡，ホイップクリーム，炭酸飲料，ビール
	液体	エマルション（乳濁液）	油中水滴型：バター，マーガリン 水中油滴型：牛乳，マヨネーズ，生クリーム
	固体	サスペンション（懸濁液）	みそ汁，ジュース，ケチャップ，寒天液，ゼラチン液
固体	気体	固体泡	パン，スポンジケーキ，せんべい，乾燥食品
	液体	固体ゲル	魚，肉，野菜の組織，ゼリー類，豆腐，こんにゃく，卵豆腐
	固体	固体コロイド	冷凍食品，砂糖菓子

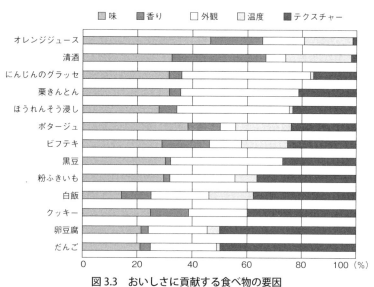

図 3.3　おいしさに貢献する食べ物の要因

出所）松本仲子・松元文子：食べ物の味―その評価に関わる要因―，調理科学，**10**，99（1977）のデータを一部図示化

ョンの構造が変化しバターとなるが，水と油の存在状態によってもテクスチャーは異なる。かき(柿)などの果物の熟し加減，野菜の加熱によりテクスチャーは変化し，噛んだときの音も違う。それらは食べ物のおいしさの判定にも影響しており，食品の組織構造は味と同等に重要な因子であり，料理の種類によってはテクスチャーを楽しむものもある。

歯ざわり，舌ざわりは洗練された料理の真髄でもある。食品のテクスチャーのなかでも硬さは重要であり，その食品の大きさや味，何よりもその食品に対する食経験によって好みの硬さは変わる。

種々のテクスチャーや味，温度，食経験などの要素が複雑に絡み合って食品のテクスチャーの嗜好に影響する。ステーキの焼き加減など，肉の味は変わらなくてもテクスチャーが変化することによって，ステーキとしてのおいしさが変わることはよく経験する。さらに，食べ物のテクスチャーは味覚感度に影響を与える。砂糖濃度が同じ時，ゼリー状のもののほうが水溶液に比べ味を感じにくい。ようかんなどの場合，軟らかいものよりも硬いものほど，味を感じにくい傾向にある。

3.1.6 外　　観

日本料理は「目」で食べるともいわれる。食器，食品素材の組み合わせ，盛り付け，季節感など，料理を見ただけでおいしそうと感じさせ，食欲を誘発する。食べる前から食べ物の色や切り方，形など外観は，おいしさに影響を与える。

彩りの良い食事は視覚を刺激して食欲増進効果があるとともに栄養素バランスもよい。料理の献立の彩りのバランスをよくする秘訣として5色をそろえると良いといわれている。5色は「緑，赤，黄，白，黒」のことであり，野菜類は緑色，肉類は赤色，根菜類は黄色，穀類は白色，きのこ類は黒色で表現できる。食品に含まれるおもな色素成分とその起源を示す(表3.12)。

食品はいろいろな色を有しており，pH，金属イオンの影響，空気による酸化などにより，調理加工中に変化する。食品の色には，天然色素，糖とアミノ酸・たんぱく質を含む食品を加熱した際に生成する褐変色素，着色料などの色素成分によるものがある。その他，牛乳が白く見えるのは牛乳中の脂肪球ミセルやたんぱく質の光散乱によるもので，食品の物理的状態に依存するものもある。

最近の研究により食物の色素成分に多くの生体調節機能が報告されている。カロテノイドは抗酸化作用と発がん抑制作用，たまねぎ等の色素であるケルセチン(フラボノイドのひとつ)は活性酸素捕捉活性があり，皮膚がん発生またはプロモーション抑制作用がある。小豆やブルーベリーの赤色色素であるア

表 3.12　食品に含まれるおもな色素成分とその起源

色素成分	色調	起源食品群
ポルフィリン系色素		
クロロフィル	黄緑〜青緑	緑色野菜類，未熟果実類，海藻類，香辛料類
ヘム色素	赤	魚類，肉類の筋肉（ミオグロビン），血液（ヘモグロビン）
カロテノイド系色素	黄橙〜赤	殻類，いも類（さつまいも），豆類，種実類，野菜類，果実類，海藻類，香辛料類，魚介類，卵類
フラボノイド系色素		
フラボノイド	黄	殻類，豆類，野菜類，果実類，香辛料類
アントシアニン	赤橙〜青紫	殻類，いも類，豆類，野菜類，果実類
その他の色素		
クルクミン	黄	ターメリック（ウコン）
ベタニン	赤	レッドビート
褐変色素		
ポリフェノール酸化物	褐色	植物性食品中，ポリフェノールオキシダーゼの作用，非酵素的酸化によって生成
メラノイジン	褐色	アミノカルボニル反応によって生成
カラメル	褐色	糖の加熱によって生成

出所）久保田紀久枝・森光康次郎編：食品学—食品成分と機能性—，80，東京化学同人（2017）一部改変

アントシアニンは，生体内脂質酸化抑制作用，活性酸素捕捉活性などを有することが知られている。

3.1.7　音

食べ物の音は，聴覚を通して知覚されるが，外から入ってくる音と咀嚼により発生する音の2種類があり，食品のテクスチャーと深く関わっている。肉が「ジュー」と焼ける音，せんべいの「パリパリ」，うどんを「ツルツル」，ポテトチップの「サクサク」という音などは，おいしさを一層強調し，食欲をそそる。

3.1.8　温　度

温度は，触覚により知覚される物理的刺激である。温度によって，食べ物の味やテクスチャーは，左右されることがある。

呈味成分の**閾値**[*1]は，温度に依存するものもある（図3.4）。食塩水は，温度が下がるほど閾値も低下するので，冷えたみそ汁は塩辛く感じる。また，糖類を水溶液にしたときの甘味度は温度によっても大きく変化し，低温ほど甘味度は強くなる（図3.5）。温度によらず甘味度がほぼ一定である**スクロース**[*2]の甘味度を100とすると，**フルクトース**[*3]は，5℃では約1.4倍，20℃で約1.3倍，60℃では約0.8倍と低温ほど甘味度が顕著に高くなる（図3.5）。果物にはフルクトースが多く含まれているので，冷やして食べる方が甘く感じるのは，このためである。

おいしいと感じる温度は，個人差，環境などの条件により変化するが，体

*1　閾値　ある刺激が感覚的な反応を起こすか起こさないかの限界を閾（いき）といい，その時の最小刺激量を閾値という。

*2　スクロース　8.5.2甘味料参照。

*3　フルクトース（フラクトースともいう）　8.5.2甘味料参照。水溶液中では，α型とβ型が存在し，温度によりその比率は変化する。β型の甘味度は，α型の3倍であり，低温になるほどβ型は多くなる。

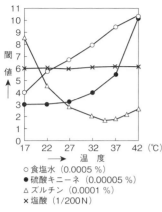

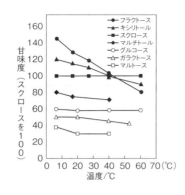

図 3.4　味覚閾値の温度による変化
出所）太田静行：減塩調味の知識，45，幸書房（1993）

○食塩水（0.0005 %）
●硫酸キニーネ（0.00005 %）
△ズルチン（0.0001 %）
×塩酸（1/200 N）

図 3.5　甘味度と温度の関係
出所）日本化学会編：味とにおいの分子認識，52，学会出版センター（1999）

表 3.13　食べ物の適温

食べ物，飲み物	温度（℃）
みそ汁，スープ	60 〜 70
お茶，コーヒー	60 〜 65
ごはん	60 〜 70
ホットミルク	40
かゆ	37 〜 42
酢の物	20 〜 25
冷やっこ	15 〜 17
水	8 〜 12
ビール	10 〜 15
アイスコーヒー	5
アイスクリーム	−6

温を中心に ± 25 〜 30 ℃の範囲にあるといわれている。温かい方がおいしいものは，温かく（60 〜 65 ℃），冷たい方がおいしいものは冷たくというように，喫食する温度も考慮することが大切である（表 3.13）。

3.2　おいしさを感じる仕組み

　私たちは，食べ物を口の中で咀嚼し，唾液とまぜ，飲み込む。この過程において，「味覚」で甘い，苦いといった味を感じ，口中の「触覚」で硬さや粘っこさ，歯ごたえなどを感じる。その間に再び嗅覚を働かせて口中から鼻腔へ抜ける風味を味わい，さらに「聴覚」を通して，バリバリ，ポリポリといった音も認識する。飲み込んだ後の食べ物の各種感覚情報は，それぞれ大脳皮質の感覚野で処理されたあと，前頭連合野（眼窩前頭皮質）に送られ，統合され，食べ物の状態として総合的な判断がなされる。

3.2.1　味を感じる仕組み

　人間が食べ物の味を識別する感覚は味覚で，食塩や砂糖などの呈味成分は水や唾液に溶けた状態で口腔内に存在する味覚器で受容される（図 3.6）。

　味覚器は，味細胞が数十個つぼみ（蕾）状に集まった構造をしていることから味蕾といわれている。味蕾の総数は，成人では舌に 5,000 個あまり，舌以外に約 2,500 個ある。舌に存在する味蕾のうち，約 30 ％は舌の前方にある茸状乳頭に存在しており，舌後部の有郭乳頭や葉状乳頭などの乳頭中に約 70 ％が存在している。舌以外には，上皮である軟口蓋，咽頭，咽頭部ののどの粘膜にも味蕾が存在している。味蕾が刺激されると，その情報は味覚神

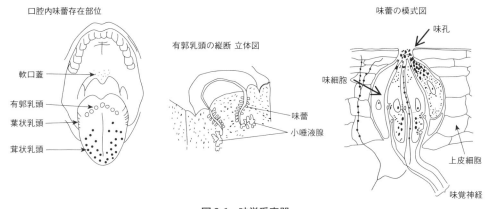

口腔内味蕾存在部位

軟口蓋

有郭乳頭
葉状乳頭
茸状乳頭

有郭乳頭の縦断 立体図

味蕾
小唾液腺

味蕾の模式図

味孔

味細胞

上皮細胞

味覚神経

図 3.6　味覚受容器

出所）山野善正，山口静子編：おいしさの科学，17，朝倉書店（1994）一部改変

経を通して脳に伝えられ，味が感知される。

3.2.2　においを感じる仕組み

　食べ物を対象とするとき，「匂い」「臭い」「香り」が混在しており，「香り」は一般に好ましいものに対して，「臭い」は不快なものに対して用いられる。ここでは，すべてをまとめて「におい」として述べる。「におい」を感知する嗅覚は本来，その食べ物を食べても無害か，あるいは毒性があり，生命に危機をおよぼすかを判定する機能が最も重要であったといわれている。そのため，においに対しては味よりも数段敏感である。においの本体は分子量の小さい揮発性成分である。食品中の含有量は数百 ppm から数 ppb ときわめて微量であるが，私たちはにおい成分の存在を感知することができる。においは，吸い込んだ気体に混在するにおい分子が鼻腔天井部の嗅上皮にある嗅細胞を刺激することにより感じる。嗅上皮には 1,000 万から 5,000 万個の嗅細胞が存在している。40 万以上といわれる膨大な種類のにおい分子をキャッチするために，嗅細胞には約 1,000 種もの受容体が存在している。嗅細胞の先端にある嗅繊毛が刺激を感知すると嗅細胞に電気的刺激が発生し，嗅球を経て高次脳領域へ伝わることでにおい感覚が生み出される。

　においで食べる前に食べ物の状態を判断できれば，動物にとっては危険なものを口に入れるリスクが少なくなる。食べ物のにおいは，食品を特徴づけ，味とともに食べ物の選択に重要な役割を果たしている。食品には固有のにおいがあり，そのにおいが食生活をいっそう豊かにしている。嗅覚は，安全で，おいしいものを探す器官であるともいえる。たとえば，りんごジュースとオレンジジュースは鼻をつまんで飲むと，ほとんど区別がつかない。味だと思っているものの中には，においによるものがずいぶんあるようだ。においは

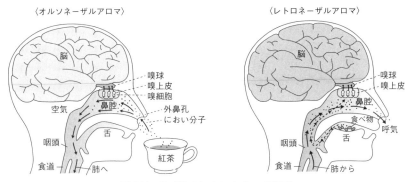

〈オルソネーザルアロマ〉　　　　　　　〈レトロネーザルアロマ〉

図 3.7　食べ物のにおいと 2 つの経路

出所）森憲作：脳の中の匂い地図，33と147，PHP 研究所（2010）

2 種類あり，鼻から直接かぐにおい（オルソネーザルアロマまたは鼻先香）と，食べ物を口に入れて噛んだときに口中から鼻へ抜けるにおい（レトロネーザルアロマまたは口中香）がある。後者は，舌で感じる味覚と一緒になって「味わい」を決定する（図3.7）。

3.2.3　テクスチャーを感じる仕組み

　食品が口に入って，咀嚼され，唾液と交じり合い，嚥下される過程で，味などの化学的情報と同時に，口腔内の歯，歯茎，口蓋，喉，舌などの感覚器によって知覚される食品の物理的性状に関する情報は，三叉神経により脳に伝達，処理される。そして，私たちは，ねっとり，熱い，冷たいなどの食品のテクスチャーおよび温度を認識する。咀嚼して飲み込むまでの間に刻々と変化する食べ物の膨大な刺激を触覚，圧覚，運動感覚，位置感覚などさまざまな感覚器官が受容し，それらの各情報が統合されて初めてテクスチャーは知覚される。

3.2.4　食情報の脳内での処理

　食べ物を口に入れてからの五感による感覚情報は，内臓感覚情報とともに前頭連合野で統合され，大脳辺縁系の扁桃体に送られる。そこで，過去の食体験と照合が行われ，おいしさ・まずさの評価が行われるとともに，過去の食経験に対応した情動反応が起き，脳内物質の放出や誘導が行われる（図3.8）。

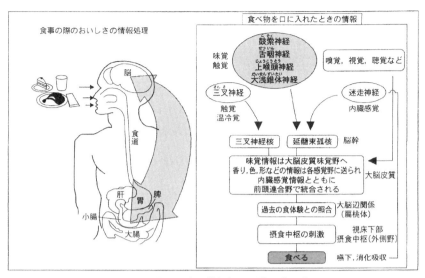

図 3.8 おいしさの情報処理と満足感形成

出所）畝山寿之，鳥居邦夫：だしの効果，臨床栄養，**109**，313（2006）

表 3.14 おいしさの客観的評価法

	客観的評価	
	理化学的評価	生体模倣的評価
味	屈折糖度計，塩分濃度計 液体クロマトグラフィー アミノ酸分析計 pH メータ，pH 試験紙 近赤外分光分析計 原子吸光分光光度計等	味覚センサー
香り， におい	ガスクロマトグラフィー 液体クロマトグラフィー	においセンサー
色	マンセル色票，JIS 標準色票 比色計，分光光度計 液体クロマトグラフィー等	色差計
テクス チャー	（基本的方法） 毛細管粘度計，回転粘度計， 粘弾性測定装置，動的粘弾性 装置，クリープ測定装置等	口蓋圧測定法 咀嚼筋活動電位測定 食感センサー
	（経験的方法） カードメータ，ペネトロメー タ，コンプレッシメータ等	
	（模擬的方法） テクスチュロメータ，ファリ ノグラフ，アミログラフ等	
温度	液体温度計（アルコール，水 銀），熱電対温度計，サーモ グラフィー	

3.3 おいしさの評価

3.3.1 おいしさを評価する方法

　おいしさを評価する方法には，食べ物の状態を機器分析などによって測定する客観的評価法と食べる人の感覚を用いて測定する主観的評価法とがあり，それぞれ一長一短があるため，目的に応じて選択することが必要である。

3.3.2 客観的評価法

　客観的評価法は，食品の化学的性質または物理的性質を評価するものであり，再現性が得やすいが機器が高価であり，複数の項目を同時に評価できないため，総合的な判断が難しい。最近では，人間の舌の味認識メカニズムを模した味覚センサーや，においセンサー，食感センサーなどが開発されている（表3.14）。

3.3.3 主観的評価法

　主観的評価法の代表的なものとして，官能評価があげられる。人間の感覚は，想像以上に鋭敏で，最

先端の分析機械でも検出できない微量のにおい成分をかぎ分けたり，微量な歯ごたえの違いを認識することが可能であり，さらに，機器では分析できない感覚や総合的判断，嗜好も一瞬にして評価することができるため，官能評価が必要となる。

（1）官能評価の種類

官能評価には，人間の感覚器官を用いて製品の特性を評価する分析型官能評価と製品に対する嗜好を評価する嗜好型官能評価がある。官能評価の被験者として選ばれた人の集団をパネルといい，パネルを構成する個人をパネリストという。

分析型の官能評価には，試料間の差や標準品との差を判別するために，五感についての鋭敏な感度が必要である。食品の特性を詳細に分析するために，感覚感度の試験を定期的に行い，試料の特徴や専門用語，尺度の使い方を学習する訓練を常に受ける必要がある。パネル数は，5から20名程度の少人数で評価可能である。

嗜好型官能評価では，感度は特に問題とならないが，対象者の嗜好を的確に評価できることが必要であるため，年齢層，性別，職業，家族構成，収入の程度，ライフスタイル等も考慮に入れて，多人数(30から数百人)のパネルを集める必要がある。

また，再現性のある客観的なデータを得るためには，①官能評価の目的を明確にする，②官能評価の目的に合致するパネリストを選択する，③目的に合致する手法を選択する，④パネリストが適切な評価が行えるように試料の選定・調整を行う，⑤官能評価をする環境(防音，照明，温度，湿度等)を整える，⑥統計的手法を適用するなどが必要である。

（2）主な官能評価の手法

官能評価には，2点識別法，3点識別法，順位法などいろいろな方法(**表3.15**)があるので，目的や試料の特性，求められる精度等に合わせて，適切な評価法を選ぶことが大切である。

表 3.15　主な官能評価の手法

目的	方法	特徴
差の識別	2点識別法	2つの試料AとBをパネルに提示し，どちらが刺激（特性）をより強く感じるかを評価させる方法
	1対2点識別法	2つの試料AとBを識別するのに，AまたはBを1つ標準品Sとして提示して，別にAとBを提示して，どちらがSと同じかを選ばせる方法
	3点識別法	2つの試料を識別するために，どちらか一方を2個，他方を1個，合計3個をパネルに提示して，異なる1個を選ばせる方法
	1点識別法 （A非A識別法）	2つの試料Aと非A（B）の一方だけをランダムな順序でパネルに提示して，AかAでないかを回答させる方法
順位付け	順位法	3種以上の試料を提示して，特性の大きさや嗜好の順位をつけさせる方法
	一対比較法	異なる3種以上の試料から2つずつ組み合わせて，すべての組み合わせについて特性の強弱や嗜好程度を判断させ，各試料を相対的に比較する方法
評点化	評点法	1つ以上の試料について，特性の強弱や嗜好の程度を点数によって評価する方法
特性の描写	SD法 （セマンティック・ディファレンシャル法）	相反する意味をもつ形容詞対からなる評価尺度を複数用いて，試料の特性の内容分析を行う方法
	記述的評価法	訓練された少数の専門パネルにより行われる特性を描写する方法

問1 味の相互作用に関する記述である。最も適切なのはどれか。1つ選べ。

（2022年国家試験）

(1) だし汁のうま味は，少量の食塩を加えると弱まる。

(2) ぜんざいの甘味は，少量の食塩を加えると弱まる。

(3) 昆布とかつお節の混合だしは，単独よりもうま味が弱い。

(4) 甘味を繰り返し感じ続けると，甘味を強く感じるようになる。

(5) 塩辛い食品を食べた後では，水に甘味を感じる。

解答（5）

問2 食品とその呈味成分に関する記述である。最も適切なのはどれか。1つ選べ。

（2021年国家試験）

(1) 柿の渋味成分は，オイゲノールである。

(2) たこのうま味成分は，ベタインである。

(3) ヨーグルトの酸味成分は，酒石酸である。

(4) コーヒーの苦味成分は，ナリンギンである。

(5) とうがらしの辛味成分は，チャビシンである。

解答（2）

問3 食品の嗜好要因とその測定機器の組合せである。誤っているのはどれか。1つ選べ。

（2019年国家試験）

(1) 水分 ——————————— 加熱乾燥式水分計

(2) 無機質（ミネラル）——— 原子吸光分光光度計

(3) テクスチャー ————— 味覚センサー

(4) 有機酸 ——————— 高速液体クロマトグラフィー

(5) 温度 ——————————— 熱電対

解答（3）

問4 食嗜好に関する記述である。誤っているのはどれか。1つ選べ。

（2018年国家試験）

(1) 個人の一生で変化する。

(2) 服用している医薬品の影響を受ける。

(3) 分析型の官能評価（3点識別法）で調べる。

(4) 環境要因による影響を受ける。

(5) 栄養状態による影響を受ける。

解答（3）

📖 **参考文献**

渋川祥子編著：食べ物と健康―調理学―，同文書院（2009）

西村敏英，黒田素央編：食品のコクとは何か―おいしさを引き出すコクの科学，恒星社厚生閣（2021）

畑江敬子，香西みどり編：調理学，東京化学同人（2016）

伏木亨：油脂とおいしさ，化学と生物，**45**，488-494（2007）

山野善正編：おいしさの科学事典，朝倉書店（2003）

第4章　調理と安全

4.1　食生活の安全と食品安全行政

4.1.1　食料安定供給の確保

　食生活の基本である「日本型食生活[*1]」が徐々に変化し，国内で自給できる米の消費量の減少，自給率が低い肉類や油脂類の消費量が増加したことで，食料自給率(カロリーベース)が長期的な低下を示している。一方で，食料の安定供給は，世界的な人口増加による食料需給の増大，気候変動による農業生産などへの影響により，食料安全保障のリスクが高まっている。

　食料の安全保障とは，十分で安全かつ栄養のある食料を物理的，社会的および経済的にも入手可能である状態を保障することである。その保障を維持するために，平時だけでなく，不測時における具体的な対策や必要な施策を講ずる必要がある。日本では，農政における基本理念や政策の方向性を示す「食料・農業・農村基本法」(1999年7月施行，農林水産省)において，国内の農業生産の増大を図ることを基本とし，輸入および備蓄を適切に組み合わせ，新たな農法における生産性向上により，食料の安定供給を確保することが示されている。さらに，農業労働力や農業技術を考慮した食料自給率向上のための指標(食料国産率[*2]や食料自給力[*3]など)「食料・農業・農村基本計画」(2020年3月，農林水産省)も策定され，5年ごとに見直しが進められるなど，総合的な食料安全保障の確立を図っている。

4.1.2　食品安全と衛生

　国立保健医療科学院(厚生労働省が管轄する研究教育機関)による「食品をより安全にするための5つの鍵マニュアル日本語版」(2007年)では，食品衛生の基本的な知識と行動を普及させるため，「清潔に保つ」「生の食品と加熱済み食品とを分ける」「よく加熱する」「安全な温度に保つ」「安全な水と原材料を使う」について，衛生対策の行動が示されている。

　調理に携わる者が食品を安全に取り扱う知識をもつことで，安心して食を享受することできる。

*1　日本型食生活　1980年頃の食生活において，ごはんを主食とし，魚，肉，牛乳・乳製品，野菜，海藻，豆類，果物などの多様な副食を組み合わせた栄養バランスに優れた食事のことである。

*2　食料国産率　畜産用飼料を除く国内生産の状況を評価する指標

*3　食料自給力　農林水産業が有する食料の潜在生産能力

25

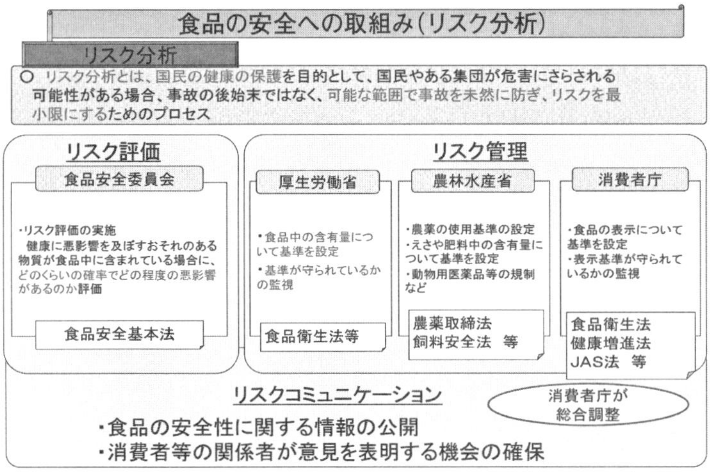

食品の安全への取組み（リスク分析）

リスク分析

○ リスク分析とは、国民の健康の保護を目的として、国民やある集団が危害にさらされる可能性がある場合、事故の後始末ではなく、可能な範囲で事故を未然に防ぎ、リスクを最小限にするためのプロセス

リスク評価

食品安全委員会

・リスク評価の実施
　健康に悪影響を及ぼすおそれのある物質が食品中に含まれている場合に、どのくらいの確率でどの程度の悪影響があるのか評価

食品安全基本法

リスク管理

厚生労働省

・食品中の含有量について基準を設定
・基準が守られているかの監視

食品衛生法等

農林水産省

・農薬の使用基準の設定
・えさや肥料中の含有量について基準を設定
・動物用医薬品等の規制など

農薬取締法
飼料安全法　等

消費者庁

・食品の表示について基準を設定
・表示基準が守られているかの監視

食品衛生法
健康増進法
JAS法　等

リスクコミュニケーション

・食品の安全性に関する情報の公開
・消費者等の関係者が意見を表明する機会の確保

消費者庁が総合調整

図 4.1　食の安全への新たな取組み（リスク分析）

出所）厚生労働省食品安全部：食品の安全確保に関する取組み（2015）
　　　https://www.mhlw.go.jp/topics/bukyoku/iyaku/syoku-anzen/kakuho/dl/230701.pdf を一部改変
　　　（2023.11.4.）

*1　**牛海綿状脳症（BSE）**　1986年に英国中央獣医学研究所で初めて報告された。発症した牛は異常行動（運動失調や起立不能症状）を起こし、死亡する。原因は動物由来の肉骨粉と推定され、1988年に使用が禁止された。わが国でも2001年に発生を確認し、食用として処理されるすべての牛に対して、BSE検査を実施した。

*2　**危害要因（ハザード）**
生物学的危害要因：病原微生物、ウイルス、寄生虫など。
化学的危害要因：カビ毒、魚介毒、植物毒、洗剤、殺菌剤、殺虫剤、残留農薬、アレルギー物質など。
物理的危害要因：金属片、ガラス片、硬質プラスチック、石など。

4.1.3　食品安全行政

2001（平成13）年に発生した**牛海綿状脳症(BSE)**[*1]や食品の原産地偽造表示などの問題を受け、食品の安全性の確保に関する施策を総合的に推進することを目的に食品安全基本法（2003年7月）が施行され、それに合わせて食品安全委員会が内閣府に設置された。食品安全行政では、「食品の安全性確保に関するあらゆる措置は、国民の健康の保護が最も重要であるという基本認識のもとに講じなければならない。」という基本認識のもと、食の安全への取組みとして、科学的なリスク分析の手法を導入した（図4.1）。

リスク分析とは危険、危害(リスク)を分析(アナリシス)することである。

食品においては、食品を食べることによるリスク(健康への悪影響が生じる確率とその深刻さの程度)を科学的に評価し、管理するという考えである。

リスク評価(リスクアセスメント)は、リスク分析の科学的基盤となり、データを用いて、リスクがどの程度であるかを推察することである。

私たちは、食品を安全な状態で食べることを前提としているが、ヒトの健康に悪影響をもたらす**危害要因**[*2](ハザード)をもっている可能性も考慮しなくてはならない。危害要因は、生物学的危害要因、化学的危害要因、物理的危害要因に分類され、科学的知見に基づいて評価する。リスク評価機関は、内閣府の食品安全委員会が担っている。

リスク評価に基づき、関係各所と協議の上、リスク管理(リスクマネジメント)を行う。リスク管理機関として、厚生労働省、農林水産省、消費者庁、が業務を行い、リスク低減のための政策や措置を検討し、実施している。

リスク分析の全過程において、事業者や生産者、消費者などから情報や意見を集め、危害要因を認識、共有する仕組みをリスクコミュニケーションという。消費者庁では、各機関との総合調整を行い、連携して食品の安全性確保のための取組みを推進している。

4.1.4　食品衛生関連法規

わが国では、食品の生産や製造、流通から消費まで、食品の供給過程において、食品の安全を守るために規制や措置を定めた法律が整備されている。

主に，**食品衛生法**[*1]，**食品安全基本法**[*2]，**食品表示法**[*3]，**JAS法**(**日本農林規格等に関する法律**)[*4]がある。さらに，生産段階における**農薬**[*5]や肥料などによる健康への悪影響を防止，食肉や水の安全確保を図る法律も定められている。

4.2 食中毒と発生状況

4.2.1 食中毒の定義

食中毒とは，食品を媒介して起こる急性の健康被害の総称である。食中毒患者を診察した医師は，保健所長へ届出をし，保健所長は都道府県知事等に報告し，知事は最終的に厚生労働大臣へ報告する(食品衛生法第58条)。

厚生労働省では，この届出により，毎年，食中毒統計を公表している。

食中毒は，病因物質として，細菌，ウイルス，寄生虫，化学物質，自然毒に分類される(表4.1)。

表4.1　食中毒の主な病因物質

細菌		サルモネラ属菌，ブドウ球菌・ボツリヌス菌・腸炎ビブリオ，腸管出血性大腸菌，ウエルシュ菌，セレウス菌，エルシニア・エンテロコリチカ，カンピロバクター・ジェジュニ／コリ，コレラ菌，赤痢菌等
ウイルス		ノロウイルス，A型肝炎ウイルス等
寄生虫		クドア・セプテンクンプタータ，サルコシスティス・フェアリー，アニサキス，クリプトスポリジウム，サイクロスポラ，肺吸虫，旋毛虫，条虫等
化学物質		メタノール，ヒスタミン，ヒ素，鉛，カドミウム，銅，有機水銀等
自然毒	植物性	生銀杏および生梅の有毒成分（シアン化合物），毒キノコの毒成分（ムスカリン，アマニチン等），ジャガイモの芽毒（ソラニン）等
	動物性	フグ毒（テトロドトキシン），シガテラ毒，麻痺性貝毒（PSP）等

出所）厚生労働省：食中毒統計作成要領の改正について　https://www.mhlw.go.jp/content/000496391.pdf
厚生労働省：自然毒のリスクプロファイル
https://www.mhlw.go.jp/stf/seisakunitsuite/bunya/kenkou_iryou/shokuhin/syokuchu/poison/index.html
を参考に作成（2023.12.2.）

4.2.2 食中毒の発生状況

世界保健機関(WHO)から発表されている「食品由来の疾病の世界的負荷推定(2015年調査)」では，食品に含まれる有害物質(細菌・ウイルス・寄生虫・毒素・化学物質)に起因する死亡数が毎年40万人以上発生していると報告している。

日本における過去5年間(2018～2022年)の食中毒発生状況において，事件数による原因施設別では，不明を除き，飲食店や家庭が多く，原因食品別は魚介類が最も多く，次いで肉類およびその加工品と野菜およびその加工品が同程度の発生状況であった。病因物質別の発生率では，さばやにしんなどの内臓や筋肉に寄生するアニサキスと食肉や生野菜などを感染源とするカンピロバクター・ジェジュニ／コリが全体の約60％以上を占めていた。寄生虫の食中毒においては，ひらめの筋肉に寄生する**クドア・セプテンプンクタータ**[*6]

*1　食品衛生法(厚生労働省1974年制定/2018年改正)　食品の安全性確保のために公衆衛生の見地から必要な規制，その他の措置を講ずることにより，飲食に起因する衛生上の危害の発生を防止し，もって国民の健康の保護を図る法律。
食品衛生管理者制度：乳製品，添加物，食肉製品などを製造する業種において，食品衛生管理者を置かなければならない(食品衛生法第48条の規定)。

*2　食品安全基本法(内閣府2003年制定/2018年改正)　輸入食品の増加や遺伝子組換えなどの新技術により食生活が変化したこと，牛海綿状脳症(BSE)や輸入野菜の残留農薬問題に対応する目的で，基本理念，国等の役割を定めた法律。

*3　食品表示法(消費者庁2015年制定/2018年改正)　従来の食品衛生法，JAS法，健康増進法の食品表示に関する規定を2015年に統合。食品の情報を消費者へ明確に提供し，健康危害を未然に防ぐ。行政機関によるデーター分析・改善指導を通じ，食品表示法違反の防止を図る。

*4　JAS法　日本農林規格等に関する法律(農林水産省1950年制定/2021年改正)　農林物資(酒類，医薬品を除く飲食料品など)が一定の品質や特別な生産方法で作られていることを保証する「JAS規格制度」(任意の制度)に関する法律。

*5　農薬　害虫や雑草の駆除・防除に使用される殺虫剤，除草剤など，農林業に使用される薬剤。農薬等が農作物や食品に残留する基準については2006年農薬等のポジティブリスト制度が導入された。(農薬取締法では，農薬の登録義務および使用基準が定められ，食品衛生法では残留基準が示されている)。

*6　クドア・セプテンプンクタータ　ひらめの筋肉中に寄生する大きさ10μmの胞子をもつ。腸管内で胞子が壊れ，アメーバー様細胞が放出され，腸管に浸入する。体内で増殖することはないが下痢，嘔吐，発熱が起こる。

や馬肉の**サルコシスティス・フェアリー**[*1]が病因物質で確認されたことを機に食中毒統計の項目に追加された。また、二枚貝のかきなどに含まれるノロウイルスが原因の食中毒は、2020年以降は減少傾向がみられるが、その他の病原大腸菌を除く、病因物質の中では患者数が多いため、注意が必要である。

4.3　有害物質

食品に含まれる有害物質には、自然毒、寄生虫、調理により生成する有害物質、環境からの汚染物質が含まれる。

4.3.1　自然毒

動植物が保有している有毒成分や、動物の体内に食物連鎖を介して取り込まれた有害成分を**自然毒**といい、これらを食すことで中毒を引き起こすことを自然毒中毒という。動物性自然毒と植物性自然毒と大別される。

(1) 動物性自然毒

食中毒の原因となる動物性自然毒は魚介類由来である。本来は無毒だが、食物連鎖を介して有毒な餌生物を食べることにより毒化する。とくに、ふぐ[*2]による食中毒が最も多く、致死率が高い。ふぐは主に肝臓や卵巣に**テトロドトキシン**が蓄積し、食後20分～3時間で全身のしびれや激しい嘔吐、言語障害などが起こり、呼吸困難を生じる。その他、シガテラ毒や麻痺性貝毒、下痢性貝毒などがある。

(2) 植物性自然中毒

植物性自然毒の中では、本来有毒物質を保有しているもの、時期によって有毒物質を保有するものがある。毒成分はアルカロイド、青酸配糖体などがある。毒キノコは、食用と区別ができず、誤って喫食したことによる食中毒が多い。その中でも、ツキヨダケやクサウラベニタケによるものが多く、腹痛、下痢から倦怠感を生じ、神経障害、呼吸困難を生じる。ツキヨダケに関

しては、死亡例もみられる。また、梅や杏などのバラ科の未熟果実や種(アミグダリン)の種子、ジャガイモの芽(ソラニン)などがある。その他、カビが産生するカビ毒もある。[*3]

4.3.2　寄生虫

食品には、さまざまな**寄生虫**[*4]が寄生しており、誤って食べると激しい痛みや嘔吐などの症状がみられる。寄生虫による食中毒の病因物質で最も多いアニサキスは、150種類以上の日本産魚介類に寄生しているとされている。その他、生野菜や果物からはサイクロスポラ、豚肉では旋毛虫などの感染も報

告されている。

4.3.3 食品成分の変化により生成される有害物質

　加熱調理・加工などによって食品成分が変化するものや食品を食べたことによって，体内で生じる有害物質がある。前者では，マーガリンやショートニングなどの製造過程で生成されるトランス脂肪酸，後者では赤身魚（まぐろやかつおなど）に含まれるヒスチジンから生成されるヒスタミン，ハムやソーセージの発色剤として使われる亜硝酸塩と魚卵などに含まれる二級アミンを同時摂取した際に，胃内の酸性環境で反応して生成されるニトロソ化合物などがある。さらに，発がん性を示すベンゾ[a]ピレン，ヘテロサイクリックアミン，アクリルアミドなどがあり，ヒトへの健康被害が懸念されている。食品事業者だけでなく，家庭における調理の工夫や喫食方法も重要である（表4.2）。

4.3.4 環境からの汚染物質

　自然界では分解されにくく，生態系に悪影響を与える可能性がある汚染物質として，PCB，有機スズ化合物，有害金属，プラスチック製品からの化学物質溶出などがある。これらの環境汚染物質が蓄積された農畜水産物を長期間摂取することにより，ヒトへ有害な影響を与えるおそれがある。

　有害金属である**水銀***(**Hg**)は，工業生産などで使用された後，環境中に排出される。妊婦が摂取した場合は，胎児の中枢神経系に影響を受けやすい。妊婦に対しては，一週間の間で特定の魚介類（くろまぐろやめかじきなど）を食べる回数や量について注意喚起がなされている。

＊**水銀(Hg)**　工場から排出された無機水銀の一部が，海水中の微生物によりメチル水銀に変化し，生物濃縮された魚介類を食べたことで水俣病（1965年：熊本県）が発生した。魚介類に含まれる水銀について：魚介類に含まれる水銀の摂取に関する注意事項（厚生労働省2003年公表/2010年に改訂）

表4.2　食品成分の変化により生成する有害物質

有害物質	生成機序	食品や特徴
ヒスタミン	赤身魚に含まれている遊離ヒスチジンが，細菌の増殖に伴って脱炭酸化されて生成される。	さば，いわし，かつおなどの赤身魚
ニトロソ化合物	畜肉や魚介類に含まれる第二級アミンと亜硝酸塩が胃内酸性条件下で反応し，発がん性を示すニトロソアミンを生成する。	野菜や漬物，ハムやソーセージなど
トランス型不飽和脂肪酸	硬化油を製造する過程で生成される。構造中にトランス型の二重結合を持つ不飽和脂肪酸が，水素を添加することによって飽和脂肪酸が増えた状態。食品では，天然には牛肉や羊肉，牛乳などに含まれている。	マーガリン，ファットブレッド，ショートニング，それらを使用した加工食品
ベンゾ[a]ピレン	多環芳香族炭化水素は大気汚染物質としても知られ，ベンゾ[a]ピレンは生体内で代謝活性化され，標的組織のDNAと結合して発がん性を示す。	加熱した肉や魚，燻製品などの加工食品
ヘテロサイクリックアミン	たんぱく質を多く含む肉や魚などを高温調理することにより，焦げ目の部分にできる変異原物質（遺伝子に傷をつけて突然変異を起こす）で発がん性をもつ。	高温加熱した肉や魚
アクリルアミド	食品に含まれているアミノ酸（アスパラギン）と還元糖（果糖やブドウ糖など）が高温加熱することで生成される。	スナック菓子やビスケット，パン，フライドポテトなど
過酸化脂質	不飽和脂肪酸が活性酸素により自動酸化されて生成する。促進させる要因には，熱，光，食品中の酵素などがある。	保存状態が悪い油脂

出所）厚生労働省：食品中の汚染物質の情報
　　　https://www.mhlw.go.jp/stf/seisakunitsuite/bunya/kenkou_iryou/shokuhin/kagaku/index.html
　　　厚生労働省：優先的にシルク管理を行うべき有害化学物質と関連情報
　　　https://www.maff.go.jp/j/syouan/seisaku/risk_manage/seminar/pdf/sankou_hazard-info.pdf を参考に作成（2023.12.15.）

海産物中に含有する**有機ヒ素化合物**[*1]は, 低毒性で, 魚介類はアルセノベタイン, 海藻類にはアルセノシュガーとして存在し, 慢性ヒ素中毒になると食欲不振, 皮膚の色素沈着などが見られる。

カドミウム(Cd)[*2]は環境中に存在し, 土壌や水中に含まれる。日本人の食事由来のカドミウムは, 主食であるコメから摂取する割合が多い。食品衛生法の食品, 添加物等の規格基準では, 国際規格の策定を受けてコメのカドミウム含量を改正し(2022 年), 玄米および精米中に 0.4ppm 以下に引き下げた。

ダイオキシン類[*3]は, 焼却炉や産業廃棄物(使用済みのポリ塩化ビフェニルなど)から生成され, 大気や河川などの環境汚染につながる。ヒトは主に食品を通じてダイオキシン類を摂取しており, 動物体内では脂肪に蓄積されて, 排泄されにくいため, 発がん性, 催奇形性などによる人体や胎児への影響が懸念されている。

環境汚染を防止するため, **化学物質の審査及び製造等に関する法律**[*4]が制定され, 残留性有機汚染物質の廃絶や排出削減, 適正な処理を定めた**残留性有機汚染物質**[*5]**(POPs：Persistent Organic Pollutants)**の管理が規定された。

放射能の被爆は, 体外から放射線を被爆する外部被爆と放射性物質を含む空気や水, 食べ物を摂取して被爆する内部被爆がある。放射性物質による食品汚染では, 原子力発電所の事故や核実験による放射性物質(人工放射線)と地球の大気や水, 土壌の自然界に存在する放射性物質(自然放射線)を介して農産物や魚介類を汚染することが懸念される。食品中に検出される放射性物質のうち, **半減期**[*6]が 1 年以上の放射性核種として, セシウム 134(134Cs), セシウム 137(137Cs), ストロンチウム 90(90Sr), プルトニウム(Pu), ルテニウム 106(106Ru)は規制対象としている。2011 年に発生した福島第一原子力発電所の事故後は, 放射能汚染による風評被害による農産物や海産物の買い控えなど, 経済的被害もみられた。

4.3.5　食品添加物

(1) 食品添加物の定義

食品添加物は, 「食品の製造の過程において又は食品の加工若しくは保存の目的で, 食品に添加, 混和, 浸潤その他の方法によって使用する物をいう」(「食品衛生法第 4 条第 2 項」)とされ, さまざまな場面で有用性を考慮した上で食品に使用されている。一方では, 化学物質のため, 摂取量によってはヒトに有害な作用をおよぼす可能性がある。そのため, ヒトの健康を損なう恐れがなく, 食品添加物の安全性が確保された使用方法において, 実証または確認されていることを条件とし, **安全性試験**[*7]が

実施されている。

（2）食品添加物の安全性評価

食品添加物の安全性評価は動物実験で行われているため，ヒトへの影響を検討することは難しい。さらに，不特定多数の人が特定の食品添加物を一律に摂取し，摂取期間はほぼ一生涯である。そこで，安全性を確保するために長期毒性や発がん性については，医薬品以上に厳密な安全性試験が行われている（毒性試験）。そして，**最大無毒性量**[*1]（NOAEL：no observed adverse effect level）に基づき，一日摂取許容量（ADI：acceptable daily intake）が設定される。ADI が設定された食品添加物は，使用対象食品と一日の摂取量を考慮し，対象食品に添加してもよい上限濃度が決められる。

（3）食品添加物の分類

食品添加物は，品目ごとに成分規格および保存，製造，使用などの方法について基準が定められている。分類では，食品の品質改良に使用する乳化剤や食品の腐敗や変質を防止する保存料，食品を着色し，色調を調整するための着色料などがある（表4.3）。

*1　最大無毒性量（NOAEL）
ヒトがある物質を一生涯にわたって毎日摂取し続けても健康への悪影響がないと推定される一日あたりの摂取量。

表 4.3　食品添加物の使用目的

使用目的	食品添加物
食品の製造工程，品質の改良に使用する	消泡剤，膨張剤，乳化剤，増粘剤等
品質の栄養価を高める	ビタミン，アミノ酸，ミネラル，食物繊維等
食品の保持，腐敗・変質を防止する	保存料，防カビ剤，殺菌料，酸化防止剤，防虫剤等
香味・色調など食品の特性を調整する	甘味料，調味料，香料，着色料，発色剤，漂白剤等

出所）厚生労働省：食品添加物の指定及び使用基準改正に関する指針（別添）
https://www.mhlw.go.jp/topics/bukyoku/iyaku/syokuten/960322/betu.html
東京都保健医療局：食品衛生の窓「食品添加物の分類」
https://www.hokeniryou.metro.tokyo.lg.jp/shokuhin/shokuten/shokuten2.html
を参考に作成（2023.12.15.）

4.4　食中毒の予防

食品の加熱調理は食中毒細菌などに有効な殺菌手段ではあるが，耐熱細菌などは死滅せず有害物質には効果がみられないものもあるため注意が必要である。食品を取り扱う前には手指の消毒，調理器具などは洗浄後，次亜塩素酸ナトリウムで塩素消毒や熱湯消毒を行う。二次汚染に注意し，感染者や感染の疑いがある者は食品に近づいたり，触れない。感染者は回復後，しばらくは，細菌やウイルスなどを含む排便が続く。症状が回復しても食品の直接の取り扱いは避ける。

4.5　調理の衛生管理

4.5.1　HACCP による衛生管理（宇宙食から生まれた衛生管理）

調理における衛生管理は品質の良好な食材を清潔で衛生的な環境で取り扱い，その過程で危害を排除，増殖，発生させないことである。食品事業者は**HACCP**[*2]（Hazard Analysis and Critical Control Point）に沿った衛生管理に取り組むことが 2018 年の食品衛生法の改正で制度化された。HACCP は危害要因分析重要管理点といい，国連の食糧農業機関（FAO）と世界保健機関（WHO）の合

*2　HACCP　1960 年代にアメリカの NASA（米国航空宇宙局）によって，宇宙食の安全性を保障するために考案された生産管理システム。食中毒を起こせない宇宙食において，食品の製造から販売までの工程を継続的に管理する HACCP の衛生管理方法を確立し，「凍結乾燥技術（フリーズドライ）」や，レトルト食品の「レトルトパウチ技術」などの技術が開発された。

表 4.4　HACCP（HACCP 導入のための 7 原則 12 手順）

手順 1	HACCP のチーム編成	製品を作るために必要な情報を集められるよう，各部門から担当者を集めます。HACCP に関する専門的な知識を持った人がいない場合は，外部の専門家を招いたり，専門書を参考にしてもよいでしょう。
手順 2	製品説明書の作成	製品の安全について特徴を示すものです。原材料や特性等をまとめておくと，危害要因分析の基礎資料となります。レシピや仕様書等，内容が十分あれば様式は問いません。
手順 3	意図する用途及び対象となる消費者の確認	用途は製品の使用方法（加熱の有無等）を，対象は製品を提供する消費者を確認します（製品説明書の中に盛り込んでおくとわかりやすい）。
手順 4	製造工程一覧図の作成	受入から製品の出荷もしくは食事提供までの流れを工程ごとに書き出します。
手順 5	製造工程一覧図の現場確認	製造工程図ができたら，現場での人の動き，モノの動きを確認して必要に応じて工程図を修正しましょう。
手順 6【原則 1】	危害要因分析の実施（ハザード）	工程ごとに原材料由来や工程中に発生しうる危害要因を列挙し，管理手段を挙げていきます。
手順 7【原則 2】	重要管理点（CCP）の決定	危害要因を除去・低減すべき特に重要な工程を決定します（加熱殺菌，金属探知等）。
手順 8【原則 3】	管理基準（CL）の設定	危害要因分析で特定した CCP を適切に管理するための基準を設定します。（温度，時間，速度等々）
手順 9【原則 4】	モニタリング方法の設定	CCP が正しく管理されているかを適切な頻度で確認し，記録します。
手順 10【原則 5】	改善措置の設定	モニタリングの結果，CL が逸脱していた時に講ずべき措置を設定します。
手順 11【原則 6】	検証方法の設定	HACCP プランに従って管理が行われているか，修正が必要かどうか検討します。
手順 12【原則 7】	記録と保存方法の設定	記録は HACCP を実施した証拠であると同時に，問題が生じた際には工程ごとに管理状況を遡り，原因追及の助けとなります。

出所）（公益社団法人）日本食品衛生協会　https://www.n-shokuei.jp/eisei/haccp_sec05.html（2023.11.29.）

同機関である国際食品規格委員会(Codex)から発表され，食品の安全性を高めるシステムとして，世界各国で採用を推奨されている衛生管理方法である。

　HACCP は危害分析(HA)と，危害が発生しないための対策をいつどのように取るべきかの重要管理点(CCP)を連続的に観察する（表 4.4）ことで安全を確保する衛生管理法である。

　さらに，HACCP の機能を孤立的に運用させるために，製造環境や従業員の PRPs（一般的衛生管理プログラム）も活用することを求められている。

4.5.2　大量調理施設衛生管理マニュアル

　HACCP の概念に基づく衛生管理システムを用いた大量調理施設衛生管理マニュアルは，同一メニューを 1 回 300 食，1 日 750 食以上を提供する集団給食調理施設において，食中毒を予防する目的で作成された。

　調理過程における重要管理事項として，①原材料受入れおよび下処理段階における管理を徹底する，②加熱調理食品については，中心部まで十分加熱し，食中毒菌等（ウイルスを含む。）を死滅させる，③加熱調理後の食品および非加熱調理食品の二次汚染防止を徹底する，④食中毒菌が付着した場合に菌の増殖を防ぐため，原材料および調理後の食品の温度管理を徹底すること等を示したものである。

食品防御とは，食品へ意図的に毒物や異物を混入させ，喫食者に健康被害を及ぼす危険性，または及ぼそうとする行為を予防する取り組みのことである。意図的混入は，衛生管理によって防ぐことができず，特に大きなイベントなどで発生した場合は，公衆の混乱や被害の拡大につながる可能性がある。日本における食品への異物混入による事件では，外部の侵入者だけでなく，従業員の職場環境に不満を持つ者の犯行もあった。そのため，職場環境の改善や従業員教育などを実施し，食品防御の意識を持たせることも重要である。食品防御を衛生管理に加えることで，消費者の安全，さらには企業の信頼を得ることにもつながる。

4.5.3　家庭で行う HACCP

食中毒は年間を通して，飲食店だけでなく，家庭の食事でも発生している。

厚生労働省では，家庭の調理において，どこで食中毒菌による汚染，増殖が起こるか，それを防ぐにはどういう手段があるかを考えることが重要とし，注意を払うべき正しい調理法をパンフレットや動画で公開している。[*]それらには，食中毒予防の 3 原則（食中毒原因となる微生物を「付けない」，「増やさない」，「殺す」）に基づいた衛生管理が示されている。

4.5.4　食品安全マネジメントシステム

HACCP の考えに基づき，食品を生産・流通・販売する過程（フードチェーン）における危害要因をコントロールするシステムとして，ISO22000（食品安全マネジメントシステム—フードチェーンのあらゆる組織に対する要求事項）が国際規格として発行された。HACCP は食品安全のガイドラインであり，ISO22000 は食品安全規格である。

4.6　食品の表示

4.6.1　食品の表示制度

食品の表示は，消費者が食品を選択して購入し，正しく食品の内容を理解して適切に使用する上で重要な情報源となる。食品表示については従来，食品衛生法，JAS 法および健康増進法の 3 つの法律に基づく表示規制に関わる部分を消費者庁が一元的に所管することとなった。そして，表示に関わる規定整備，統合し，2015 年に「食品表示法」が施行された（図4.2）。

4.6.2　食品表示法

食品を製造・加工・輸入・販売する場合には，食品表示法に基づく「食品表示基準」によって，適切な表示を行うことが定められている。食品表示で得られる情報は，①食品の素性，②安全確保に関する情報，③消費者の自主的合理的な選択の機会を確保する情報である。また，販売の形態（一般用，業

*家庭でできる食中毒予防の 6 つのポイント
厚生労働省：食中毒に関する情報
パンフレット
https://www.mhlw.go.jp/www1/houdou/0903/h0331-1.html
（2023.8.23.）
動画
https://www.youtube.com/watch?v=A3x5T5FrsSY
（2023.8.31.）

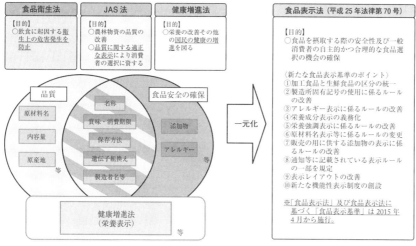

図 4.2　食品表示に関する制度

出所) 消費者庁：平成 30 年消費者白書「第 2 部 第 1 章 第 3 節 (3) 食品表示の適正化の推進　食品表示制度」
　　　を参考に作成
　　　https://www.caa.go.jp/policies/policy/consumer_research/white_paper/2018/white_paper_214.html（2023.8.23.）

務用）や食品区分（加工食品，生鮮食品，添加物）などに応じて必要な表示事項，表示方法が定められている。

　食品の区分は，JAS 法や健康増進法の考え方を踏まえつつ「加工食品」，「生鮮食品」，「添加物」の 3 つに区分されている。加工食品は，製造や加工により，食品の成分が変化するため，消費者はその食品だけでは，原材料などの情報を得られない。「添加物」は，食品を着色，香り付けするなどの目的で使用されるものである。

(1) 原料原産地表示

　全ての加工食品（輸入品を除く）において，その重量に対して上位 1 位の原材料については，原料原産地を表示する。2 か国以上の産地の原材料を混合して使用する場合は，重量割合の高い順に国名を表示する。

　生鮮食品の原産地表示は，農産物，畜産物，水産物によって表示が異なる。国産の場合は，農産物は都道府県名，畜産物は国産，水産物は水域名または地域名を表示する。畜産物は飼養期間が長い場所が原産地となり，水産物は船籍によっては国産品または，輸入品となる。輸入した生鮮食品は原産国名を表示する。添加物は，物質名で用途名とともに使用した重量割合の高い順で表示する。

(2) 期限表示

　消費期限と賞味期限があり，いずれも「未開封の状態で保存方法が表示されている方法で保存した場合の期限」である。消費期限は腐敗，変敗その他の品質（状態）の劣化に伴い，安全性を欠くおそれがないと認められる期限を示す（開封前の状態で定められた方法により保存すれば食品衛生上の問題が生じないと認められるもの）。賞味期限は，すべての品質保持が十分に可能であると認められる期限を示す。ただし，賞味期限を超えた場合であっても，品質が保持されていることがあるため，期限を過ぎた食品でも，消費者が食べられるか否かを個別に判断する必要がある。いずれも「年月日」（製造から賞味期限までの期間が 3 か月を超えるものについては「年月」で表示可）で表示される。

（3）アレルギー表示

原材料や添加物の中に**アレルゲン**を含む場合，その食品の表示が義務付けられている。表示義務のある特定原材料は8品目，表示が推奨されているもの（特定原材料に準ずるもの）は20品目である（**表4.5**）。ただし，表示されるアレルゲンは，食物アレルギーの実態に応じて見直されることがある。

（4）遺伝子組換え食品

バイオテクノロジー技術を応用した農産物の一種で，ある生物や植物の遺伝子を人為的に別の生物あるいは植物に遺伝子を組換えて作られた農産物や加工品を**遺伝子組換え食品**[*1]という。日本で遺伝子組換え食品を販売するためには，厚生労働大臣の許可を必要とし，安全性審査を義務付け，審査を受けていない遺伝子組換え食品は，輸入や販売が禁止されている。安全性が確認された遺伝子組換え食品とその加工品については，食品表示基準に基づき，「遺伝子組換え表示制度」に則った義務表示と任意表示がある。そして，**分別生産流通管理（IPハンドリング）**[*2]をしていたとしても，意図せざる混入がないことまで担保できない場合は，「分別生産流通管理された旨」や「分別生産流通管理済」と表記する。「遺伝子組換えでない」という表示は，分別生産流通管理をして，遺伝子組換えの混入がない（不検出）と認められるものに限り，表示ができる。

（5）放射線照射

放射線を照射した旨，および放射線を照射した年月日であることを表示することが義務付けられている。

（6）栄養成分表示の義務化

義務表示となった栄養素は，熱量（エネルギー），たんぱく質，脂質，炭水化物，ナトリウム（食塩相当量で表示）とし，生活習慣病予防や健康の維持・増進に深く関わる重要な成分である。任意（推奨）する表示項目は，飽和脂肪酸，食物繊維とし，日本人の摂取状況や生活習慣病予防との関連から表示することが推奨される成分である。任意（その他）は糖質，コレステロール，ビタミン，ミネラル類である。

栄養成分表示が省略できるものは，① 商品が小さく（表示可能面積が30 cm²以下），② 酒類，③ 栄養の供給源として寄与の程度が低いもの（茶葉やその抽出物，スパイスなど），④ きわめて短い期間で原材料が変更されるもの，⑤ 小規模事業者が販売するものである。

（7）保健機能食品

保健機能食品には，健康増進法を根拠法とする特定保健用食品と食品衛生

表4.5　特定原材料およびそれに準ずる原材料

	品目名
特定原材料 8品目 （義務表示）	卵，牛乳，小麦，くるみ，そば，落花生，えび，かに
準ずる原材料 20品目 （奨励表示）	アーモンド，あわび，いか，いくら，オレンジ，さけ，さば，大豆，キウイフルーツ，鶏肉，牛肉，豚肉，バナナ，まつたけ，もも，やまいも，りんご，ゼラチン，カシューナッツ，ごま

出所）消費者庁：くるみの特定原材料への追加等について https://www.caa.go.jp/policies/policy/food_labeling/food_sanitation/allergy/（2023.11.2.）

*1　**遺伝子組換え食品**　生物多様性を確保するため，遺伝子組換え生物等を用いる際の規制措置を定めた「カルタヘナ法（遺伝子組換え生物等の使用等の規制による生物の多様性の確保に関する法律（2004年2月施行）がある。
現在，米国やブラジルなど世界29か国において，除草剤耐性や害虫抵抗性，日持ち延長などの遺伝子組換え作物が栽培されている。日本における遺伝子組換え食品は，とうもろこし，大豆，ばれいしょ，アルファルファ，てん菜，パパイヤ，なたね，綿実，からしなの9作物とその加工品が流通・販売されている。

*2　**分別生産流通管理（IPハンドリング）**　遺伝子組換え農産物と非遺伝子組換え農産物を生産から流通，加工までの各段階で相互に混入しないように管理し，書類等で記録に残す。

法を根拠とする栄養機能食品，食品表示法を根拠法とする機能性表示食品がある（図4.3）。

1）特定保健用食品

「おなかの調子を整える」，「脂肪の吸収をおだやかにする」などの，特定の保健用途が期待できる根拠が表示できる食品。その効果や安全性については，国の審査を経た上で消費者庁長官の許可を受け，許可マークが表示できる。条件付き特定保健用食品と規格基準型特定保健用食品，疾病リスク低減表示特定保健用食品もある（図4.4）。

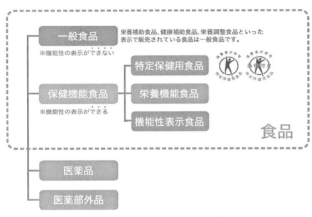

図4.3　保健機能食品の位置づけ

出所）消費者庁：「機能性表示食品」て何？
https://www.caa.go.jp/policies/policy/food_labeling/about_foods_with_function_claims/pdf/150810_1.pdf（2023.12.2.）を一部改変

特定保健用食品には，特定保健用食品，特定保健用食品（疾病リスク低減表示），特定保健用食品（規格基準型），特定保健用食品（再許可型等），条件付き特定保健用食品がある。

図4.4　現在の特定保健用食品

出所）消費者庁：特定保健用食品とは
https://www.caa.go.jp/policies/policy/food_labeling/foods_for_specified_health_uses/（2023.11.4.）

2）栄養機能食品

日常の食生活で不足しやすい特定の栄養成分（ビタミンやミネラルなど）の補給を目的として利用できる食品である。すでに科学的根拠が確認された栄養成分を一定の基準量を含む食品であれば，届出がなくても，国が定めた規定により，機能性を表示することができる。

3）機能性表示食品

2015年の食品表示法の施行に伴い，機能性表示食品制度が実施された。機能性表示食品は，企業などの責任で機能性成分によって，特定の保健の目的が期待できる旨を，科学的根拠に基づき「機能性」を表示できる食品である。販売前に安全性および機能性の根拠に関する情報などを消費者庁長官へ届け出る（ただし消費者庁長官の許可は受けていない）。事業者から届けられた安全性や機能性の根拠などの情報は，消費者のウェブサイトで公表されている。

（8）特別用途食品

特別用途食品の種類は

病者用食品，妊産婦，授乳婦用粉乳，乳児用調製粉乳，えん下困難者用食品，特定保健用食品に分類される。健康の保持・回復など特別な用途についての表示が消費者庁長官から許可されている食品である（図4.5）。

4.6.3　その他の表示

（1）JAS規格（日本農林規格）

JAS法（日本農林規格等に関する法律）に基づいて定められている規格である。JASマークは，品位，成分，性能などの品質についてのJAS規格（一般JAS規格）を満たす食品や林産物などに付与されている。有機JASマークは，有機JAS規格を満たす農産物などに付与される（図4.6）。

（2）トレサビリティ

食品の流通を生産段階から最終的に消費されるまでの段階を追跡できるシステムをトレサビリティという。食品事故の発生時，問題のある食品の回収や原因を究明し，消費者の健康被害拡大を防ぐとともに，事業者の損害も抑えることができる。わが国では牛海綿状脳症（BSE）の発生により，「**牛肉トレサビリティ法**」が成立した。購入した牛の個体識別番号により，牛の飼料や衛生管理の記録をインターネットなどで確認できる。

「米トレサビリティ法[*]」では，米穀（玄米や精白米など）の取引における記録の作成や保存，産地情報の伝達が義務付けられた。

（3）地理的表示（GI：geographical indication）保護制度

地域には，伝統的な生産方法や気候，風土，土壌などの生産地の特性が品質などの特性に結びついている特産品がある。それらを保護するため，「特定農林水産物等の名称の保護に関する法律」（地理的表示法）に基づき，その地域ならではの自然的，人文的，社会的な要因の中で育まれてきた品質，社会的評価などの特性を有する産品の名称を，地域の知的財産として保護する制度がある（図4.7）。

（4）農業生産工程管理（Good Agricultural Practice：GAP）

農産物（食品）の安全を確保し，より良い農業経営を実現するために，農業生産において，食品安全，環境保全，労働安全などの持続可能性を確保するための生産工程管理の取り組みである。この取り組みを実施することで，生

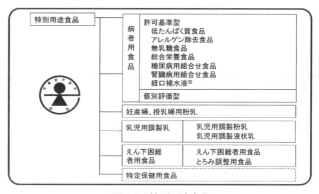

図4.5　特別用途食品

出所）消費者庁：特別用途食品とは
https://www.caa.go.jp/policies/policy/food_labeling/foods_for_special_dietary_uses/（2023.11.29.）

*米トレサビリティ法　2008年の米不正流通事件で農林水産省では，アフラトキシンやメタミドホス等に汚染された米穀やその加工品の販売先を調査したが特定できなかった。そこで，米だけでなく，米粉などの原材料や米飯類，米菓，清酒，みりんなどを対象とし，生産から流通・小売に至るまで伝達し管理する法律が2009年に省令として定められた。

※有機JASマークは，太陽と雲と植物をイメージしたマーク。農薬や化学肥料などの化学物質に頼らないことを基本として自然界の力で生産された食品を表しており，農産物，加工食品，飼料，畜産物および藻類に付けられている。

図4.6　有機JASマーク

出所）農林水産省：有機食品の検査認証制度
https://www.maff.go.jp/j/jas/jas_kikaku/yuuki.html
（2023.11.4.）

※大きな日輪を背負った富士山と水面をモチーフに，日本国旗の日輪の色である赤や伝統・格式を感じる金色を使用し，日本らしさを表現している。

図4.7　地理的表示標章（GIマーク）

出所）農林水産省輸出・国際局知的財産課：「地理的表示及びGIマークの表示について」
https://www.maff.go.jp/j/shokusan/gi_act/gi_mark/（2023.9.30.）

イスラム教徒は,「ハラール」という独特な食文化を形成し, イスラム教の聖典であるコーランに則した食品を食べている。ハラールフードは神に食べることを許された食べ物, ハラームフードは禁じられている食べ物という意味がある。**ハラールフード**は, 野菜や果物, 穀物の他, 牛肉や鶏肉はコーランに則った食肉処理が施されていれば食べることができる。一方, ハラームフードは, 豚肉が厳しく禁じられているため, 豚由来の成分や豚が含まれた餌を食べた家畜類なども禁忌となっている。

ハラール認証制度　原材料や製造ライン, 従業員教育などがイスラム教の教えを遵守していることを認める制度である。ハラール認証機関の審査を通ったものは, ハラール認証マークが付与される。

NPO法人日本アジアハラール協会のハラール認証
https://web.nipponasia-halal.org/about (2023.11.23.)

産管理の向上, 効率性の向上, 農業者や従業員の経営意識の向上につながる効果があり, 消費者や実需者の信頼確保が期待される。

4.7　食物アレルギー

4.7.1　食物アレルギーの定義

　食物アレルギーとは,「食物によって引き起こされる抗原特異的な免疫学的機序を介して生体にとって, 不利益な症状が惹起される現象」と定義されている。すなわち, 食品を摂取した際に, 食品に含まれる原因物質(アレルゲン)を異物として認識し, 自分の体を防御するための過敏な反応を起こすことである。食物アレルギーは免疫学的機序を介した症状を有し, **IgE**[*1]依存性反応と非IgE依存性反応に大別される。一方で免疫学的機序によらないものは**食物不耐症**[*2](food intolerance)という。

4.7.2　食物アレルギーの症状と原因物質

　食物アレルギーの症状は, 皮膚症状が最も多く, 粘膜, 呼吸器, 消化器, 神経など広範囲にわたる。重篤な全身性の症状に至った**アナフィラキシーショック**[*3]では, まれに死に至る(表4.6)。

　食物アレルギーの原因物質(食物アレルゲン)は年齢別で異なるものの, 鶏卵が最も多く, 次いで牛乳, 木の実類となっており, それらに含まれるたんぱく質が要因となっている(図4.8)。

　食物中のたんぱく質はアミノ酸が鎖状に結合し, らせん状やシート状に折りたたまれた構造となっている。IgE抗体は, この構造の決まった場所に結合し, アレルギー症状を出現させる。しかし, たんぱく質は加熱や酸, 酵素により形が変性したり, アミノ酸のつながりが切断(消化)される。そのため, 結合する場所の形が変化するとIgE抗体が結合しにくくなり, アレルギー

*1　**IgE**　免疫グロブリンの一種。身体の中に入り, アレルゲンに対して働きかけ, 身体を守る機能をもつ抗体。IgE抗体は, 肥満細胞と呼ばれる細胞と結合している。アレルゲンと接触すると肥満細胞からヒスタミンが放出され, アレルギー反応が引き起こされる。

*2　**食物不耐性**　酵素欠乏による疾病で, 多く見られる症例では, ラクターゼ不足による乳糖不耐症がある。乳に含まれる主要な糖である乳糖を消化する機能が消失し, 乳摂取後は腹痛や下痢症状がある。

*3　**アナフィラキシー**　「アレルゲン等の侵入により, 複数臓器に全身性にアレルギー症状が惹起され, 生命に危機を与え得る過敏反応」と定義される。

表 4.6　食物アレルギーの症状

臓器	症状
皮膚	紅斑，蕁麻疹，血管性浮腫，瘙痒，灼熱感，湿疹
粘膜	眼症状：結膜充血・浮腫，瘙痒感，流涙，眼瞼浮腫 鼻症状：鼻汁，鼻閉，くしゃみ 口腔症状：口腔・口唇・舌の違和感・腫脹
呼吸器	咽喉頭違和感・瘙痒感・絞扼感，嗄声，嚥下困難 咳嗽，喘鳴，陥没呼吸，胸部圧迫感，呼吸困難，チアノーゼ
消化器	悪心，嘔吐，腹痛，下痢，血便
神経	頭痛，活気の低下，不穏，意識障害
循環器	血圧低下，頻脈，徐脈，不整脈，四肢冷感，蒼白（抹消循環不全）
全身	アナフィラキシー：アレルゲン等の浸入により，複数臓器に全身性のアレルギー症状が惹起され，声明に機器を与え得る過敏反応 アナフィラキシーショック：アナフィラキシーに，血圧低下や意識障害，虚血症状（ぐったり），血圧低下を伴う

出所）日本小児アレルギー学会食物アレルギー委員会作成：食物アレルギー診療ガイドライン2021，即時型症状の臨床所見と重症度分類を基に作成
https://www.jspaci.jp/guide2021/jgfa2021_7.html（2023.9.30.）

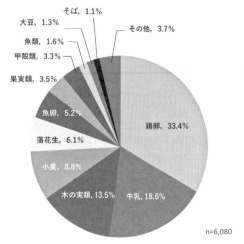

図 4.8　即時型食物アレルギーの原因食物

出所）消費者庁：令和3年度食物アレルギーに関連する食品表示に関する調査研究事業報告書「即時型食物アレルギーによる健康被害に関する全国実態調査」より作成
https://www.caa.go.jp/policies/policy/food_labeling/food_sanitation/allergy/assets/food_labeling_cms204_220601_01.pdf（2023.11.4.）

症状が出現しにくくなる。これを低アレルゲン化という。

4.7.3　食物アレルギーへの対応

　食物アレルギーの治療は，正しい診断に基づいた必要最小限のアレルゲン除去食が基本である。調理による低アレルゲン化，除去食品の代替（除去が必要な食品の栄養素など），低アレルゲン化食品の利用により，安全で適切な栄養素の確保と生活の質（QOL）が求められる。

【演習問題】
問1　食品安全委員会に関する記述である。最も適当なのはどれか。1つ選べ。
（2021年国家試験）
　(1)　農林水産省に設置されている。
　(2)　食品衛生法により設置されている。
　(3)　食品に含まれる有害物質のリスク管理を行う。
　(4)　食品添加物の一日摂取許容量（ADI）を設定する。
　(5)　リスクコミュニケーションには参加しない。

解答　(4)

問2　食品添加物に関する記述である。最も適当なのはどれか。1つ選べ。
（2022年国家試験）
　(1)　アスパルテームは，分子内にアラニンを含んでいる。
　(2)　ソルビン酸には，強い殺菌作用がある。

（3）亜硝酸イオンは，ミオグロビンの発色に関与している。

（4）コチニール色素の主色素は，アントシアニンである。

（5）ナイアシンは，酸化防止剤として用いられる。

解答（3）

問3　放射性物質に関する記述である。最も適当なのはどれか。1つ選べ。

（2023 年国家試験）

（1）食品摂取を介しての被曝は，外部被曝といわれる。

（2）わが国における食品中の放射性物質の基準値は，プルトニウムが対象である。

（3）ヨウ素 131 の物理学的半減期は，約 8 日である。

（4）ストロンチウム 90 は，筋肉に集積しやすい。

（5）わが国ではじゃがいもの発芽防止に，ベータ線の照射が用いられている。

解答（3）

問4　食品に含まれる物質に関する記述である。誤っているのはどれか。1つ選べ。

（2020 年国家試験）

（1）アフラトキシン M 群は，牛乳から検出されるカビ毒である。

（2）フモニシンは，とうもろこしから検出されるカビ毒である。

（3）アクリルアミドは，アミノカルボニル反応によって生じる。

（4）ヘテロサイクリックアミンは，アミロペクチンの加熱によって生じる。

（5）牛肉は，トランス脂肪酸を含有する。

解答（4）

📖 **参考文献・参考資料**

有薗幸司：健康・栄養科学シリーズ　食べ物と健康「食の安全」改訂（第 2 版），南江堂（2020）

植木幸英・前田純夫・阿部尚樹：食品衛生学　食べ物と健康，第一出版（2023）

消費者庁：知っていますか？遺伝子組換え表示制度―消費者が正しく理解できる情報発信を目指して―遺伝子組換えに関する任意表示制度
https://www.caa.go.jp/policies/policy/food_labeling/quality/genetically_modified/assets/food_labeling_cms202_220329_01.pdf（2023.10.22.）

日本栄養改善学会監修，石田裕美・柳沢幸江・由田克士他編著：食事・食べ物の基本　健康を支える食事の実践，医歯薬出版（2022）

第**5**章 調理と食品機能

5.1 調理による栄養機能への影響

調理による栄養機能への影響としては，加熱調理などによる栄養素の性状変化に伴う消化性の変化，調理過程での栄養素の損失に伴う摂取量の変化，食品の選択や組み合わせが吸収率や栄養価におよぼす影響などがあげられる。

5.1.1 炭水化物

炭水化物は構成糖の数により単糖類，少糖類，多糖類に分類され，多糖類にはヒトの消化酵素では消化できない食物繊維もある（**表5.1**）。でんぷんは穀類，いも類などの植物性食品に広く含まれる多糖類で，アミロースとアミロペクチンからなる。アミロースは数百から数千個のグルコースが α-1,4 グリコシド結合で直鎖状につながったものであり*，アミロペクチンはアミロースから α-1,6 グリコシド結合でグルコースが枝分かれして結合した構造をもつ（**図5.1**）。アミロースとアミロペクチンの混合割合はでんぷんの種類によって異なる。

【消化性】 でんぷんは唾液アミラーゼ，膵液アミラーゼ，膜消化酵素によってグルコースに分解され，吸収されてエネルギー源となる。食品に含まれる生でんぷんは，でんぷん分子が規則正しく配列したミセル構造を形成

表 5.1　炭水化物の分類と食品中の主な成分

分類			主な成分
単糖類			グルコース（ぶどう糖）
			フルクトース（果糖）
			ガラクトース
少糖類	二糖類		マルトース（麦芽糖） ：グルコースとグルコースが結合
			スクロース（ショ糖） ：グルコースとフルクトースが結合
			ラクトース（乳糖） ：グルコースとガラクトースが結合
	三糖類		ラフィノース
	四糖類		スタキオース
多糖類	—		でんぷん，グリコーゲン ：グルコースが多数結合
	食物 繊維	不溶性	セルロース，キチン
		水溶性	ペクチン，アガロース，アルギン酸

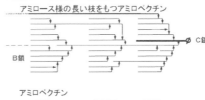

*アミロースには直鎖アミロースだけでなく，一部枝分かれした構造をもつ分岐アミロースが存在することが知られている。

図 5.1　アミロースとアミロペクチンの分子構造モデル

出所）竹田靖史：澱粉研究の潮流（その1）「澱粉の構造—初めて分析に取り組む方へ—」，応用糖質科学**1**，13-16（2011）

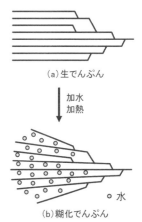

図 5.2　でんぷんの糊化による構造変化

表 5.2　たんぱく質の分類と食品中の主な成分

分類		主な成分
単純たんぱく質	アルブミン	オボアルブミン（卵白）
		ラクトアルブミン（乳）
	グロブリン	オボグロブリン（卵白）
		ラクトグロブリン（乳）
		ミオシン（筋肉）
		グリシニン（大豆）
	プロラミン	グリアジン（小麦）
		ゼイン（とうもろこし）
	グルテリン	グルテニン（小麦）
		オリゼニン（米）
	アルブミノイド	コラーゲン（皮, 軟骨）
		エラスチン（腱）
複合たんぱく質	糖たんぱく質	オボムコイド（卵白）
	リポたんぱく質[*1]	リポビテリン（卵黄）
	リンたんぱく質	カゼイン（乳）
		ビテリン（卵黄）
	色素たんぱく質	ミオグロビン（筋肉）
		ヘモグロビン（血液）
誘導たんぱく質		ゼラチン

[*1]　リポたんぱく質による脂質の体内運搬　小腸で形成されるキロミクロンは食事由来の中性脂肪やコレステロールを組織へ運搬するリポたんぱく質である。肝臓で形成される超低密度リポたんぱく質（VLDL）は肝臓で合成した中性脂肪を脂肪組織などに運搬した後, コレステロールを多く含む低密度リポたんぱく質（LDL）に変化し, 組織にコレステロールを供給する。高密度リポたんぱく質（HDL）は末梢組織のコレステロールを肝臓に運搬する。血液中の LDL コレステロール濃度が高く, HDL コレステロール濃度が低いと動脈硬化のリスクが高まる。

必須アミノ酸のバランスが　必須アミノ酸のバランスが
理想的なたんぱく質　　　　悪いたんぱく質

桶にたまる水の量が最も短い板の高さで決まるように, たんぱく質の栄養価は, 必要量に対する充足率が最も低い必須アミノ酸によって決まる。

図 5.3　たんぱく質の栄養価

[*2]　たんぱく質の変性　物理的操作（加熱, 凍結, 乾燥, 撹拌, 加圧）や化学的操作（酸, アルカリ, 塩類の添加）によってたんぱく質の立体構造が変化することをたんぱく質の変性という。溶解性の低下, 沈殿, 凝固などがおこり, 可逆的な変性と不可逆的な変性がある。

しているため, 消化酵素の作用を受けにくい（図 5.1 の(a)）。しかし, 生でんぷんに水を加えて加熱するとミセル構造に水が入り込み, 結晶構造が消失した糊化でんぷんとなり, 消化性が高まる（図 5.2 の(b)）。生でんぷんの消化性は種類によって異なり, 地下茎でんぷんは種実でんぷんに比べて酵素作用を受けにくく, 特にじゃがいもでんぷんは消化性が低い。しかし, いずれのでんぷんも加熱糊化することにより消化性は高まり, 種類による差はなくなる。

5.1.2　たんぱく質

たんぱく質はアミノ酸が多数結合した高分子化合物である。アミノ酸のみからなる単純たんぱく質と, 糖や脂質などが結合した複合たんぱく質, 天然のたんぱく質の一部を変化させた誘導たんぱく質に分類される。肉, 卵などの動物性食品に多く含まれ, 大豆や小麦などの植物性食品にも広く含まれている（表 5.2）。たんぱく質を構成する 20 種類のアミノ酸のうち, 9 種類は体内で合成できないあるいは必要量を合成できないため, 食品から摂取することが必要な必須アミノ酸である。たんぱく質は筋肉や結合組織などの体構成成分や酵素などの身体機能調節成分となる栄養素であり, その栄養価は消化吸収率とたんぱく質を構成する必須アミノ酸の量とバランスによって決まる（図 5.3）。

【消化性】　加熱調理に伴う**たんぱく質の変性**[*2]（p.48 表 5.6 参照）は消化性に影響を与える可能性がある。加熱によりたんぱく質の溶解性が高まれば, 消化酵素の作用を受けやすくなるが, 加熱によって分子間に新たな結合が形成される場合などでは消化性は低下する。加熱調理がたんぱく質の消化性におよぼす影響は, たんぱく質の種類や加熱条件によって異なると考えられる。

【栄養価】　肉や卵などの動物性食品に含まれるたんぱく質は必須アミノ酸のバランスが良く, 体内で効率よく利用される。米や小麦は主食として摂取量が多いためたんぱく質の供給源として期待できるが, 米や小麦のたんぱく質は必須アミノ酸のリジン含量が少なく栄養価が低い。リジンを多く含む肉や大豆と米や小麦を組み合わせて摂取すること, つまり主菜と主食をそろえた献立にすることで, アミノ酸の補足効果によりたんぱく質の栄養

価を高めることができる。

5.1.3 脂　質

　食品に含まれる脂質には，単純脂質の中性脂肪（**トリアシルグリセロール**[*]）の他に，複合脂質の**リン脂質**，誘導脂質のコレステロールなどがある。中性脂肪は 1 g あたり 9 kcal のエネルギーをもたらす栄養素で，過剰摂取は肥満の原因となり生活習慣病を引き起こす要因となる。

【摂取量】　肉を調理する場合には，脂肪含量の少ない種類や部位を選択する，あらかじめ脂肪を取り除く，脂肪を溶出させる加熱方法を用いることにより脂肪の摂取量を減らすことができる（図5.4）。また，揚げ物では材料の切り方，衣の有無や種類によって吸油率が大きく異なるため（図5.5），揚げ方によってエネルギー摂取量を調節できる。

【栄養価】　リノール酸（n-6 系）と α-リノレン酸（n-3 系）は体内で合成できない必須脂肪酸である。アラキドン酸（n-6系）とイコサペンタエン酸（IPA）（n-3 系）から生合成されるイコサノイド（またはエイコサノイド）は生理活性脂質とよばれ，n-3 系と n-6系脂肪酸の摂取バランスがその生理作用に影響する。魚油に多く含まれる n-6 系脂肪酸の摂取不足は心筋梗塞や脳梗塞，アレルギー疾患などの発症リスクを高めるとされる。肉，魚，植物性食品の摂取バランスの良い献立が脂質の栄養価を高める。

[*]トリアシルグリセロールはグリセロールに 3 つの脂肪酸がエステル結合したものである。飽和脂肪酸が多いと融点が高く，二重結合をもつ不飽和脂肪酸が多いと融点が低く，酸化されやすい（**表5.3**）。

表 5.3　脂肪酸の分類と主な成分

分類	主な成分	記号	系列
飽和脂肪酸	ラウリン酸	C12:0	―
	パルミチン酸	C16:0	―
	ステアリン酸	C18:0	―
不飽和脂肪酸	オレイン酸	C18:1	n-9 系
	リノール酸	C18:2	n-6 系
	アラキドン酸	C20:4	
	α-リノレン酸	C18:3	n-3 系
	イコサペンタエン酸	C20:5	
	ドコサヘキサエン酸	C22:6	

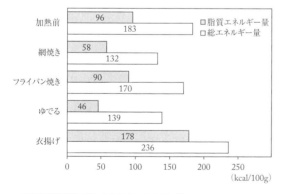

・豚もも肉薄切り 100g あたりのエネルギー量

図 5.4　豚肉の加熱方法の違いによる脂質エネルギー量の変化

出所）松本仲子監修：部位・調理別 肉の脱脂肪によるエネルギーカット率
調理のためのベーシックデータ第 6 版，女子栄養大学出版部，3-5
（2022）に基づき作成

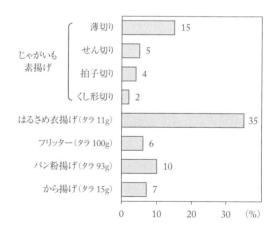

・薄切り：1.5mm 厚さ，せん切り：5mm 角 5cm 長さ，拍子切り：
1cm 角 5cm 長さ，くし形切り：4 つ割り

図 5.5　材料の切り方と衣の種類による吸油率の変化

出所）女子栄養大学調理学研究室・女子栄養大学短期大学部調理
学研究室監修：調理のためのベーシックデータ（第 6 版），
女子栄養大学出版部，16-27（2022）に基づき作成

表 5.4　調理による無機質の損失

(mg/ 生の食品 100g)

食品	調理方法	K	Ca	Mg	P	Fe	Zn
大豆	乾	1900	180	220	490	6.8	3.1
	ゆで	1166	174	220	418	4.8	4.2
じゃがいも 皮なし	生	410	4	19	47	0.4	0.2
	水煮	330	4	16	31	0.6	0.2
	電子レンジ調理	400	4	19	44	0.4	0.3
西洋かぼちゃ	生	450	15	25	43	0.5	0.3
	ゆで	421	14	24	42	0.5	0.3
	焼き	450	15	24	43	0.5	0.3
にんじん 皮なし	生	270	26	9	25	0.2	0.2
	ゆで	209	25	8	23	0.2	0.2
	油いため	276	24	9	26	0.2	0.2
キャベツ	生	200	43	14	27	0.3	0.2
	ゆで	82	36	8	18	0.2	0.1
	油いため	200	42	14	26	0.3	0.2
ほうれんそう	生	690	49	69	47	2.0	0.7
	ゆで	343	48	28	30	0.6	0.5
	油いため	307	51	30	31	0.7	0.5
しいたけ	生	290	1	14	87	0.4	0.9
	ゆで	220	1	12	72	0.3	0.9
	油いため	276	2	15	85	0.4	0.9
ぶた肉 もも 皮下脂肪なし	生	360	4	25	210	0.7	2.1
	ゆで	142	4	17	135	0.6	2.1
	焼き	320	4	23	192	0.7	2.2
まあじ 皮つき	生	360	66	34	230	0.6	1.1
	水煮	305	70	31	218	0.6	1.1
	焼き	338	72	32	230	0.6	1.1

・調理した食品の値は，調理に伴う重量変化率を乗じて生の食品 100g あたりに換算した。
・調理した食品の値の網掛けは，生の食品と比較して残存率が 80% 以下であることを示す。
出所）文部科学省：日本食品標準成分表 2020 年版（八訂）に基づき作成

5.1.4　無機質（ミネラル）

　無機質とは人体を構成する元素の内，炭素，酸素，窒素，水素以外の元素であり，日本人の食事摂取基準では 13 元素（ナトリウム，カリウム，カルシウム，マグネシウム，リン，鉄，亜鉛，銅，マンガン，ヨウ素，セレン，クロム，モリブデン）の摂取基準が示されている。骨や歯の構成元素や体液の電解質，さまざまな酵素の補助因子として作用する栄養素である。

【摂取量】　無機質は水溶性であるため，食品の洗浄，浸漬，ゆでる，煮るなどの調理過程で溶出する。溶出率は無機質の種類や食品の種類，調理条件によって異なり（表5.4），特にキャベツなどの葉菜類では損失が大きい。水よりも食塩水に漬けた場合に溶出率が高いことが報告されており，煮物では汁まで摂取することで調理による損失を抑えることができる。ナトリウムの推定平均必要量は成人で 1 日 600 mg（食塩相当量 1.5 g）であり，通常の食生活では食塩として常に過剰のナトリウムを摂取している。食塩摂取量と高血圧の発症には正の相関が認められており，酸味やうま味を利用した減塩調理は，ナトリウムの摂取量を減らし高血圧の予防につながる。

【吸収率】　カルシウムと鉄は不足しがちな無機質であるが，食品の選択や組み合わせによって吸収率を高めることができる。牛乳に含まれるカゼインや乳酸，乳糖はカルシウムの吸収を促進するため，牛乳や乳製品のカルシウムは吸収率が高い。食品添加物として加工食品に多く含まれるリン酸は，カルシウムと結合して不溶性になるため吸収を阻害する。食品中の鉄は，赤身の肉に含まれるヘム鉄と植物性食品や卵，乳製品に含まれる非ヘム鉄に分けられ，ヘム鉄は非ヘム鉄に比べて吸収率が高い。ビタミンCは三価鉄の非ヘム鉄を吸収されやすい二価鉄に還元することで鉄の吸収を促進する。

5.1.5　ビタミン

　ビタミンとは，生命維持，成長，身体活動に必須であり，微量で生理作用を有するが，体内で合成できないあるいは必要量を合成できない有機化合物と定義され，食物から摂取しなければならない栄養素である。脂溶性のビタミンA，D，E，Kの4種類と，水溶性のビタミンC，B$_1$，B$_2$，B$_6$，B$_{12}$，ナイアシン，葉酸，パントテン酸，ビオチンの9種類がある。脂溶性ビタミンは体内に蓄積されやすく，ビタミンA，Dには過剰症も認められる。水溶性ビタミンは必要以上に摂取しても蓄積されずに尿中に排泄されるため，欠乏症になりやすい。

【摂取量】　ビタミンの種類により，熱や酸，アルカリに対する安定性が異なり，調理後の残存率はビタミンの種類や食品の種類，調理条件で異なる（表5.5）。水溶性ビタミンは脂溶性ビタミンよりも調理による損失が大きく，無機質と同様に，特に葉菜類のゆで加熱における残存率が低い。

【吸収率】　脂溶性ビタミンが吸収されるには，他の脂溶性栄養素とともに胆

表5.5　調理によるビタミンの損失

(生の食品100g あたり)

食品	調理方法	脂溶性ビタミン				水溶性ビタミン					
		β-カロテン (μg)	ビタミンD (μg)	α-トコフェロール (mg)	ビタミンK (μg)	ビタミンB$_1$ (mg)	ビタミンB$_2$ (mg)	ナイアシン (mg)	ビタミンB$_6$ (mg)	パントテン酸 (mg)	ビタミンC (mg)
大豆	乾	7	(0)	2.3	18	0.71	0.26	2.0	0.51	1.36	3
	ゆで	7	(0)	3.5	15	0.37	0.18	0.9	0.22	0.57	Tr
じゃがいも 皮なし	生	2	(0)	Tr	1	0.09	0.03	1.5	0.20	0.50	28
	水煮	2	(0)	0.1	(0)	0.07	0.03	1.0	0.17	0.40	17
	電子レンジ調理	2	(0)	Tr	1	0.08	0.03	1.3	0.19	0.44	21
さつまいも 皮つき	生	40	(0)	1.0	(0)	0.10	0.02	0.6	0.20	0.48	25
	蒸し	45	(0)	1.4	(0)	0.10	0.02	0.7	0.20	0.55	20
きゅうり	生	330	(0)	0.3	34	0.03	0.03	0.2	0.05	0.33	14
	塩漬	179	(0)	0.3	39	0.02	0.03	0.2	0.05	0.29	9
	ぬかみそ漬	174	(0)	0.2	91	0.22	0.04	1.3	0.17	0.77	18
にんじん 皮なし	生	6700	(0)	0.5	18	0.07	0.06	0.7	0.10	0.33	6
	ゆで	6264	(0)	0.3	16	0.05	0.04	0.5	0.09	0.22	3
	油いため	6831	(0)	1.2	15	0.08	0.06	0.8	0.10	0.31	3
キャベツ	生	49	(0)	0.1	78	0.04	0.03	0.2	0.11	0.22	41
	ゆで	51	(0)	0.1	68	0.02	0.01	0.1	0.04	0.10	15
	油いため	62	(0)	0.9	96	0.04	0.03	0.2	0.12	0.24	38
ほうれんそう	生	4200	(0)	2.1	270	0.11	0.20	0.6	0.14	0.20	35
	ゆで	3780	(0)	1.8	224	0.04	0.08	0.2	0.06	0.09	13
	油いため	4408	(0)	2.8	296	0.05	0.09	0.3	0.05	0.12	12
しいたけ	生	(0)	0.3	(0)	(0)	0.13	0.21	3.4	0.21	1.21	0
	ゆで	(0)	0.6	(0)	(0)	0.09	0.12	2.2	0.13	0.78	0
	油いため	(0)	0.5	0.6	4	0.15	0.17	3.0	0.17	1.18	0

・調理した食品の値は，調理に伴う重量変化率を乗じて生の食品100g あたりに換算した。
・調理した食品の値の網掛けは，生の食品と比較して残存率が80%以下であることを示す。
・β-カロテンはおもに植物性の食品に含まれ，体内で必要に応じてビタミンAに変わる成分である。
・α-トコフェロールはビタミンEとしての効力がもっとも高い成分である。
出所）文部科学省：日本食品標準成分表 2020 年版（八訂）に基づき作成

　汁酸とミセル形成することが必要であり，吸収後も他の脂溶性栄養素とともにキロミクロンに取り込まれて運搬される。そのため脂溶性ビタミンは脂質とともに摂取することで吸収率が高まるとされる。

5.2　調理による感覚機能への影響

　食べ物の味，色，香りは，食品に含まれる成分と添加された調味料に由来する成分によって決まるが，調理の過程でその量や性質が変化するため，食べ物のおいしさは調理によって大きく変化する。また，でんぷんの糊化やたんぱく質の変性などに伴う物理的性状の変化は，食べ物のテクスチャーに影響をおよぼす。一方，食品に含まれる水や調理に用いる水の特性も，食べ物のおいしさを大きく左右する。

5.2.1　味

（1）呈味成分の増減

1）　酵素作用による呈味成分の生成

　さつまいもに含まれるβ-アミラーゼや米のでんぷん分解酵素は加熱の過程で作用するため，加熱後のさつまいもや飯の甘味が増す。

　だいこん，わさび，からしなどの辛味はイソチオシアネートによるものである。植物中には配糖体で存在するが，すりおろすなどの調理操作により組織が破壊されると，ミロシナーゼが作用してグルコースが除去されることで辛味が生じる。また，干ししいたけのうま味成分であるグアニル酸は，核酸にリボヌクレアーゼが作用することで生成する。低温で水もどしした後に加熱すると生成量が多くなることが報告されている。

2）　不味成分の除去

　野菜に含まれる渋味，苦味，えぐ味などの不味成分はあくといわれ，あく抜きすることで，野菜の好ましい味をより活かすことができる。不味成分となるのは，ホモゲンチジン酸，シュウ酸，ポリフェノール類などの水溶性成

分であり，野菜を水に浸漬したり下ゆですることで除去できる。ゆで水に米ぬかや小麦粉を加えるとコロイド粒子に不味成分が吸着され，あく抜きの効果が高まる。

(2) 呈味性の変化

1) 温　度

食べ物の温度は味の強さに影響を与え(p.18 参照)，塩味と苦味は温度が低いほど強く感じられる。汁物や煮物などは，加熱後の温かい状態で食べる場合に比べ，冷めてから食べる場合の方が塩味を強く感じるので，食べるときの温度を考慮して味付けを調節する必要がある。スクロースの甘味は温度変化に安定であるが，フルクトースは温度が低い方が甘味を強く感じる[*]。

＊単糖類や二糖類は立体構造の違いによって甘味の強さが変化するが，スクロースは立体異性体がないため甘味が安定している。

2) テクスチャー

食べ物のテクスチャーによっても味の強さが変わる。液体と固体では液体の方が味を強く感じるので，ジュースとそれを固めたゼリーでは，ジュースの方が味を濃く感じる。また同じ糖濃度のゼリーでは，硬いものに比べて軟らかいゼリーの方が甘味を強く感じる。軟らかい食べ物の方が咀しゃくによって唾液とまざりやすく，味を強く感じやすいと考えられる。

3) 味の相互作用

味の相乗効果や対比効果を利用して好ましい味を強調したり，抑制効果により味をまろやかにすることができる(p.14 参照)。

5.2.2　色

(1) 酵素的褐変

野菜や果物などの植物性食品の多くは，クロロゲン酸やカテキンなどのポリフェノールとその酸化酵素であるポリフェノールオキシダーゼを含む。野菜や果物を切ると細胞が破壊されて酵素が作用し，ポリフェノールが酸化されて褐色物質メラニンが生成され，嗜好性の低下につながる(図5.6)。切った野菜や果物を水に漬けることにより，基質と酵素を溶出させるとともに酸素との接触を遮断し褐変を抑制できる。酢水や食塩水に漬けるとさらに酵素活性を低下させることができる。

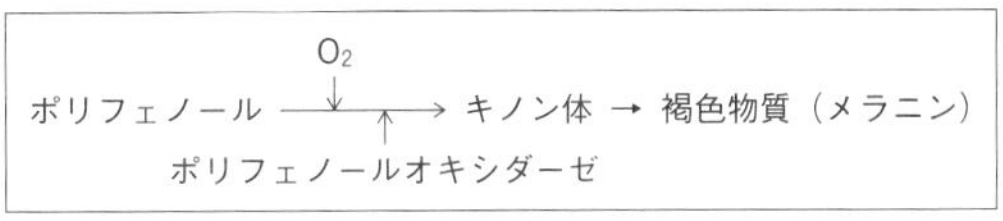

図 5.6　酵素的褐変の反応

(2) 非酵素的褐変

食品中のアミノ化合物(アミノ酸やたんぱく質など)とカルボニル化合物(グルコースなどの還元糖)が反応するアミノカルボニル反応(メイラード反応)と，スクロースを 160 ℃以上に加熱すると起こるカラメル化反応では，いずれも褐色色素が生成されて食品は褐変する。焼く，揚げる，炒めるなどの加熱調理では，適度に焦げ色をつけることで嗜好性を高めることができる。

(3) 野菜・果物における色の変化

　食品の中でも特に野菜や果物の鮮やかな色は嗜好性に寄与するが，調理における加熱，pHの変化，金属イオンとの結合(pp.89-90参照)によって変色する場合がある。

5.2.3　香　り

(1) 酵素作用による変化

　切る，すりつぶすなどの操作によって細胞を破壊すると，香気成分が揮発しやすくなり，香りを強めることができる。さらに細胞が破壊されることで酵素反応が起こり，新たな香気成分が生成される場合がある。ねぎ，にんにく，たまねぎなどのネギ属の野菜では含硫アミノ酸誘導体にアリイナーゼがはたらき，にんにくのアリシンのような特有の香りをもつ含硫化合物が生成される(p.14参照)。

(2) 非酵素作用による変化

　加熱調理の過程で起こるアミノカルボニル反応では，褐色色素だけでなくピラジン類，アルデヒド類，フラン類といった香気成分も生成される。反応するアミノ酸や糖の種類によって生成される成分が異なり，焼肉や焼魚，パンや焼き菓子などにおいて，各々特有の加熱香気が形成されることで嗜好性が高まる。一方，油脂を加熱すると酸化により不快な酸化臭をもったカルボニル化合物が生成される。この反応は常温でも空気中の酸素によって進行する。酸化された油脂を用いた揚げ物では，酸化臭によって嗜好性が低下するだけでなく胸やけなどの症状がでる場合もある。

(3) 不快臭の抑制

　香りの強い野菜や果物，調味料，香辛料を用いることで，魚や肉の好ましくないにおいをマスキングすることができる。魚臭はトリメチルアミンやジメチルアミンなどのアミン類が原因であり，酢やレモンなどの酸の添加によってアミン類が中和され揮発が抑制される。また，牛乳やみそに肉や魚を漬けると，コロイド粒子ににおい成分を吸着させる効果がある。

5.2.4　テクスチャー

(1) たんぱく質の変性

　加熱や撹拌，調味料の添加に伴うたんぱく質の変性は，食品のテクスチャーを大きく変化させ，肉や魚，卵，小麦粉などを用いた調理において各々のおいしさを左右する重要な要因となる(表5.6)。

*たんぱく質の等電点と変性　たんぱく質を構成するアミノ酸には側鎖に塩基性基や酸性基をもつものがあるため，溶液のpHによってたんぱく質全体の荷電状態が変化する。電荷が見かけ上ゼロになるpHを等電点という。等電点では電荷による反発力がなくなるため，たんぱく質の溶解性が最も低くなり，沈殿や凝固などの変性がおこりやすくなる。

表5.6　調理操作によるたんぱく質の変性*

操作		調理例
物理的操作	加熱	肉，卵の加熱凝固
	凍結	高野豆腐（凍結による豆腐の脱水）
	乾燥	魚の干物
	撹拌	メレンゲ（撹拌による卵白の起泡）パン，めん（加水，混ねつによる小麦粉のグルテン形成）
化学的操作	酸	ヨーグルト（乳酸発酵による乳の凝固）魚の酢じめ
	アルカリ	ピータン（石灰によるあひる卵の凝固）
	塩類	豆腐（にがり添加による豆乳の凝固）肉だんご（食塩添加によるひき肉のアクトミオシン形成）
	酵素	チーズ（凝乳酵素による乳の凝固）

(2) でんぷんの糊化

食品中のでんぷんは水とともに糊化温度以上に加熱されると糊化し，軟らかく粘りのあるテクスチャーに変化する。また，でんぷんを分散させた水を加熱するとでんぷんの糊化により粘性のある液となる。さらに高濃度の糊化でんぷん液は冷却するとゲル化する。ゲルのテクスチャーはでんぷんの種類によって異なり，種実でんぷんは不透明な硬くてもろいゲル，地下茎でんぷんは透明で粘着性，弾力性のあるゲルとなる(p.109 参照)。これらのでんぷんの糊化に伴うテクスチャーの変化は，穀類，いも類，豆類などの食品の嗜好性を向上させ，また，小麦粉や米粉の調理，汁物やあんかけなどの調理においても利用されている。一方，糊化でんぷんは放置すると老化でんぷんとなって硬くなり，食味の低下につながる。

(3) 野菜のテクスチャー

生野菜のテクスチャーは，細胞の浸透作用を利用した調理操作によって変化させることができる(p.90 参照)。加熱操作も野菜のテクスチャーを変化させる。植物細胞壁に存在するペクチンが加熱によって分解されると野菜は軟化する。重曹(炭酸水素ナトリウム)などの添加によりアルカリ性で加熱すると軟化は促進され，酢やみょうばんなどを添加して酸性にすると軟化は抑制される。また牛乳中のカルシウムなどの二価の金属イオンは，ペクチン鎖間で架橋構造を形成するため軟化を抑制する。

5.2.5　水の特性

水はさまざまな物質を**溶解**あるいは**分散**[*1]させることができるため，食品を水に浸漬して不味成分を除去したり，うま味成分を抽出することができる。水に溶解・分散した成分は濃度の濃い方から薄い方へ**拡散**するため，調味料が拡散することで食品に味を付けることができる(p.73 参照)。また，溶解・分散した成分を水で**希釈**することもできるため，味付けを調節したり，小麦粉生地や卵液の濃度を変えることにより多様な料理を作ることができる。

寒天液やゼラチン液は水を分散媒としたコロイド分散系(p.113 参照)である。液体状態のゾルでは水は溶媒として存在するが，冷却すると分散していた分子が水を取り囲むように凝集し固体のゲルになる。ゾルとゲルで水分量は同じでも温度により水の分布状態が異なり，テクスチャーが変化する。

水の沸点は 100 ℃であるため，焼く，揚げるなどの加熱調理では食品から水分が**蒸発**することで味が濃縮されたり，テクスチャーの変化がおこる。水が蒸発すると体積は約 1700 倍に**膨張**するため，小麦粉の膨化調理などに水蒸気圧を利用することができる。

食品に含まれる水には**結合水**と**自由水**[*2]がある(p.62 参照)。調理過程で味や香

*1　溶解・分散　食塩水のように物質が液体と混ざり合い完全に均一になることを**溶解**という。**分散**とは混ざり合うことのない二つの物質の一方が微粒子の状態で他方に浮遊している状態である。微粒子の直径がおおよそ 1 〜 100 nm のものをコロイド分散系という。

*2　結合水・自由水　食品を劣化させる油脂の酸化，カビや微生物の繁殖も自由水を必要とする。食品に含まれる自由水量の指標となるのが水分活性であり，同温度における純水の蒸気圧と食品の蒸気圧の比と定義される。食品を乾燥させたり塩漬けや砂糖漬けすることにより自由水量を減らして水分活性を低下させることで，食品の保存性を高めることができる。

りを変化させる種々の酵素作用やアミノカルボニル反応では自由水の存在が必要である。

5.3　調理による生体調節機能への影響

今日の食生活においては，食品の栄養機能(一次)，感覚機能(二次)だけでなく生体調節機能(三次)への期待が高まっている。調理による生体調節機能への影響としては，生活習慣病の予防に寄与する食物繊維や抗酸化物質の効率的な摂取，変異原性物質や食物アレルギーの低減などがあげられる。

5.3.1　食物繊維の生理機能への影響

食物繊維は，ヒトの消化酵素によって消化されない食物成分と定義され，水に対する溶解性の違いから不溶性食物繊維(IDF)と水溶性食物繊維(SDF)に分けられる(表5.1 参照)。植物細胞壁の構成成分であるセルロースは代表的なIDF であり，SDF には野菜や果物に含まれるペクチンや海藻に含まれるアガロースやアルギン酸などがある。SDF は水に溶けると高い粘性を示すものが多く，消化管内に存在することで糖質や脂質の消化吸収速度が低下し，血糖値上昇抑制，脂質異常症の予防に効果がある。IDF は高い保水性やかさ形成能によって糞便量を増加させ大腸疾患の予防に寄与する。さらに，食物繊維には大腸内で腸内細菌によって分解されるものがあり，産生された短鎖脂肪酸は，大腸の運動を促進したり肝臓でのコレステロール生合成を抑制するなど，さまざまな生理機能をもつことが知られている。

食物繊維を多く含む食品は，いも類，豆類，野菜類，海藻類，きのこ類などの植物性食品である(図5.7)。これらの食品を主食や主菜とともに摂取することで食物繊維の生理機能を活かすことができる。また，でんぷん含量の高いいも類や豆類では，加熱後に不溶性食物繊維が増加する食品もあり，レジスタントスターチの増加が要因と考えられている。

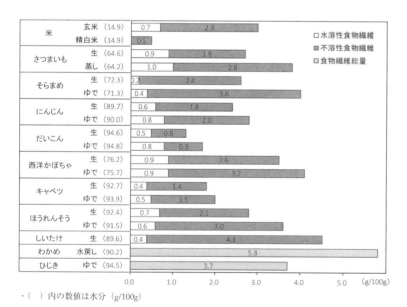

・( ) 内の数値は水分 (g/100g)

図 5.7　主な植物性食品の食物繊維含量と調理加工の影響

出所）文部科学省：日本食品標準成分表 2020 年版（八訂）に基づき作成

でんぷんは消化酵素により完全にグルコースに分解され，吸収されてエネルギー源になると考えられてきた。しかし1970年代，小腸で消化されずに大腸に達するでんぷんの存在が明らかにされ，レジスタントスターチ（RS，酵素抵抗性でんぷん）と名付けられた。RSの摂取により，血糖値上昇抑制，大腸内環境改善といった食物繊維と同様の生理効果が期待できる。

RSは，細胞壁などにより物理的に消化酵素が作用できないRS1，でんぷん自体が酵素作用を受けにくい構造をもつRS2，糊化でんぷんの老化が原因で消化性が低下したRS3，化学的処理によりでんぷん分子間に架橋形成させたRS4に大別される。調理過程におけるでんぷんの構造変化によってRS2やRS3含量が増減する可能性がある。

5.3.2　抗酸化物質への影響

生体内で生じた活性酸素やラジカルによる生体膜の酸化，DNAの損傷といった生体傷害は，さまざまな生活習慣病や老化の原因となる。食品中にはカロテン，ビタミンE，ビタミンC，ポリフェノール類など，活性酸素やラジカルを消去する抗酸化物質が含まれており，調理加工の過程において抗酸化物質の量や抗酸化能が変化する。

大豆発酵食品であるみそやしょうゆには，抗酸化物質であるイソフラボン類が含まれる。大豆を発酵させることでイソフラボンの配糖体が微生物により分解され，イソフラボン類が遊離したものである。また，大豆の発酵ではたんぱく質がプロテアーゼによって分解され，抗酸化能のあるペプチドやアミノ酸も増加する。

加熱によるアミノカルボニル反応で生じる褐色物質メラノイジンも，抗酸化能を有する。ごまは焙煎することでメラノイジンとともに高い抗酸化能をもつリグナンも生成されることが知られている。また，野菜に含まれるビタミンCやポリフェノール類は，ゆで加熱や煮込み加熱によって減少するが，野菜を加熱してかさを減らすことで摂取量が増加し，さらに細胞壁の軟化によって抗酸化物質の利用率が高まる可能性もあると考えられている。

5.3.3　変異原性物質の生成と抑制

食品の調理加工の過程において食品成分間の相互作用により，変異原性物質が生成する場合がある(p.29 表4.2 参照)。ヘテロサイクリックアミンは，肉や魚などのたんぱく質を多く含む食品を150℃以上の高温で加熱したときに生成する複素環アミンであり，多環芳香族炭化水素のベンゾ[a]ピレンは，焼肉，焼魚，燻製品などに含まれる。また，アミノ酸のアスパラギンとグルコースなどの還元糖を含む食品を高温で加熱すると，アミノカルボニル反応を経てアクリルアミドが生成される。炒めたもやしやフライドポテトからの摂取量が多いとされる。また，野菜に多く含まれる硝酸塩は摂取後，消化管

内で還元されて亜硝酸塩となり魚肉に含まれるジメチルアミンと結合するとジメチルニトロソアミンを生成する。これらの変異原性物質の作用を抑制するには，過度の加熱を避けて生成を抑えるとともに，抗酸化物質や食物繊維を含む食品の摂取を増やすことが重要である。

5.3.4　食物アレルギーの低減

　食物アレルギーとは，食物の特定の成分に対して過剰な免疫反応が起こることで望ましくない症状が引き起こされる現象である。卵，牛乳，大豆，小麦，米が五大アレルゲンとされ，これらの食品中のたんぱく質が十分に消化されない状態で吸収されることが原因となる。アレルゲン性低減化の方法としては，原因となるたんぱく質の除去，構造変化，低分子化などが考えられ，調理の過程におけるたんぱく質の変性によってもアレルゲン性を低減できる可能性がある。

　卵の主要なアレルゲンは，卵白たんぱく質のオボムコイドである。熱安定性の高いオボムコイドは加熱調理によって変性しにくいが，揚げ加熱した場合や，カステラ，ドーナツ，パスタなど小麦粉とともに調理した場合には可溶性オボムコイドが減少することが報告されている（表5.7）。小麦粉のグルテンによってオボムコイドが不溶化するためであり，卵のアレルゲン性低減につながると考えられる。

表 5.7　卵料理の 1 回分の摂取量（成人）に含まれる可溶性オボムコイド量

卵料理	摂取量／回	卵使用量*	可溶性オボムコイド残存比率	可溶性オボムコイド量／回**
生卵（基準）	1 個	1 個	1	1
固ゆで卵	1 個	1 個	1/10	1/10
固揚げ卵	1 個	1 個	1/100	1/100
茶わん蒸し	1 個	1/2 個	1	1/2
オムレツ	1 個	1 個	1	1
ホットケーキ	1 枚（40 g）	1/10 個	1/30	1/300
ドーナツ	65 g	1/10 個	1/500	1/5000
カステラ	1 切れ（50 g）	1/5 個	1/300	1/1500
クッキー	45 g	1/5 個	1/100	1/500

＊　　1 回の摂取量に含まれる卵量（個）を示す。
＊＊　1 回に摂取する卵料理に含まれる可溶性オボムコイド量を生卵に対する比率として示す。
　　　可溶性オボムコイド量／回＝可溶性オボムコイド残存比率×1 回の摂取量に含まれる卵量（個）より求めた。
出所）加藤保子：卵料理，卵添加加工品のアレルゲン，日本調理科学会誌，**35**，84-90（2002）より一部抜粋

【演習問題】

問 1 食品の栄養成分と調理に関する記述である。誤っているのはどれか。
　　　1 つ選べ。　　　　　　　　　　　　　　　　　　　　（2023 年国家試験）

(1) 野菜のカロテンは，油炒めにより消化管からの吸収が良くなる。

(2) こまつなのカリウムは，ゆでることにより多くはゆで汁に溶出する。

(3) さつまいものでんぷんは，65 ℃付近で加熱を続けると高分子化する。

(4) 牛乳のアミノ酸は，小麦粉生地の焼き課程で糖と結合する。

(5) 魚肉のたんぱく質は，食塩を加えてこねた後に加熱するとゲル化する。

解答（3）

問 2 食品成分の変化に関する記述である。正しいのはどれか。1 つ選べ。
　　　　　　　　　　　　　　　　　　　　　　　　　　　（2019 年国家試験）

(1) ビタミン B_2 は，光照射で分解する。

(2) イノシン酸は，脂肪酸の分解物である。

(3) なすの切り口が短時間で褐変するのは，メイラード反応による。

(4) だいこんの辛みが生成するのは，アリイナーゼの反応による。

(5) りんご果汁の濁りは，ミロシナーゼ処理で除去できる。

解答（1）

問 3 食品中の水に関する記述である。正しいのはどれか。1 つ選べ。
　　　　　　　　　　　　　　　　　　　　　　　　　　　（2021 年国家試験）

(1) 純水の水分活性は，100 である。

(2) 結合水は，食品成分と共有結合を形成している。

(3) 塩蔵では，結合水の量を減らすことで保存性を高める。

(4) 中間水分食品は，生鮮食品と比較して非酵素的褐変が抑制される。

(5) 水分活性が極めて低い場合には，脂質の酸化が促進される。

解答（5）

📖 参考文献

青柳康夫，菅原龍幸：干し椎茸の水もどしに関する一考察，日本食品工業学会
　　誌，**33**，244-249（1986）

香西みどり：水と調理のいろいろ―調理で水の特性を感じる―，光生館（2013）

杉本温美，高谷智久，不破英次：ジャガいも，ヤマノいも，高アミローストウ
　　モロコシおよびトウモロコシ澱粉粒のラットにおける消化性，澱粉科学，**22**，
　　103-110（1975）

畑明美，南光美子：浸漬操作による野菜，果実中無機成分の溶出の変化，調理
　　科学，**16**，52-56（1983）

福田靖子：調理と食品の抗酸化機能性，日本調理科学会誌，**34**，321-328（2001）

山本淳子，大羽和子：緑豆もやしアスコルビン酸オキシダーゼの部分精製およ
　　び塩類による活性阻害の様式，日本家政学会誌，**54**，157-161（2003）

Yamaguchi, T., Oda, Y., Katsuda, M., Inakuma, T., Ishiguro, Y., Kanazawa, K., Takamura,
　　H., and T. Matoda, : Changes in Radical-scavenging Activity of Vegetables during
　　Different Thermal Cooking Processes, *J. Cookery Sci. Jpn.*, **40**, 127-137（2007）

第**6**章　調理と環境

6.1　地球環境問題と SDGs（持続可能な開発目標 Sustainable Development Goals）

　人類が化石燃料を活用するようになり，二酸化炭素ガス排出量が増大したことが地球温暖化の原因になっている。この他にも，人類の活動はさまざまな地球環境問題を引き起こしている。SDGs は，誰一人取り残さず，持続可能でよりよい世界を目指して 2030 年までに世界が取り組む目標であるが，「経済」「社会」の諸課題に加えて，地球温暖化，海・陸の環境汚染，資源・エネルギー等の「環境」に関する問題の解決に向けた目標が定められている。世界各国は連携して，地球環境問題の解決に向けた努力を続けている。

6.2　食生活と環境問題

　私たちが営む食生活は，環境に負荷を与える。例えば，農地開拓のために熱帯雨林の木を伐採したり，食料生産，流通，消費，廃棄に伴う温室効果ガス排出量が増加すると地球温暖化が進み，それらの影響により世界各地で深刻な気候変動が発生し，生態系のバランスが崩れ，砂漠化も招く。肥料や農薬の大量使用，食品工場や家庭からの排水は土壌・水質・海洋汚染につながる。また，これらの環境問題が深刻化すると，食料の安定供給が難しくなる。

　食料を得ることや，調理をすることが環境に負荷を与えることを認識し，地球環境に配慮した食生活を目指すことが求められる。

·· コラム 8　持続可能性（Sustainability）··

　"持続可能性" の概念が最初に提唱されたのは，1984 年に国連に設置された「環境と開発に関する世界委員会」が，1987 年に公表した報告書「我ら共有の未来（Our Common Future）」であったとされる。この委員会は，委員長のノルウェー首相ブルントラント氏の名前を冠して，ブルントラント委員会と呼ばれる。報告書では，持続可能な開発とは，「将来世代のニーズを満たす能力を損なうことなく，現在の世代のニーズを満たす開発」であると定義されている。"持続可能性" には，同世代内の公平性（公正）だけでなく，子，孫，子孫といった将来世代を交えた世代間の公平性（公正）という概念が含まれている。

6.3 　人，社会，環境，地域，動物福祉に配慮した消費

6.3.1 　エシカル消費

　エシカル(ethical)消費とは，持続可能な社会の実現に向けた，人，社会，環境，地域，動物福祉に配慮した消費行動のことである。具体的には，消費者それぞれが各自にとっての社会的課題の解決を考慮しながら消費活動を行うことや，そうした課題に取り組む事業者の応援につながる消費活動を行うことである(表6.1)。

6.3.2 　ベジタリアン（菜食主義者）[*1]

　一般に，宗教上の食事制限や動物愛護，環境保護，健康への配慮等を背景に，植物性食品中心の食生活をする人々をベジタリアンと呼ぶ。ベジタリアンには複数の類型があり，食事制限の程度にも幅がある。ヴィーガンと呼ばれる人々は，動物愛護の観点から，皮や羊毛，シルクなどの動物由来の製品の使用を一切避けるライフスタイルをもつ。

6.3.3 　環境や社会，動物福祉に配慮した「新しい食」

　世界的な人口増加に伴い，食料，なかでも肉類の需要拡大が予測されている。しかし，畜産は飼料として多くの穀類を消費するため，たんぱく質調達の点では効率が悪く，糞尿の処理過程や牛のゲップとして温室効果ガスが多量に放出されるため，環境への負荷が大きい。増加する食肉需要を現行の畜産だけではまかなえないことや，健康志向や環境問題への意識の高い消費者のニーズを背景に，食肉に代わる代替肉が開発されている。

植物肉(植物性代替肉)　大豆，そら豆，小麦，きのこ類等の植物性原料由来のたんぱく質を加熱加圧加工して，肉に風味や食感を似せた物である。肉と同様にたんぱく質が含まれ，脂質含量は低く，肉に含まれない食物繊維を摂取することができる。ハンバーガーのパティやハム，唐揚げ，ナゲット等の加工品のほか，通常の肉と同様の加熱調理用の製品が販売されている。

培養肉　牛や豚などの家畜から採取した細胞を人工的に培養し，筋組織に分化させて作られる。培養は無菌状態で行われるため，食中毒の発生を抑えることができ，保存がきく肉となる可能性がある。2020年に世界に先駆けて，シンガポールで培養肉のチキンナゲット販売が許可された。

　植物肉と培養肉のいずれの代替肉も，畜産に比べて土地利用面積，水消費量が削減され，生産における環境負荷が小さい。また，近年の世界的潮流であるアニマルウェルフェア[*2]への配慮につながる。

表6.1　エシカル消費の例

配慮の対象	商品の例
人	障がい者支援につながる商品
社会	フェアトレード商品 寄付付きの商品
環境	エコ商品 リサイクル商品 資源保護などに関する認証がある商品
地域	地場産品（地産地消） 被災地産品

出所) 消費者庁ホームページ～あなたの消費が世界を未来を変える～
https://www.caa.go.jp/policies/policy/consumer_education/
consumer_education/ethical_study_group/pdf/region_
index13_170419_0003.pdf（2023.9.30.）

[*1]　p.137　9.2.4(2)参照

[*2]　動物が生きて死ぬ状態に関連した，動物の身体的および心理的状態。

昆虫食　畜産よりも環境への負荷が小さく，動物性たんぱく質を効率的に摂取できる食料資源として昆虫食の価値が見直されている。日本では，いなごや蜂の子などが利用されてきたが，最近は東南アジアで食用されているこおろぎが注目されており，たんぱく質を約 60 %含む乾燥粉末を使った加工食品が開発・販売されている。

6.4　環境に配慮した食事の作成

調理に関わる一連の活動（図 6.1）は，日本の食料事情や地球環境問題と密接につながり，国際情勢の影響も受ける。

図 6.1　調理に関わる活動と担い手

6.4.1　食料自給率

食料自給率とは，国内の食料消費量が，国内生産でどの程度まかなえているかを示す指標である。[*1]

わが国の食料自給率は，長期的に低下傾向で，近年はカロリーベースの自給率が 38 %，生産額ベースでは 67 %前後で推移している。令和 4 年度は国際的な穀物価格や生産資材価格の上昇，円安などの影響により輸入額が増加し，生産額ベースでは 58 %となった。諸外国と比較すると，日本の食料自給率は低く，先進国の中では最低水準である（図 6.2）。

*1　食料自給率（%）＝（国内生産量）÷（国内消費仕向け量）× 100

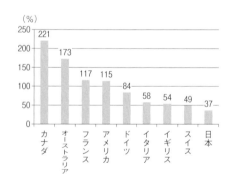

図 6.2　諸外国の食料自給率（2020 年度）カロリーベース

出所）農林水産省：令和 4 年度食料需給表
https://www.maff.go.jp/j/zyukyu/fbs/attach/pdf/index-20.pdf（2023.9.30.）

*2　食料自給率の低い日本では，バーチャルウォーターの輸入量（約 800 億立方メートル）が，日本国内での灌漑用水量と同程度と推計されている（2005 年の推計）。

6.4.2　バーチャルウォーター

農作物の生産には灌漑用水が必要であり，畜産物の生産には農作物を飼料とするため，大量の水が消費されていることになる。食料の輸入は，形を変えて水を輸入していることと考えられる。バーチャルウォーターとは，食料を輸入している国（消費国）において，その輸入食料を自国で生産する場合に必要になる水を推定したものである。[*2]

6.4.3　フードマイレージ

食料をトラックや船，飛行機などで輸送すると，二酸化炭素ガスが排出され，環境に負荷を与えていることになる。フードマイレージ（食料輸送重量（t）

×輸送距離(km))は，食料輸送に伴う環境への負荷の大きさを表す指標である。日本は食料を海外からの輸入に頼り，輸入相手国が遠いため，フードマイレージは高くなり，アメリカの約3倍である。

6.4.4　カーボンフットプリント

フードマイレージは，輸送手段による二酸化炭素排出量の違いが反映されないという欠点があるため，二酸化炭素排出量をより定量的に捉えたものとして**カーボンフットプリント**[*1]という考え方がある。

6.4.5　地産地消

地産地消とは地域生産－地域消費のことであり，それぞれの地域で生産された農林水産物をその地域で消費する考え方である。地産地消を進めることにより，環境負荷を低減できる。また，生産者は消費者のニーズをとらえた効率の良い生産が可能になり，消費者は生産地や生産方法に関する情報を容易に得られ，新鮮で安心な食品を入手できる。さらに，地域産業の活性化，地域の伝統的な食文化の維持・継承につながることが期待される。

6.4.6　食品ロス

日本は，食料を海外からの輸入に大きく依存する一方で，大量の食品を利用し尽くさず廃棄している。食品ロスとは，本来食べられるにもかかわらず廃棄されている食品のことである(過剰除去，食べ残し，直接廃棄)。2021(平成3)年度の推計では，国内で523万t(うち家庭系約244万t，事業系約279万t)の食品ロスが発生した。この量は，国連世界食糧計画による2021年の食料援助量(約440万t)の1.2倍にも相当する。

食品ロスは，食品関連事業者と一般家庭の両方から発生し，後者が全体の約半分を占めるため，この削減には事業者と家庭の双方の取り組みが必要になる。資源が有効活用されないだけでなく，ごみ問題，処理段階での環境負荷発生等，多くの環境問題につながるため，その削減に向けた取り組み[*2]が行われている。全世界では，農場からの食品ロスを含めると，生産された食料の約40％(25億t)が廃棄されている。

食生活による環境への負荷を世界規模で見ると，「世界の温室効果ガス総排出量の31％が食料システムに由来する。」とされる(2019年 FAO)。国内の家庭における調理に目を向けてみると，家庭で使われるエネルギーの約10％が厨房で使用され(令和4年度 全国)，水の15％が炊事用に使われていた(令和3年度 東京都)。また，川や海の汚染の主原因は生活廃水であり，そのうち汚れ(BOD)[*3]の約4割が台所由来である。ごみ排出量でも生活系ごみが7割を

*1　カーボンフットプリント
商品やサービスの原材料調達から，廃棄・リサイクルに至るまでに排出される温室効果ガスをCO₂相当量に換算し，商品やサービスにわかりやすく表示する仕組み。

*2　フードバンクは，食品企業や農家などから生産・流通・消費の過程で発生する未利用食品の寄付を受けて，食品を必要としている人や施設などに提供する取組みを行っている食品ロス削減に貢献する活動である。

*3　**BOD**（生物化学的酸素要求量）　水の汚染を示す指標の一つ。好気性微生物が有機物を酸化・分解した際に消費される溶存酸素量。その他，COD（化学的酸素要求量）という指標もある。

占め(令和 3 年度 全国)，燃やすごみの約 4 割が生ごみであり，食べ残しや手つかず食品が約 1 割を占めた(令和 3 年度 京都市)。

　調理では，食料の外に限りあるエネルギーや水等の資源を利用し，排水・ごみ排出等により環境に負荷をかける。これらの現状を認識し，各自が調理に関わる活動の課題を考慮し，エシカル消費を実行することが望まれる。

6.5　エコ・クッキング

＊1　エコ・クッキング
　東京ガス(株)の登録商標である
　(登録番号第4368399号)。

＊2　狭義の調理 (p.1, 図1.1) を
　指す。

　エコ・クッキング[*1]とは，「環境に配慮して，買い物，調理[*2]，食事片づけを行うこと」であり，調理を通して行うエシカル消費の 1 つの形である。**表6.2** に示す方法で調理を行うと，調理時のガス，水の使用量と生ごみの量が節減され，二酸化炭素排出量を削減できる。エコ・クッキングは，エネルギー，水，ごみ，食料に関する問題の解決策として地球環境問題の解決に寄与する。

表 6.2　エコ・クッキングの方法

段階	方法	節約エネルギー内訳
買い物	マイバッグ持参	焼却・リサイクルエネルギー
	旬の食材購入	栽培に要するエネルギー
	地産地消	輸送エネルギー
	在庫確認と適量購入	⎫ 食品ロス処理に要するエネルギー
	期限表示確認古い物から選択	⎭
	過剰容器包装回避	焼却・リサイクルエネルギー
調理	可食部の使い切り（例：野菜を皮ごと食べる）	ごみ輸送・焼却エネルギー
	手順工夫（鍋・ゆで水の使い回し）	⎫
	同時調理，余熱調理	
	ガス火加減の適切な調節	加熱エネルギー
	加熱前の鍋底の水滴拭き取り	
	鍋蓋利用	⎭
食事	食べ残しの減量（適量作り，適量盛りつける）	加熱エネルギー
		ごみ輸送・焼却エネルギー
片づけ	食器・器具洗浄時の節水	浄水・下水処理エネルギー
	（洗浄前の拭き取り，溜め水，洗剤節約）	
	ごみ減量	⎫ ごみ輸送・焼却エネルギー
	生ごみの水気を切ってから廃棄	⎭

出所）三神彩子：身近な「食」から地球環境問題を考えるエコ・クッキング
　　日本家政学会誌，**59**，125-129（2008）及びエコ・クッキング推進委員会：エコ・クッキング指導者教本（2022）を参考に加筆作成

【演習問題】

問1 食糧と環境に関する記述である。最も適当なのはどれか。1つ選べ。

（2022 年国家試験）

（1）フードマイレージには，海外から自国までの移動距離は含まれない。

（2）地産地消により，フードマイレージは増加する。

（3）わが国のフードマイレージは，米国に比べて低い。

（4）食品ロスとは，本来食べられるにもかかわらず捨てられる食品のことをいう。

（5）わが国の家庭における食品ロス率は，15 ％を超える。

解答（4）

📖 参考文献

尼子克巳：代替肉ってナンだ？―現状・基盤技術と展望―，人間生活学部篇，仁愛大学研究紀要，**13**，1-14（2021）

沖大幹：水の未来，岩波書店（2016）

観光庁ホームページ：飲食事業者等におけるベジタリアン・ヴィーガン対応ガイド
https://www.mlit.go.jp/kankocho/content/001335459.pdf（2023.9.30.）

国際連合：我々の世界を変革する：持続可能な開発のための 2030 アジェンダ（2015）

消費者庁ホームページ：あなたの消費が世界の未来を変える
https://www.caa.go.jp/policies/policy/consumer_education/consumer_education/ethical_study_group/pdf/region_index13_170419_0003.pdf（2023.9.30.）

中田哲也：フードマイレージ新版，日本評論社（2018）

白田範史編：SDGs の基礎，事業構想大学院大学出版部（2018）

日本消費者教育学会編：消費者教育 Q&A　消費者市民へのガイダンス，中部日本教育文化会（2016）

古橋麻衣：植物肉，培養肉をめぐる国内外の状況と今後の展望，畜産技術，**2**，46-49（2021）

三神彩子：食生活からはじめる省エネ＆エコライフ，建帛社（2016）

三輪泰史：図解よくわかるフードテック入門，日刊工業新聞社（2022）

レンマーマン・ダニエラ：動物愛護と環境問題を動機としたベジタリアニズムについて，食生活研究，**41**，132-136（2021）

World Wildlife Fund ホームページ　Driven to Waste
https://wwf.panda.org/discover/our_focus/food_practice/food_loss_and_waste/driven_to_waste_global_food_loss_on_farms/（2024.1.19）

第7章 調理操作

7.1 非加熱調理および非加熱用器具

　調理操作は非加熱操作と加熱操作に大別され，多くはこれらの操作を複数組み合わせて調理品が出来上がる。各操作の意味を理解すると，嗜好性と栄養性を高め，安全に，効率よく調理することができる。

7.1.1 計量・計測

　調理を再現性よく効率的に行うために，正確な計量および計測は基本となる。重量の測定で秤（はかり）を用いる際は，秤で量ることができる最大の重量（秤量）および最小の重量（感量）を確認し，適したものを選ぶ。容量は大さじ（15 mL），小さじ（5 mL），計量カップ（200 mL），さらに米の計量器具として1合カップ（180 mL）を用いることが多い。温度計，タイマーなどを用いて温度と時間を計測する。

7.1.2 洗　　浄

　調理に先立ち，食品に付着している汚れや細菌，残留農薬や不味成分を除去するために洗浄を行うことが多い。主として水道水を用いるが，塩水や酢水，洗剤水を用いることもある。流水やため水による洗い，振り洗い，もみ洗い，こすり洗いなどがある。

・・・・・・・・・・・・・・・・・・・・ コラム 9　キャベツの内側は洗わなくてもいい？ ・・・・・・・・・・・・・・・・・・・・

　キャベツやレタスは外側の葉だけを洗えばいいものではない。**図 7.1** が示すように，細菌による汚染は内側ほど減る傾向はあるが個体差があり，また巻きがゆるいものほど汚染されているとも一概には言えない。したがって，外側の葉だけでなく，内側の葉も洗浄する必要がある。

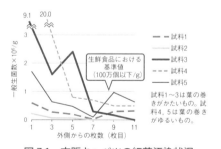

図 7.1　市販キャベツの細菌汚染状況

出所）河村ほか：生食キャベツの細菌汚染と消毒方法に関する研究．衛生化学，**12**，30-35（1966）一部改変

7.1.3　浸　漬

食品を水，食塩水，重曹水，酢水などの液体に浸す操作であり，①乾物や穀類などへの水分付与，②水，塩，不味成分などの溶出(p.46 参照)，③空気との接触を防ぎ，褐変を防止する(p.48, p.90 参照)，④味の浸透，などの目的がある。乾物の浸漬は「戻す」とも言われ，保存性向上のために水分がおおよそ 20 %以下となっている組織に十分な水を戻し，組織を膨潤，軟化させる。乾物の水戻し後の重量変化を表 7.1 に示す。野菜や肉，魚などの加熱前の食品を浸漬する際には，浸透圧作用に伴う細胞の収縮や膨潤を考慮する必要がある(p.90 参照)。

表 7.1　乾物の重量変化(倍)

芽ひじき	約 8.5
日高こんぶ	3
素干しわかめ	5.9
塩蔵わかめ	1.5
カットわかめ	12
干ししいたけ(香信)	約 4
切り干しだいこん	4
かんぴょう	5.3
大豆	約 2.5
凍り豆腐	約 6

出所）女子栄養大学調理学研究室・女子栄養大学短期大学部調理学研究室監修：調理のためのベーシックデータ(第 6 版)，女子栄養大学出版部，136-139（2022）

7.1.4　切砕（切る）

食品を切るのは，①食べられない部分を取り除く，②咀嚼を容易にしたり消化をよくする，③火のとおりや調味料の浸透を早くする，④形や大きさを揃えて外観を整える，などの目的で行われる。代表的な調理器具は包丁とまな板である。包丁の材質は，鋼やステンレスが主として使われる。鋼は切れ味がよいがさびやすく，硬いために欠けやすい。ステンレスはさびにくいが切れ味は鋼に劣る。最近では摩耗しにくく，食品の成分と反応しないセラミック製も使われる。刃形は片刃と両刃があり（図7.2），切り方は垂直押し切り，押し切り，引き切りがある。用途別では和包丁，洋包丁，中国包丁に分けられるが，日本で一般的に用いられているのは三徳包丁である。これは菜切り包丁(和包丁)と牛刀(洋包丁)の機能を兼ね備えたもので，肉，魚，野菜を切るのに適している（図7.3）。

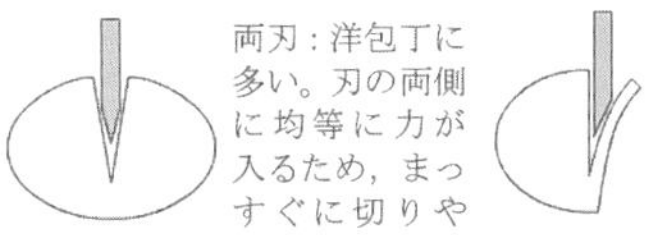

両刃：洋包丁に多い。刃の両側に均等に力が入るため，まっすぐに切りやすい。

片刃：和包丁に多い。食材の組織への損傷が小さく，刺身を切るのに適する。まっすぐ切るには慣れが必要。

図 7.2　包丁の片刃と両刃の違い

菜切り包丁　牛刀　三徳包丁

図 7.3　和包丁，洋包丁，三徳包丁

7.1.5　粉砕・摩砕（砕く，すりおろす）

食品の組織を破壊し，粒状や粉状，ペースト状などにする操作である。食品の細胞を壊すため，色や香り，テクスチャーなどが変化し，生鮮食品では酵素の活性化による化学反応も起きる。すり鉢やすりこぎ，おろし金，ミキサーなどが使われる。

```
・・・・・・・・・・・・・コラム 10　害虫から身を守る成分が人間のおいしさに・・・・・・・・・・・・

　だいこんやわさびは細胞内に辛子油配糖体が存在し，別の細胞には酵素であるミロシナーゼが存在する。これらが会合するのは細胞が物理的損傷を受けた時で，ミロシナーゼによりからし油配糖体は加水分解され，揮発性の辛味をもつイソチオシアネートが生成される。イソチオシアネートは植物にとっては害虫から身を守る成分であるが，人にとっては嗜好成分や生体調節成分となる。
```

7.1.6 撹拌・混合・混ねつ（混ぜる，泡立てる，和える，練る，こねる）

食材や調味料などの均質化や，味および温度の均一化などを図るために行われる操作である。また，卵白の泡立て(p.105 参照)や乳化(p.106 参照)，グルテンの形成(p.81 参照)など，食品成分の物理的性状の変化を目的とすることも多い。木じゃくし，泡立て器，ミキサーなどが使われる。

7.1.7 圧搾・こす・ふるう

圧搾およびこす操作はいずれも液体を固形分から分ける際に用いる手法であり，圧搾は圧力を加えて分離させ，こす操作は自由落下により分ける。ふるう操作は粒度の異なる粉状のものを分離させたり，ほぐす目的で行われる。いずれの操作も細かい網目や穴の開いているものを用い，ざる，こし器(茶こし，みそこし，シノワなど)，ろ紙，さらし布やガーゼ，ふるいなどが使われる。

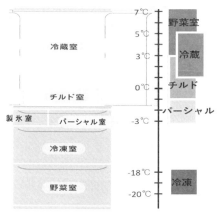

図7.4 一般的な冷凍冷蔵庫の温度

7.1.8 冷却・冷蔵（冷やす，冷ます）

冷却は，食品の温度を常温以下に下げる操作であり，冷水や氷水につけたり冷蔵庫に入れたりする。冷たい感触による嗜好性の向上，または細菌の増殖速度を抑えることによる保存性の向上が主な目的とされるが，食品の酵素活性の抑制などさまざまな化学反応も緩やかになり，色や香り，物性の変化を遅らせることができる。

冷蔵庫の温度帯は，一般に図7.4のように分けられている。食品によっては**低温障害**を起こすものもあるので，適切な温度で保存する必要がある。市販の冷蔵庫は，食品が凍らない程度の温度付近で保存するチルド室や部分的には凍る温度帯で保存するパーシャル室を設けているものが多い。

7.1.9 冷凍・解凍（凍らせる，とかす）

食品中に存在する水には，自由水と結合水がある(図7.5)。

食品中の自由水が凍り始める温度を氷結点といい，冷凍は氷結点以下の温度で凍結させることを示す。そして一般的には，－18℃以下での貯蔵を冷凍保存という。食品は冷凍保存すると有害細菌は全く繁殖しなくなり，食品の酵素反応などに代表される化学反応は著しく抑制される。しかし魚油に含まれるような高度不飽和脂肪酸は酸化し，氷

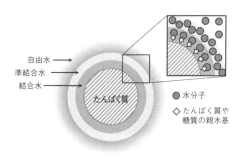

食品中の水は自由水と結合水（準結合水を含む）に分けられる。結合水は食品成分（たんぱく質，脂質，糖質などの親水基）と結合している水であり，自由水は束縛されず自由に運動できる水である。

図7.5 自由水，結合水の模式図

から水蒸気への昇華によって乾燥が進んで「冷凍焼け」を起こし，色や風味が劣化する食品もある。冷凍をする際には空気を入れないように包装し，早めに使うようにする。

(1) 凍　結

食品を凍結する際の品温の下がり方は解凍後の食感などの品質に関与する。食品内の水は 0℃ 以下で凍結が始まるが，水が凍る時に放出される約 334 J/g の凝固熱の発熱速度と冷却速度のバランスで，温度が一定に釣り合ったり温度低下が緩やかになったりする温度帯が存在する。この温度帯を最大氷結晶生成温度帯（-1 〜 -5℃）という（図 7.6）。家庭用冷凍庫での凍結のように，この温度帯の通過に時間がかかる緩慢凍結では，細胞外で先に生成された氷結晶が細胞内の水分を吸収してさらに成長し，細胞内でも氷結晶の成長が進むために細胞が物理的に破壊されてしまう。また，氷結により水の体積が 1.1 倍になることも組織の損傷を促す。一方でこの温度帯を 30 分以内で通過する急速凍結では，氷結晶は多いものの小さい状態で細胞内に存在するため，解凍したときの組織の破壊が比較的少ない。

(2) 解　凍

凍結している食品の氷結晶を融解する操作を示す。凍結前と同じように食品に水を再吸収させて細胞および組織を復元できると食感が損なわれない。再吸収されずに液汁となって流出したものがドリップであり，アミノ酸やビタミン類などの栄養成分も含むことから，栄養および嗜好性の両面でドリップを最小限にする解凍法が望ましい。解凍はその速度により，急速解凍と緩慢解凍に分類される。一般に畜肉，魚肉，果物類は緩慢解凍を行うことが多く，室温で放置したり，冷蔵庫や流水を用いて低温で時間をかけて行ったりする。一方で，冷凍野菜や調理冷凍食品は，蒸気や熱湯，油中，または電子レンジによるマイクロ波加熱により，調理と解凍を同時に行う急速解凍を行うことが多い。冷凍野菜は凍結する前に，酵素失活を目的として蒸気や熱湯で軽く加熱処理する「ブランチング」が施されているので，解凍時間は短くてよい。解凍は解凍速度よりも解凍終了時の温度の方がドリップ量に影響するとされている。また凍結時に生成された氷結晶により細胞が損傷を受けていると，解凍に伴うドリップの流出，構造の軟弱化により食感が低下する。

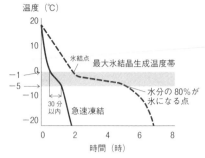

図 7.6　急速凍結ならびに緩慢凍結の品温の下がり方

7.2　加熱調理

7.2.1　加熱操作

（1）伝熱の基本

　熱の移動には伝導伝熱，対流伝熱，放射伝熱の3つの様式がある。実際の調理の際にはこのうちひとつだけ起こるということは少なく，複数の伝熱の様式が同時に起こることで食品が加熱されたり冷却されたりする。

1）伝導伝熱

伝導伝熱

食品
（固体）

↑

高温

*1　物質の熱伝導率
水　　　　2.2　　W/(m・K)
水　　　　0.56　　W/(m・K)
水蒸気　　0.016　W/(m・K)
空気　　　0.024　W/(m・K)
油　　　　0.18　　W/(m・K)
木材（杉）0.069　W/(m・K)

*2　金属の熱伝導率は p.72表7.5
参照。

　固体や静止している流体内部で起こる熱移動を伝導伝熱という。固体の食品が加熱されて，食品表面の分子が熱エネルギーを受け取り高温になると，隣の低温の分子に熱エネルギーを与える。この熱エネルギーのやり取りが固体の食品内部で起こることで，食品内部の温度は上昇する。熱の伝わりやすさは**熱伝導率**[*1]で表される。熱伝導率は金属が大きく，金属以外の固体，液体，気体の順に小さくなる。金属よりも木の方が熱伝導率が小さいので，**金属**[*2]の柄よりも木の柄のフライパンの方が持ち手が熱くなりにくい。空気は断熱効果があると言われるのは空気は固体に比べて熱伝導率が低いためである。保温食缶などは間を真空にするなど断熱性の高い二重構造になっているため，スープなどを温かいまま保管できる。また，熱拡散率 α は熱伝導率／（比熱×密度）で表される値であり，熱伝導率が大きいほど，また蓄熱能力を表す「比熱×密度」が小さいほど温度の上昇は速い。

2）対流伝熱

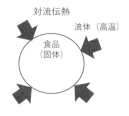

対流伝熱

流体（高温）

食品
（固体）

*3　固体表面への熱伝達率
空気から　1～10　W/(m²・K)
油から　10～100　W/(m²・K)
水から
　(1～10)×10² W/(m²・K)
水蒸気から
　(2～20)×10² W/(m²・K)

　流体（液体や気体）と固体表面との間で起こる熱の移動を対流伝熱と呼ぶ。固体の食品の周囲に高温の液体（水や油）や気体（空気や水蒸気）が存在すると，高温の流体から食品へ熱が移動し，食品は加熱される。この時の熱移動のしやすさを**熱伝達率**[*3]で表す。気体に比べて液体の方が熱伝達率は高い。加熱中には流体から食材へ熱が移動するだけでなく，鍋から鍋周囲の低温の空気へ熱が移動する。これを放熱と呼ぶ。放熱が多いほど食品に与えられる熱エネルギーが少なくなるため，加熱効率を高めるためには鍋は表面積の小さいものを用いる，内蓋をすることなどが効果的である。

　また，高温の流体は密度が小さく軽いため上方へ移動し，低温の流体は密度が大きく重いため下方へ移動する。これを対流と呼び，対流伝熱とは区別される。この密度差のみで生じる流れを自然対流と言い，オーブン庫内の空気をファンで撹拌する，湯を玉じゃくしで撹拌するといったように流体を撹拌して強制的に対流を起こす場合を強制対流と言う。オーブンでは同じ温度で加熱したとしても，自然対流式と強制対流式で食品の加熱のされ方は異なる（p.71 参照）。

3）　放射伝熱

　　物体はその温度に応じた赤外線を放射している。赤外線は**図7.7**に示したように電磁波のうち $0.8 \sim 1{,}000\,\mu m$ の波長の電磁波である。高温の熱源が放射する赤外線のエネルギーを物体が受け取ることで起こる熱の移動を放射伝熱という。水などの熱媒体を経ることなく，熱源から赤外線のエネルギーが食品へ到達し，食品表面で吸収されることで食品表面の温度が上昇する。

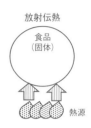

放射伝熱

食品
（固体）

熱源

　　物体に放射された赤外線は反射，透過もしくは吸収される。反射率，透過率，吸収率は放射された全エネルギーに対するそれぞれの割合であり，この和は 1 となる。また，吸収率と**放射率**[*]は同じ値である。気体は放射率が 0 であり，熱源から放射された赤外線のエネルギーは空気中でほぼ全て減衰せずに進むため，食品表面に到達することができる。また金属や食品の透過率はほぼ 0 であり，照射されたエネルギーは反射もしくは吸収される。食品の放射率はほぼ 1 であり，吸収率と放射率は同じ値であるから，熱源から食品へ放射されたエネルギーはほぼ全て吸収され，食品の温度が上昇する。また，よく磨いた金属は表面で反射するため放射率は小さく，磨いていない金属では放射率が高いといったように，放射率は固体の表面の状態にも影響を受ける。

（2）湿式加熱

　　調理における加熱は湿式加熱と乾式加熱に大別される。湿式加熱は食品を加熱する際の熱媒体として水が用いられる加熱法であり，ゆでる，煮る，蒸す，過熱水蒸気加熱といった調理法がある。過熱水蒸気加熱を除き，100 ℃以下（圧力鍋を用いた場合は 126 ℃以下）での加熱であるため，温度管理がしやすく，揚げる，炒めるといった乾式加熱とは異なり焼き目はつかない。

振動数 ν〔Hz〕	波長 λ〔m〕	名称	用途
10^0	10^9		
10^1	10^8		
10^2	10^7	交　流	
10^3 1kHz	10^6	長　波	船舶通信
10^4	10^5		電磁調理器
10^5	10^4		
10^6 1MHz	10^3 1km	中　波	ラジオ放送
10^7	10^2	短　波	短波放送
10^8	10^1	超短波	FM，テレビ放送
10^9 1GHz	10^0 1m		電子レンジ
10^{10}	10^{-1}		
10^{11}	10^{-2} 1cm	マイクロ波	マイクロ波通信 レーダー 衛生通信
10^{12} 1THz	10^{-3} 1mm		
10^{13}	10^{-4}	赤外線	
10^{14}	10^{-5}		
10^{15}	10^{-6} $1\mu m$	可視光	光通信 光合成
10^{16}	10^{-7}	紫外線	
10^{17}	10^{-8}		
10^{18}	10^{-9} 1nm	X　線	レントゲン写真
10^{19}	10^{-10} 1Å		
10^{20}	10^{-11}	γ　線	ガン治療
	10^{-12}		

図 7.7　電磁波の振動数，波長，名称，用途

[*] 放射率
食品	$0.7 \sim 1$
気体	0
水	$0.95 \sim 0.96$
氷	$0.65 \sim 0.67$
よく磨いた金属	$0.01 \sim 0.05$
磨いていない金属	$0.8 \sim 0.9$

ゆでる

↑ 対流伝熱

煮る

⇧ 凝縮潜熱
↑ 対流伝熱

蒸す

⇧ 凝縮潜熱
↑ 対流伝熱

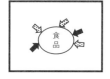

過熱水蒸気加熱

⇧ 凝縮潜熱
↑ 対流伝熱

＊常圧下では100℃。

1) ゆでる

沸騰した湯の中で食材を加熱する調理法である。調理中には鍋から水，水から食品へは対流伝熱によって熱が移動する。食材表面で受け取った熱エネルギーが伝導伝熱によって内部へ移動することで食材全体の温度が上昇する。水中での加熱のため水溶性成分の溶出が多く，栄養成分等の損失が大きいが，あく抜きにみられるように不味成分も溶出する。基本的に調味料は加えないが，パスタをゆでる際には塩を加えるなど，調味料を加える場合もある。沸騰水に食材を投入する場合には，食材投入による湯の温度降下ができるだけ小さくなるよう，食材に対する湯の量はできるだけ多くする。

2) 煮 る

塩やしょうゆ，砂糖といった調味料を含む煮汁中で食材を加熱する調理法であり，加熱と同時に調味ができる。調味成分は食材中へ拡散する一方で，食材に含まれる水溶性成分は煮汁中へ溶出する。食品への熱の伝わり方は水中に浸かっている部分はゆで加熱と同じであるが，煮汁が少なく食材が汁から出ている部分は，後述する蒸し加熱と同じように加熱される。煮しめ，煮付けは煮汁が食材重量の1/3 〜 1/4 程度と少なく，煮汁は少し残すかもしくはほとんど残さず煮つめる。食材の一部は煮汁に浸かっていないため調味を均一にするためには落とし蓋をする，撹拌するなどの工夫が必要となる。含め煮は食材が浸かるような煮汁の量で，味を含ませながら加熱する。煮しめなどに比べて調味液は低濃度である。

3) 蒸 す

水蒸気により食材を加熱する調理法である。温められた蒸し器内の空気からの対流伝熱による熱の移動に加え，水蒸気が食品表面で凝縮する際に生じる潜熱(2.3 kJ/kg)も食品へ与えられる。静置加熱であるため形が崩れにくく，容器に入れて加熱することが可能である。いも類やまんじゅうなどは強火で100℃で加熱する。また，火力を弱める，蓋をずらすなどして蒸し器内の水蒸気量を調節することで，100℃より低い温度での加熱も可能である。茶碗蒸しやプディングは，ゲルのすだちを防ぐ目的で85 〜 90℃の低温で加熱する。この時，100℃での加熱に比べて水蒸気量が少ないため，食品に与えられる潜熱量は少なくなる。ゆで加熱に比べて水溶性成分の溶出が少なく，栄養成分や呈味成分の損失は少ないが不味成分も溶出しにくい。加熱中に調味はできないため加熱前もしくは加熱後に調味する。

4) 過熱水蒸気加熱

飽和温度＊よりも高温の水蒸気を過熱水蒸気と呼ぶ。湯気と呼ばれる白い気体は水滴を含む空気であるのに対し，過熱水蒸気は無色である。酸素をほとんど含まない状態にできることから，過熱水蒸気を用いたスチームコンベク

ションオーブンによる調理では食材の酸化が進みにくい。また，過熱水蒸気は食品を乾燥させ多孔質化しやすいなど，通常の蒸し加熱で発生する水蒸気とは食品におよぼす影響が異なる。

（3）乾式加熱

　水を熱媒体としない加熱法であり，焼く，揚げる，炒めるといった調理法がある。加熱温度は100℃を超えるが，食品自体は水分を含んでいる間は100℃を超えることはない。食品の表面部分の水分が蒸発すると食品の表面は100℃を越えるため，着色や香気成分が生成する。

1）焼　く

　焼く操作には食品を金網などにのせて直接熱源にかざして加熱する直接焼きと，フライパンや鍋を用いて加熱する間接焼きがある。

　直接焼きでは，金網などにのせた食材は熱源からの放射伝熱によって主に加熱される。熱源によって温められた周囲の空気からの対流伝熱による熱移動も起こるが，対流伝熱よりも放射伝熱の方が食品に与える熱量は多い。また，熱源から放射される赤外線の波長によっても吸収の程度は異なり，食品は遠赤外線部分の波長に強い吸収を持ち，特に食品表面の部分で赤外線のエネルギーが効率よく熱に変わる。表面部分の温度が高くなると，伝導伝熱によって食品内部へ熱が移動する。直火焼きで用いる炭火は炎が出ず，赤くなった炭の表面温度は300〜600℃程度あり，あおいで空気を送ることによって炭火の温度調節をすることができる。また放射される赤外線は遠赤外線が占める割合が高い。ガスの温度は1500〜2000℃と非常に高温であるが，放射率が低いので温度に対して放射されるエネルギーは小さい。

　フライパンや鍋を用いた間接焼きでは，主にフライパンや鍋からの伝導伝熱によって食品は加熱される。また，熱源によって温められた周囲の空気からの対流伝熱も起こる。加熱時のフライパンの温度は100〜250℃に達する。伝導伝熱はフライパンに接している部分でのみ起こるため，厚い食品などは裏返して全体が均一に加熱されるようにする必要がある。

　オーブン加熱の場合，オーブン庫内壁からの放射伝熱，温められた空気からの対流伝熱，天板からの伝導伝熱によって食品は加熱される（詳細は pp.70-71 参照）。

2）揚げる

　油の中で食材を加熱するため，食材へは油からの対流伝熱によって熱が移動する。水に比べて油からの対流熱伝導率は小さいため，100℃で加熱する際には水中での加熱よりも油中での加熱の方が食材内部の温度上昇は遅い。実際に揚げる際には油温は120〜200℃であり，油温が高いほど食材への伝熱量は多くなり，速く昇温する。脱水を目的とする場合には長時間の加熱

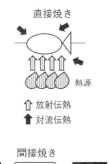

直接焼き

⇧ 放射伝熱
⬆ 対流伝熱

間接焼き

⇧ 伝導伝熱

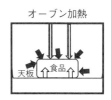

オーブン加熱

⇧ 放射伝熱
⬆ 対流伝熱
⇧ 伝導伝熱

揚げる

⬆ 対流伝熱

表 7.2　揚げ物の吸油率のめやす

種類	材料に対する油の量（％）
素揚げ	2 ～ 15
から揚げ	6 ～ 13
てんぷら	12 ～ 25
フリッター・フライ	6 ～ 20
かき揚げ	30 ～ 70

出所）香川芳子監修：はじめての成分表，14，女子栄養大学
出版部（2012）

*1　比熱
　水（100℃）　4.2 kJ/(kg・K)
　油（100℃）　2.0 kJ/(kg・K)

炒める

⇧ 伝導伝熱

*2　マイクロ波　1,000 MHz ～
　1 THz の周波数の電磁波。

表 7.3　主な物質の誘電損失係数と半減深度

物質名	誘電損失係数*	半減深度**
空気	0	∞
テフロン・石英・ポリプロピレン	0.0005 ～ 0.001	10m 前後
氷・ポリエチレン・磁器	0.001 ～ 0.005	5m 前後
紙・塩化ビニール・木材	0.1 ～ 0.5	50cm 前後
油脂類・乾燥食品	0.2 ～ 0.5	20cm 前後
パン・米飯・ピザ台	0.5 ～ 5	5 ～ 10cm
じゃがいも・豆・おから	2 ～ 10	2 ～ 5cm
水	5 ～ 15	1 ～ 4cm
食塩水	10 ～ 40	0.3 ～ 1cm
肉・魚・スープ・レバーペースト	10 ～ 25	1cm 前後
ハム・かまぼこ	40 前後	0.5cm 前後

* 2450MHz で測定された文献値，または文献値をもとにした計算値。
** 入射した電波が半分に減衰する距離
出所）肥後温子：*New Food Industry*, **31**(11), 1 7（1989）

が必要になるため低温で加熱する。食品中の水と油の交代が起こることでカラリとした独特のテクスチャーに仕上がる。**表 7.2** は，材料に対して増える油の量（吸油率）のめやすであり，衣の厚さや使用する食材によって吸油率は異なる。油は水に比べて**比熱**[*1]が小さいため温度上昇しやすいが，粘度が高いため対流が起こりにくく，油中の温度ムラが生じやすい。また，沸点よりも発煙が始まる温度の方が低い。

3)　炒める

フライパンなどに油をひいて食材を高温で短時間で加熱する方法であり，均一に加熱するためには撹拌が必要である。油は少量であることから，主にフライパンからの伝導伝熱によって食材は加熱される。フライパンの温度は 180 ℃くらいが適度とされる。中国料理では食材を短時間，比較的低温で揚げる油通しをした後に炒める場合があり，野菜は色や歯ざわりをよくすること，肉類は軟らかくすることなどが目的で行われる。

(4)　誘電加熱

電子レンジ加熱に代表される加熱方法であり，他の加熱法は食品の外側から熱エネルギーを与えるのに対し，誘電加熱は食品中の水分子の運動により食品内部で発熱することが特徴である。

食品に含まれている水は水素側がプラス，酸素側がマイナスを帯びており，電気的に偏りがある。このような分子を電気双極子と呼び，食品中では通常あらゆる方向を向いている。電気双極子が電場の中に置かれると，電場のプラス側に水のマイナス側が，電場のマイナス側に水のプラス側が向かう（誘電分極）。日本の電子レンジは 2,450 MHz の**マイクロ波**[*2]を用いることが定められており，1 秒間に 24 億 5000 万回電場の向きが変わることになる。その電場の変化に合わせて食品中の水分子の向きが変化するが，周囲の分子の抵抗を受けて変化が遅れてくるとマイクロ波のエネルギーが吸収され，熱エネルギーとなって温度が上昇する。電子レンジで加熱する場合，誘電損失係数が大きく，半減深度が短い方が加熱されやすい（**表7.3**）。半減深度は吸収されたマイクロ波の強さが1/2になる距離であり，半減深度が短いと表面は素早く温度が上昇するが，中心部にはマイクロ波が届かないため温度が上昇し

にくく，食品内部で温度分布が大きくなる。食品を入れる容器に用いられる物質は誘電損失係数が比較的小さく半減深度が長いため，照射されたマイクロ波はそれらの物質中でほぼ吸収されることなく食品に到達する。そのため容器に入れた食品を加熱することができる。

7.2.2　加熱機器

　調理の加熱機器は，燃料を燃やすガスコンロや**七輪**[*]，電気を使う電気コンロ，電磁調理器(IHクッキングヒーター)，電子レンジなどさまざまなものが使われる。ガスコンロや七輪はガスや木炭が燃料であり，いずれも炭素(C)と酸素(O_2)の化学反応により生じる反応熱を利用する。同時に二酸化炭素も生成されるが，酸素不足になると不完全燃焼となり極めて毒性が高い一酸化炭素(CO)が発生するため，換気などに注意を払う必要がある。電気は炎や排気ガスが出ないため，ガスに比べると火災の危険性が低く，安全であるとされる。また，近年のオール電化住宅や電磁調理器の利用増加に伴い，家庭での配電が従来の単相2線式100 Vから単相3線式100 V/200 Vに移行しつつあり，電気を熱源とする加熱機器が使いやすくなっている。

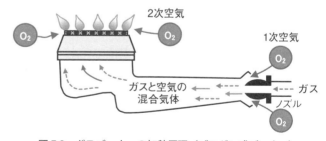

*七輪　土器製の小型コンロであり，燃料として主に木炭を使用する。

(1)　ガスコンロ

　ガスを熱源とする加熱機器である。ガスは空気中の酸素と反応すると熱と光を発し，炎として私たちの目に映る。ガスコンロはガスバーナーの口(炎口)から炎を出し，その温度は高いところで1,700〜1,900℃に達する。炎口の周りに五徳を設置し，その上に鍋を置く。2008年以降に製造および輸入された家庭用コンロ(業務用，一口コンロを除く)の炎口には全て温度センサーが装備されている。調理油の過熱防止，鍋底の過熱防止(消し忘れ防止)，煮こぼれや吹きこぼれなどによる立ち消えを防止する機能が備え付けられ，これによりガスコンロを原因とする火災が減少している。

　エネルギーの消費効率は50 %程度であり，使われる熱エネルギーの90 %は対流伝熱，10 %程度は放射伝熱として熱伝達される。

図7.8　ガスバーナーの加熱原理（ブンゼン式バーナー）

●ガスの種類

　調理用の燃料として使われているガスは都市ガスとプロパンガスに分類され(表7.4)，いずれの燃料もほとんどを輸入に頼っている。ガスは無臭であるが，漏洩した際に嗅覚で感知できるように，硫黄を含んだ付臭剤が加えられている。両ガスの利用家屋数はほぼ同程度であるが，都市ガスの普及率は都市部

表 7.4　都市ガスとプロパンガスの特徴

	都市ガス	プロパンガス
主成分	天然ガス田に多く含まれるメタン	天然ガス田や油田に含まれるプロパン，ブタン
輸入方法	冷却により液化させた液化天然ガス（LNG[*1]）として輸入	加圧や冷却により液化させた液化石油ガス（LPG[*2]）として輸入
供給方法	地中埋設のガス管を通じて供給	ガスが入ったボンベを事業者が配送
供給区域	国土の 6 % 弱のエリア	国土のほとんどのエリア
需要家数	ほぼ同程度[*3]	
重さ	空気よりも軽い	空気よりも重い
種類	発熱量[*4]に応じて 7 グループに分けられ，それぞれガス器具も異なる。最も熱量の高い 13A（42 〜 63 MJ/m³）が主流。	全国共通で 1 種類。発熱量は 100 MJ/m³。

※1　Liquefied Natural Gas：液化天然ガス
※2　Liquefied Petroleum Gas：液化石油ガス
※3　平成 28 年度　（一社）日本ガス協会調べ
※4　ガスが完全燃焼したときに発生する熱量のこと。MJ（メガジュール）= 1.0×10^9J。
　　プロパンガスの発熱量は都市ガスの 2 倍程度になる。しかし実際には，都市ガスには少量のプロパンガスが混ぜられており，またコンロのガス穴の大きさを調節して，プロパンガスとほとんど違いがない熱量を放出している。

に偏っている。災害時は各需要家に個別に配送されるプロパンガスの方が，都市ガスに比べると復旧が早い。

(2) 電気コンロ

ニッケル（Ni）とクロム（Cr）の合金であるニクロム線に電流を通した際に電気抵抗により発生するジュール熱を利用している。金属製のさや（シース）で電熱線を覆い，渦巻き状に

シーズヒーター

図7.9　シーズヒーター式の電気コンロ

したシーズヒーターを備えたコンロ（図7.9）や，電熱線をガラスプレートで覆ったコンロなどがある。電熱線が発熱し，その熱をシースに伝え，ヒーター表面の温度から鍋に熱が伝わるため，温度の立ち上がりは遅い。しかし一度発熱すると冷めるのにも時間がかかるため，余熱を利用することができる。

(3) 電磁調理器（IH クッキングヒーター）

誘導加熱（Induction Heating：IH）とよばれる発熱現象を熱源とした加熱機器である。電磁調理器の上面のプレート（トッププレート）の下にあるコイル状の導線に 20 〜 50 kHz の高周波電流を流すと磁場（磁力線）が発生する（図7.10）。トッププレートの上に金属製の鍋を置くと，磁場に誘発された誘導電流（渦電流）が金属の中を流れ，この電流と鍋の電気抵抗によりジュール熱が発生し，鍋底が発熱する。電磁調理器は鍋底が直接発熱するために，熱効率が 80 〜 90 % と非常に高い。ただし使用鍋は制限され，底が平らで，電気抵抗が大きい金属製（鉄，ほうろう，ステンレス）の鍋を使用する必要がある。電気抵抗が小さいアルミニウム，銅，ガラス製の鍋や土鍋などは使用できないが，周波数を上げた一部の電磁調理器では用いることができる。

(4) オーブン

密閉された空間内の空気を加熱し，庫内の食品を加熱する機器である。鉄やほうろう製などの四角の板（天板）に食品をのせて加熱する。熱源はガスまたは電気が用いられ，いずれの場合も空気からの対流伝熱，オーブン内の庫壁やヒーターからの放射伝熱，天板からの伝導伝熱によって食

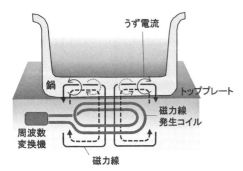
うず電流
鍋
トッププレート
磁力線発生コイル
周波数変換機
磁力線

図 7.10　IH クッキングヒーターの発熱のしくみ

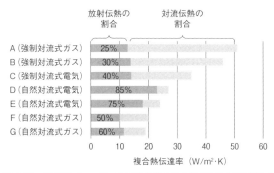

コラム12　同じ温度で同じ時間焼いているのになぜクッキーの焼き色が違う？

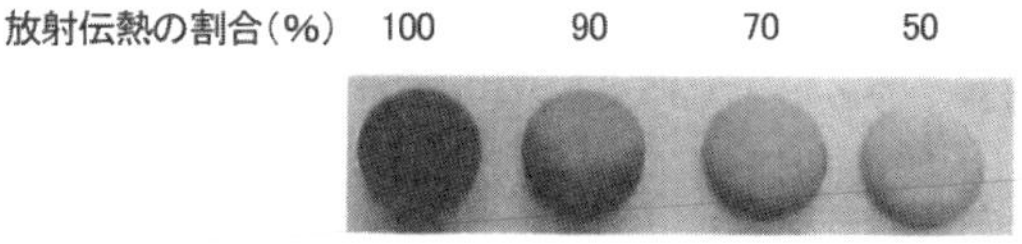

放射伝熱の割合（%）　100　　90　　70　　50

図7.11　放射伝熱の割合の異なるクッキーの焼き色

クッキーの中心温度が同程度になるように焼いているため，焼き色
以外の調理成績はほとんど同じ。
出所）渋川祥子：調理における加熱の伝熱的解析および調理成績に
関する研究，日本家政学会誌，**49**，949-958（1998）

クッキーやケーキの焼き色は，オーブンの放射
伝熱の影響を受ける。オーブンの性能が同じでも，
放射伝熱の割合が高いと，ケーキやクッキーの焼
き色が濃くなる（図7.11）。

図7.12　7種のオーブンの加熱能※と放射伝熱が占める割合

※オーブンの性能を複合熱伝達率で示している。値が大きいほど熱を伝
える能力が高いことを示す。伝導伝熱の影響を考慮に入れないために，
測定時に天板を用いていない。
出所）渋川祥子：加熱調理機器（2）オーブンの種類と食品の加熱，調理
科学，**22**，264-271（1989）

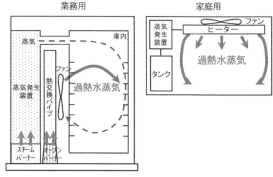

**図7.13　業務用ならびに家庭用のスチームコンベクション
オーブンの構造略図の一例**

品に熱が伝えられる。現在は，庫内の熱風を循環させるファンが庫壁に埋め
込まれている強制対流式オーブン（コンベクションオーブン）が主流であり，フ
ァンがついていない自然対流式オーブンよりも性能が高い（図7.12）。オーブ
ンは機種により性能が異なるため，設定する加熱時間や加熱温度を調整する
必要がある。

　強制対流式オーブンに蒸気発生装置を取り付けた構造をもつスチームコン
ベクションオーブンは，大量調理の厨房で用いられていたが，近年は家庭用
でも見られるようになった（図7.13）。高温空気を用いたオーブン
としての機能，100℃以下の蒸し加熱機能，そして100℃以上の
過熱水蒸気を用いたオーブン機能の3つの機能を有する。加熱の
原理は，「(4)過熱水蒸気加熱」(p.66)を参照。

(5) 電子レンジ

　食品にマイクロ波を吸収させて誘電加熱を行う調理機器である
（図7.14）。加熱原理は，「(4)誘電加熱」(p.68)を参照。マイクロ波
はマグネトロンから発振され，マイクロ波の照射むらを防ぐため
に回転する受け皿（ターンテーブル）に食品を置く。ターンテーブル

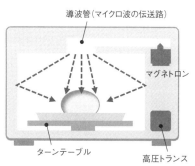

図7.14　電子レンジの構造略図

を備えていない機種は，赤外線センサーにより食品表面の温度を検知して照射むらを防いでいる。オーブン機能を組み入れた複合タイプ（オーブンレンジ）が主流である。

7.2.3　加熱調理器具（鍋類）

　鍋の材質や種類は非常に多いが，加熱調理の用途に応じて適した鍋を選ぶ必要がある。鍋に使用される材質の種類および鍋の厚み・重量により，熱伝導性と熱容量に違いが生じる。熱伝導性は熱の伝わりやすさを示し，熱伝導率が高い材質で薄い鍋ほど，熱源からの熱を速く鍋内に伝達することができる。熱を均一に伝えるためには，鍋底の厚いものを用いるとよい。また煮込み料理などは鍋内の温度を一定に保つ保温性が必要であり，この指標となるのが熱容量である。熱容量は「比熱×鍋の質量」の値で求められ，重い鍋では熱容量が大きくなる。表 7.5 に鍋の材質の熱伝導率と比熱を示す。また表 7.6 に鍋の材質と特徴を示す。

表 7.5　鍋材質の熱伝導率と比熱

物質名	熱伝導率 W/(m・K)	比熱 kJ/(kg・K)
銅	398.0	0.40
アルミニウム	237.0	0.94
鉄	80.3	0.47
ステンレス	27.0	0.46
ほうろう	78.7	0.44
パイレックス（耐熱ガラス）	1.1	0.73
陶器	1.0	1.05

出所）日本熱物性学会編：新編熱物性ハンドブック，542，養賢堂（2018）

7.2.4　新調理システム

(1) クックチルシステム

　食品を加熱調理した後に急速冷却，冷蔵して喫食時

表 7.6　各材質を用いた鍋の特徴

材質	長所	短所
銅	熱伝導が非常によい。熱容量が大きい。	さび（緑青）が生じる。高価。
アルミニウム	熱伝導が非常によい。軽い。安価。	酸やアルカリと反応して黒ずみが出やすい（アルマイト鍋はこの変色を抑える[1]）。変形しやすい[2]。耐熱性が低い。
鉄	熱伝導がよい。耐熱性が高い。	さびが生じる。
ステンレス	耐食性や耐衝撃性がある。	熱伝導が悪いので焦げ付きやすい。
ほうろう	鉄の鋼板にガラス質をコーティングした鍋。鉄とガラスの両性質を併せ持つ。	
	熱容量が大きい。熱伝導もややよい。着色できる。焦げにくい。	熱伝導が悪い。衝撃に弱い。
耐熱ガラス	焦げにくい。	衝撃に弱い。熱伝導が悪い。
陶器（土鍋）	熱容量が大きい。	熱伝導が悪い。衝撃に弱い。耐熱性が低い。
多層鍋 （5層，7層など）	数種類の金属を貼り合わせている鍋であり，熱伝導が高いアルミニウムや鉄をステンレスで挟んだ構造をしている（図 7.15）。	

図 7.15　5層鍋の材質の一例

ステンレス
アルミニウム
アルミニウム合金
アルミニウム
有磁性ステンレス

※1　アルミニウムは空気中の酸素と反応して自然に酸化被膜を形成し，アルミニウムの腐食を防ぐ。鍋を使っていくと，この酸化被膜が部分的にはがれ，露出したアルミニウムが水と反応して水酸化アルミニウムとなり，これが水に含まれるミネラル等と反応して鍋表面に付着して黒ずみになる。酸性やアルカリ性の調味液での加熱や長時間の浸漬は，酸化被膜が浸食され，さまざまなアルミニウム酸化物，水酸化物が生じ，黒変化の原因となる。「アルマイト鍋」と呼ばれる鍋は，このような反応を防ぐために，酸化被膜を厚くする表面加工を施しており，処理方法の違いで銀白色または黄金色を呈する。

※2　変形しやすいアルミニウムの特徴を活かし，凸凹の打ち出し加工をしたものを「ゆきひら（行平・雪平）鍋」という（図 7.16）。強度が増すと同時に，表面積も増えるために熱の伝わりもよくなる。

図 7.16　ゆきひら鍋

に再加熱する調理システムをクックチルシステムと呼ぶ。予め調理したものを喫食時には再加熱するだけでよいため，給食施設などで経営効率の向上を目的に導入されている。90分以内に中心温度を3℃まで下げ，調理した日を含めて5日以内に喫食するという**基準**が設けられている[*1]。冷却には，ブラストチラーやタンブルチラーといった冷却機器が用いられる。

(2) 真空調理

食品のみ，もしくは食品と調味料を専用の包装袋に入れて真空包装し，袋のまま食材を加熱する調理法を**真空調理**と呼ぶ。水分の蒸発が起こらない，煮くずれしにくい等のメリットがある。95℃以下の低温で加熱するため，レトルト食品とは異なり，保管の際には冷蔵もしくは冷凍する必要がある。また，包装後に加熱しない場合は真空包装と呼び，区別される。

7.3 調味操作

7.3.1 味のしみ込み

食材への味のしみ込みは濃度が高い方から低い方へ物質が移動する拡散と呼ばれる現象によって起こる。煮汁など調味料を含む液に食材を漬けたり，食材に調味料を振りかけると，食塩や砂糖といった呈味成分は食材の外側の方が濃くなり，低濃度の食材内部へと移動する。生の野菜などの細胞膜は水は通すが溶質は通さないという**半透性**[*2]を有することから，生の食材内部への呈味成分の拡散は起こらず，加熱などによって膜機能が低下することで食材内部へ調味料成分は拡散し，食材中の濃度が上昇する。食材への調味料成分の拡散を速くするには食品の表面積を大きくするとよく，かくし包丁はそのための工夫である。また，落とし蓋は少ない煮汁で食材の濃度差を小さく仕上げるのに効果的である。

*2 半透性の膜を半透膜という。濃度の異なる2つの水溶液の間に半透膜を置くと，溶質が低濃度側へ移動することができないため（拡散できないため），水が低濃度側から高濃度側へ移動することで，2つの水溶液濃度が均一になる。この移動現象を浸透と呼ぶ。漬物が脱水される時などはこの原理で野菜中から水が移動し，水分含量が減少する（浸透圧については pp.90-91参照）。

7.3.2 調味の仕方

調味料の添加量は使用する食材や煮汁の量に対して適度な濃度になるように決める。これを調味パーセントという。代表的な食塩および砂糖の調味パ

・・・・・・・・・・・・・・・・・・・・・・・ **コラム13 "冷めるときに味がしみ込む"とは** ・・・・・・・・・・・・・・・・・・・・・・・

一般に拡散係数は温度が高い方が大きいことが知られている。一方，経験的に「冷めるときに味がしみ込む」と言われており，両者には一見矛盾があるようにみえる。しかしこれは，低温の方が呈味成分が食品中へ拡散しやすいというのではなく，冷めている間に呈味成分が拡散し，結果として加熱直後よりも冷めた後の方が食品中の呈味成分の濃度が高いことを表しているものと考えられている。

出所）畑江敬子，奥本牧子：食品の保温温度が食塩の拡散に及ぼす影響，日本調理科学会誌，**45**，133-140（2012）

表 7.7 　食塩と砂糖の調味パーセント

	食塩濃度（％）	砂糖濃度（％）
味付け飯	0.5 〜 0.8	
汁物	0.6 〜 0.8	
煮物	0.8 〜 1.5	3 〜 5
和え物	1.0 〜 1.2	3 〜 7
生野菜のふり塩	1.0 〜 1.2	
即席漬け	1.5 〜 2.0	
佃煮	5 〜 10	0 〜 8
飲み物		8 〜 10
ゼリー・プディング		10 〜 12
ジャム		50 〜 70
煮豆		60 〜 100

*1　水溶液中の拡散係数
（0.1M，25℃）
NaCl　1.48×10^{-5} cm^2/sec
スクロース　0.49×10^{-5} cm^2/sec

ーセントを表 7.7 に示した。砂糖に比べて塩は適度な食塩濃度の範囲が狭いことが特徴である。

　調味料の添加順序を表す言葉に"さしすせそ"があり，調味料は砂糖（さ），塩（し），酢（す），しょうゆ（せ），みそ（そ）の順番に加えるとよいことを表している。砂糖と塩の関係は，拡散のしやすさである。拡散の速度を表す**拡散係数**[*1]は分子量が大きいほど小さいため，塩（NaCl 分子量 58.5）に比べて砂糖（スクロース分子量 342）の方が拡散しにくい。そのため塩よりも砂糖を先に加える。酢酸は分子量 60 であり，NaCl と分子量は同程度であるが，揮発性成分を含むため酢は塩よりも後に加える。しょうゆ，みそは，香気成分が失われないように調理の最後に加えるが，目的に応じて調味のために先に半分加えて，最後に残りの半分を加えて香りを残す場合もある。調味液の粘度も拡散に影響し，片栗粉でとろみ付けするなど調味液の粘度が高い方が液中での調味料成分の移動が遅れ，食材の濃度上昇が遅くなる。

　また，食材によって調味の時期を考慮する場合がある。大豆の煮豆を作る際には，煮汁の砂糖濃度が高いとしわがよりやすいので，砂糖を数回に分けて加えるか，浸漬時に加える。いんげんなどの青煮は適度な硬さになるまで加熱したら，一度鍋から取り出して煮汁が冷めてから再度煮汁中に食材を戻すことで，緑色を保つ工夫がなされる。

7.3.3　呈味成分の抽出

　かつお節やこんぶといった食材を湯中で加熱もしくは水に浸漬し，呈味成分を抽出する操作を"だしをとる"という。日本料理では，こんぶ，かつお節，煮干し，干ししいたけなど乾物を用いてだしをとる。西洋料理では脂肪の少ない牛肉，鶏肉，魚の身や骨，香味野菜などを用いて長時間煮込むブイヨンやフォンが用いられる。中国料理では植物性の食材で作る素湯（スゥータン），**老廃鶏**[*2]や干し貝柱といった動物性の食材で作る葷湯（フンタン）といった

*2　老廃鶏　年をとり卵を産めなくなった鶏。

表 7.8 　各食材から抽出されるうま味成分と調理方法

だし材料	うま味成分	調理方法
こんぶ	グルタミン酸ナトリウム	水から入れ，沸騰直前に取り出す。または，水に 15 時間くらい浸して取り出し，加熱して上に浮いたぬめりを取り除く。
かつお節	イノシン酸ナトリウム，アミノ酸類	沸騰したところに入れ，短時間加熱する
煮干し	イノシン酸ナトリウム，アミノ酸類	水から入れ，15 分間程度加熱する。または，水に 30 分間浸し，1 分間加熱する。
干ししいたけ	グアニル酸ナトリウム，アミノ酸類	ぬるま湯でもどす。または，冷蔵庫で 5 〜 8 時間かけてもどす。
肉	イノシン酸ナトリウム，アミノ酸類	水から入れ，約 1.5 〜 3 時間でうま味は最大となる。
魚	イノシン酸ナトリウム，アミノ酸類	水から入れ，約 30 分間加熱する。

出所）香西みどり他：調理理論と食文化概論，82，全国調理師養成協会（2016）

湯（タン）が用いられる。**表7.8** にだしに用いられる材料とうま味成分，抽出方法を示した。

【演習問題】

問1 加熱調理に関する記述である。正しいのはどれか。1つ選べ。

（2019年国家試験）

(1) 電子レンジでは，ほうろう容器に入れて加熱する。

(2) 電気コンロには，アルミ鍋が使用できない。

(3) 天ぷらの揚げ油の適温は，250℃である。

(4) 熱伝導率は，アルミニウムよりステンレスの方が小さい。

(5) 熱を速く伝えるためには，熱伝導率が小さい鍋が適している。

　解答（4）

問2 調理器具・機器に関する記述である。最も適当なのはどれか。1つ選べ。

（2021年国家試験）

(1) 三徳包丁は，代表的な和包丁である。

(2) 両刃の包丁は，片刃のものより，かつらむきに適している。

(3) 平底の鍋は，丸底のものより電磁調理器に適している。

(4) 蒸し器内の水蒸気の温度は，120℃以上である。

(5) 家庭用冷凍庫の庫内は，-5℃前後になるように設定されている。

　解答（3）

📖 **参考文献**

香川芳子監修：はじめての食品成分表，女子栄養大学出版部，14，（2012）

香西みどり，上打田内真知子，神子亮子：だしの材料のうま味成分と調理方法，調理理論と食文化概論，全国調理師養成協会，82，（2016）

河村太郎，柴田幸生，渡部愛，佐藤洋子，井上哲男，森下一男，高松和幸，高橋輝一郎：生食キャベツの細菌汚染と消毒方法に関する研究，衛生化学，**12**，30-35，1966

渋川祥子：加熱調理機器（2）オーブンの種類と食品の加熱，調理科学 **22**，264-271（1989）

渋川祥子編：食品加熱の科学，朝倉書店（1996）

渋川祥子：調理における加熱の伝熱的解析および調理成績に関する研究，日本家政学会誌，**49**，949-958（1998）

女子栄養大学調理学研究室，女子栄養大学短期大学部調理学研究室監修：調理のためのベーシックデータ　第6版，女子栄養大学出版部，136-139（2022）

日本熱物性学会編：新編　熱物性ハンドブック，養賢堂（2018）

畑江敬子，奥本牧子：食品の保温温度が食塩の拡散に及ぼす影響，日本調理科学会誌，**45**，133-140（2012）

肥後温子：*New Food Industry*，**31**（11），1-7（1989）

第8章 調理操作による化学的，物理的，組織的変化

8.1 植物性食品

8.1.1 米

（1）米の種類と成分および構造

1）分類と種類

米はジャポニカ米（短粒種）とインディカ米（長粒種）に分類され，それぞれでんぷんの組成により，もち種（アミロペクチン100 %）とうるち種（アミロース5〜30 %とアミロペクチン70〜90 %）がある。アミロペクチン100 %のもち米は粘りが強く，アミロースを含むうるち米に比べて老化しにくい。インディカのうるち米は，アミロペクチン構造にアミロース様の長い分子鎖を多く含むため，ジャポニカ米のうるち米に比べて硬く粘りの少ない食感となる。また，栽培条件の違いにより，水田で栽培される水稲と畑で栽培される陸稲に分類されるが，わが国では大部分が水稲である。米のかたさにより軟質米と硬質米の分類もある。

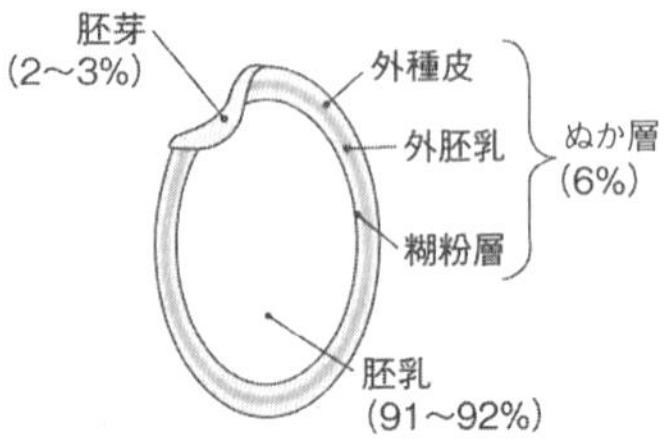

2）構造と成分

米をおいしく，消化しやすくするために，搗精（とうせい）によりぬか層と胚芽を除去して精白米にする（図8.1）。精白米の成分は，水分約15 %，炭水化物約77 %，たんぱく質[*1]約6 %，脂質[*2]約1 %，灰分約0.4 %である。搗精によりぬか層や胚芽に偏在するビタミンB群，ビタミンE，無機質および食物繊維などの栄養成分が損失するため，歩留りを多くした分づき米，胚芽を残した胚芽精米などが加工されるほか，目的に即し

胚芽（2〜3%）
外種皮
外胚乳
ぬか層（6%）
糊粉層
胚乳（91〜92%）

図8.1　米粒の構造

出所）長尾慶子，香西みどり編著：Nブックス　実験シリーズ　調理科学実験（第2版），60，建帛社（2018）一部改変

*1　米のたんぱく質の約80%はオリゼニンで，必須アミノ酸のリジン（第一制限アミノ酸）が少なく，アミノ酸スコアは61である。

*2　約1%含まれる脂質は米の酸化に関わり，古米ではその臭いの生成に関与するため低温（10〜15℃）で保存することが望ましい。

・・・・・・・・・・コラム 14　新形質米・・・・・・・・・・

食事療法，嗜好，調理用途に対応した新しい成分・形質をもつさまざまな新形質米がある。低アミロース米は食味がよく，冷めてもおいしいため中食用米飯などに利用されている。精白米の栄養成分を補う目的でビタミンB₁強化米，GABA（γ-アミノ酪酸）が多く含まれる発芽玄米などがある。臨床では，腎臓病疾患に対応した低グルテリン米，アレルゲンとなるグロブリンを含まない低アレルゲン米などの米が利用されている。有色素米の赤や紫黒の色素はポリフェノールの一種で，抗酸化作用があり健康増進の観点から需要が高い。さらに，とぎ汁による環境汚染に配慮した無洗米は，調理時間を短縮できる利点もある。炊飯した飯を急速に乾燥させたα化米は，湯や水を加えるだけでやわらかい飯となるため，炊飯ができない場面で利用される。

てさまざまな新形質米が開発されている。

(2) うるち米の調理

1) うるち米の炊飯

炊飯は水分約 15 ％の米に一定量加水し，浸漬後，熱を加えることにより水分約 60 ％の米飯[*1]にする調理過程をいう。炊飯により米の細胞内にある生でんぷん（β‐でんぷん）は糊化でんぷん（α‐でんぷん）となる（図 5.1 参照）。

炊飯した飯を室温や冷蔵庫内で放置すると糊化する前の構造に近い状態に戻り，硬く粘りのない食感となる。これを老化といい，消化しにくくなる。以下に，わが国における一般的なうるち米の炊飯方法[*2]を述べる。

a）**洗米**[*3]　洗米は米の表面に付着するぬかを取り除くために行う。米は洗米時にその重量の約 8 ～ 10 ％程度吸水するため，ぬか臭が吸着しないように洗米と水の取り換え操作は手早く数回行う必要がある。米表面のぬかを十分に取り除いた無洗米は，洗米せずに炊飯できる。

b）**加水**　米重量の 2.2 ～ 2.4 倍に炊き上がった飯とするため，加熱中の蒸発量分を加えて，加水量は米重量の 1.5 倍，体積の 1.2 倍が基準となる。米の新古，品種，炊飯方法により異なるため，好みに合わせて加水量を調整する[*4]。

c）**浸漬**　浸漬は米が均一に吸水し，その後の加熱によりでんぷんが糊化しやすくするために行う。米は水温が高いほど吸水しやすい（図 8.2）。浸漬 30 分間で急速に吸水し，約 2 時間で飽和状態となるため，少なくとも 30 分間浸漬させる。吸水率はうるち米が 20 ～ 25 ％，もち米は 30 ～ 40 ％である（図 8.3）。

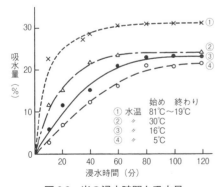

図 8.2　米の浸水時間と吸水量

出所）松元文子ほか：調理学，100，光生館（1972）

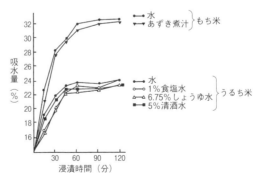

図 8.3　うるち米ともち米の異なる浸漬液における吸水率

出所）貝沼やす子：調理科学，248，光生館（1984）

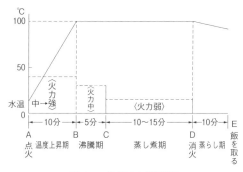

図8.4 炊飯の加熱過程

出所）山崎清子ほか：NEW調理と理論, 79. 同文書院（2015）

*1　大量炊飯時の工夫　大量調理における炊飯のように沸騰までに10分以上かかる場合は，米の表面と内部で糊化度の差が大きくなるため「湯炊き」するとよい。湯炊きとは沸騰湯に米を入れて炊き上げる方法である。

*2　合わせ酢の割合　合わせ酢は，飯重量に対して酢6〜7%（体積比10〜12%），砂糖1.2〜2.5%（体積比2〜6%），塩0.7%（体積比1.2〜2%）を目安とする。

d）**加熱**　加熱過程は**図8.4**に示した。

【温度上昇期】[*1]　7〜10分で米の中心温度が98〜100℃になるように温度を上げる。吸水・膨潤が進みでんぷんの糊化が始まる段階であるが，短時間で急速に温度を上げると米の内部まで吸水せず芯のある飯になりやすい。

【沸騰期】　水の対流により米が均質に加熱され，吸水，膨潤，糊化がさらに進む。炊き水の粘りが強くなるため，ふきこぼれないよう中火で約5分間保つ。

【蒸し煮期】　水がほとんどなくなり米が動かない状態となる。米粒間にわずかな水分が行き来する程度なので，こげないように弱火にし，約15分間蒸し加熱の状態にして保つ。沸騰期とあわせて98℃以上を20分間保持することにより米のでんぷんの糊化はほぼ完了し，甘味や香りが生ずる。

【蒸らし】　消火後，飯を高温で10〜15分間保つと飯表面の水分が中心に吸収される。蒸らし終わったら蓋を開け，飯全体を混ぜて余分な蒸気を逃がす。

2）味つけ飯

a）**すし飯**　白飯に合わせ酢で味付けをしたのがすし飯である。加水量は合わせ酢[*2]の水分を考慮して米重量の1.3倍（体積の1.1倍）に減らす。蒸らし時間を約5分間として，飯が熱いうちに合わせ酢をかけ，風をあてて飯表面の水分を飛ばしながら切るようにして混ぜるとつやが出る。

b）**炊きこみ飯**　米に調味料や具材を加えて炊いたものを炊き込み飯という。塩味は加水量の1%（米重量の1.5%，飯重量の0.7%）を目安とする。調味料の添加により米の吸水率は阻害されるため（**図8.3**），米を水浸漬により十分に吸水させた後，炊飯直前に調味料を加える。

3）炒め飯

a）**ピラフ**　ピラフは米を約5%の油脂で炒めてからスープを加えて炊く。油で炒めるため米への水の浸透が悪く，芯のある飯になりやすい。そのため，炒めた米に熱いスープを加え，蒸し煮期を長くして炊き上げる。

b）**チャーハン**（炒飯）　飯を油脂で炒めるチャーハンは，パラパラとした食感が好まれる。硬めに炊いた飯を用い，7〜10%の油で炒める。冷えた飯を用いると，温かくなるまでに炒め時間がかかり，飯粒が崩れる原因となる。

4）粥

　粥は普通米飯より水分を多くして軟らかく炊きあげたもので，米の体積に対する加水量を変えて加熱することにより，5倍（全粥），7倍（七分がゆ），10倍（五分がゆ），20倍（三分がゆ）に調製される。日常食の他，七草がゆや小豆粥などの行事食，高齢者・幼児食や治療食など摂食者の身体状況や体調に応じて用いられる。加熱には厚手の鍋や土鍋が適しており，米粒が崩れないように50分程度撹拌せずに炊く。調理後，摂食までに時間がかかると粥の付着性が強くなるため，特に治療食に用いる場合には注意を要する。

（3）もち米の調理

1）おこわ（強飯）

　蒸しおこわの重量は米重量の1.6～1.9倍であり，うるち米飯より水分が少ない。もち米は約2時間以上吸水させると30～40％の水を吸水するため，浸漬後に蒸し加熱し，その途中でふり水をすることで好みの飯のやわらかさにする（図8.5）。炊きおこわでは，蒸発量を考慮してもち米重量の1.0倍（体積の0.8倍）の加水量が必要であるが，炊飯には不十分な量であり加熱むらが生ずる。そのため，うるち米を混ぜることで加水量を増やして炊飯する。小豆とその煮汁で仕上げたこわ飯は，祝い膳に用いられる。

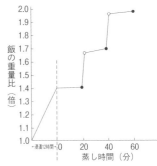

●水の補給前の米の重量比
○水の補給後の米の重量比

図8.5　加熱中のこわ飯の重量変化

出所）石井久仁子，下村道子，山崎清子：
　　　こわ飯の性状について―もち米の浸
　　　漬時間と水の補給法の影響―，家政
　　　学雑誌，**29**，82-88（1978）

2）もち（餅）

　もち米を浸漬後，十分に糊化するまで蒸し加熱し，搗く・こねることにより餅ができる。米の品質，吸水・加熱時間，搗き方（杵搗き，機械搗きなど）により生地の状態は異なる。でんぷんが老化した餅は保存食として利用され，再加熱すると再び糊化して強い粘りを生ずる。

（4）米粉の調理

　わが国では古くから団子や餅，煎餅などに米粉が使用されてきた。近年ではグルテンが含まれないことから，小麦粉の代替としてパンや洋菓子，天ぷらの衣などに用途が広がっている。代表的な米粉である上新粉はうるち米，白玉粉はもち米を原料として製造される。上新粉を用いる団子の調製では，粉の90～110％の熱湯を加えてでんぷんを一部糊化させると，粘りが出てまとまりやすくなる。これを加熱してこねるとこね回数に応じて軟らかくなる。また上新粉に白玉粉を加えると軟らかくなるが，片栗粉などのでんぷんを加えると硬く歯切れがよくなる。一方，白玉団子は白玉粉に粉の80～90％の水を加えるだけでまとめることができ，これを加熱して作られる。いずれの米粉団子においても，砂糖を加えると老化が抑制され軟らかくなる。

8.1.2　小　麦

（1）小麦の種類と成分および構造

1）分類と用途

　小麦粉の原料となる小麦は，主に普通系小麦（普通小麦，クラブ小麦）であり，この他にパスタ製造に用いられる二粒系のデュラム小麦がある。収穫期や外皮の色による分類の他，種子の硬さに基づいて硬質小麦，中間質小麦，軟質小麦に分類される。用途に従い，たんぱく質含量の高い順に強力粉，準強力粉，中力粉，薄力粉に分けられており（表8.1），灰分の含有率が少ないものから1等粉（一般家庭用），2等粉，3等粉，末粉に分類されている。

2）成分と構造

　小麦穀粒の組織は，6層からなる外皮（約13％）と胚芽（約2％），胚乳（約85％）から構成される。細胞内に多量のでんぷんを含む胚乳は粉末になりやすく，外皮（ふすま）は厚く細粉しにくいため，ふるい分けによりふすまと胚芽を除去した粉が小麦粉として利用されている。小麦粉の主成分は約70〜76％含まれる炭水化物であり，7〜14％含まれるたんぱく質とともに，その質と量は小麦粉生地の性状と，調理品の品質に大きく影響する。脂質は約2％，食物繊維は2.5〜2.9％，ビタミンはB_1，B_2およびナイアシンが含まれる。一方，製粉時に除去されたふすまや胚芽には食物繊維，たんぱく質，脂質，微量栄養成分が多く含まれるため，全粒粉としての利用のほか，機能性食品素材

表8.1　小麦粉の種類と用途

種類	たんぱく質量（％）	グルテンの性質	原料小麦	用途
強力粉	11〜13	強靱	硬質小麦	食パン，フランスパン
準強力粉	10〜11.5	強	中間質小麦	中華めん・皮，菓子パン
中力粉	8〜10	軟	中間質小麦	和風めん類
薄力粉	7〜8	軟弱	軟質小麦	菓子，天ぷらの衣
デュラムセモリナ	約12	柔軟	デュラム小麦	パスタ類

出所）山崎清子ほか：NEW調理と理論第二版，111，同文書院（2023）

表8.2　添加材料の換水値
（水としてドウやバッターの硬さに作用する割合）（30℃）

材料名	材料の水分（％）	換水値	備考
水		100	
牛乳	88.6	90	
卵	75.0	80	
バター	15.5	70	状態（固体，液体など）により換水値が異なる
砂糖（上白）	0.9	30〜60	添加量と添加方法により異なる*
塩			少量であるから計算の必要なし

＊十分水にとけるとき値は大きい
出所）山崎清子ほか：NEW調理と理論第二版，116，同文書院（2023）一部改変

表8.3　小麦粉と水の割合

小麦粉：水	生地の状態	調理例
100：50〜60	手でこねられるドウの硬さ	パン，ドーナッツ，クッキー，まんじゅうの皮
100：65〜100	手ではこねられないが流れない硬さ	ロックケーキ
100：130〜160	ぼてぼてしているが流れる硬さ	ホットケーキ，パウンドケーキ，カップケーキ
100：160〜200	つらなって流れる硬さ	天ぷらの衣，スポンジケーキ，さくらもちの皮
100：200〜400	さらさら流れる硬さ	クレープ，お好み焼き

出所）山崎清子ほか：NEW調理と理論第二版，116，同文書院（2023）

として有効活用されている。

3） グルテンの形成要因

小麦粉は水や，牛乳，卵，油脂，砂糖などの副材料を配合した生地を調製することが多い。[*1]粉重量に対して加水率50〜60％のドウ(dough)は，手で捏ねられる程度の硬い生地である。加水率100〜200％では流動性のある生地となりバッター(batter)と呼ばれる。小麦粉に加水してこねると，非水溶性たんぱく質のグリアジンとグルテニンが水を吸収して，グルテンという三次元の網目構造を形成し，強い粘弾性を発現する。生地に配合される副材料や調製条件により，グルテンの性状は変化する(図8.6)。

a）**小麦粉の種類**　たんぱく質含量が多い強力粉はグルテン形成のために多くの水を吸収し，多量に形成されたグルテンは強靭である。一方，薄力粉のグルテンは軟弱で生地の安定性が低い。

b）**混ねつ・ねかし**　混ねつするほどグルテン形成が促進され伸長抵抗が小さくなる。さらにねかすと伸展性が増す(図8.7)。

c）**加水量と水温**　グルテンが形成されるためには粉重量の約30％の加水が必要である。バッターでは水分が多いためグルテンが形成されにくい。また，30℃以上では，温度が高いほどグルテン形成が促進するが，70℃を超えるとたんぱく質が変性し始めるため，グルテンは形成されにくくなる。

d）**副材料の影響**　食塩の添加はドウの伸展性と弾力性を高め，生地にこしが出る。中華麺の製造では，ドウの伸展性を増すために**かん水**[*2]が用い

*1　**換水値**　小麦粉で生地を作るときに使用する砂糖，卵，バター，牛乳は水と同じように生地の軟らかさの調整に関与する。生地をやわらかくする作用の度合いを，水を100として割合で示したものが換水値(表8.2)である。小麦粉生地は目的により適した生地の軟らかさがある(表8.3)。しかし，実際は水だけで軟らかさを調整することは少ないため，生地の水分量を調整する時に，それぞれの副材料の換水値を基に使用量を調整する方法がとられる。

*2　**かん水**　炭酸カリウム，炭酸ナトリウム，炭酸水素ナトリウム，リン酸塩などを一種類以上を含むアルカリ性の食品添加物。

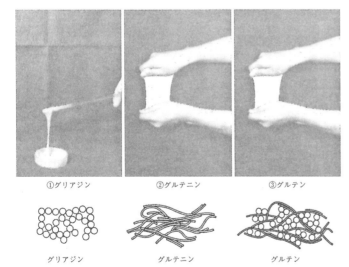

①グリアジン　　②グルテニン　　③グルテン

グリアジン　　グルテニン　　グルテン

図8.6　グリアジン，グルテニン，グルテンの粘弾性と構造

出所）山崎清子ほか：NEW 調理と理論，110，同文書院（2015）一部改変

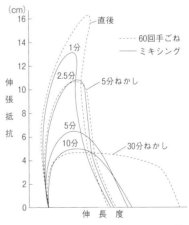

図8.7　小麦粉のドウのねかしによる伸展性の変化（エキステンソグラム）

出所）松元文子，松本エミ子，高野敬子：小麦粉の調理に関する研究（第2報）手動操作によるドウのファリノグラム及びエキステンソグラム，家政学雑誌，**11**，348-352（1960）

られる。親水性の高い砂糖を添加すると，生地中の水分を奪いグルテンの形成を阻害する。油脂もグルテン形成の阻害因子となるが，これは水とたんぱく質の水和を妨げることによる。

（2）小麦粉の調理

1）膨化調理

小麦粉生地を膨化させるために，目的に応じて起泡卵白や酵母，化学膨化剤などが配合される。焼成過程では，包含される空気や生地中で発生した二酸化炭素の熱膨張，水分が水蒸気に変わるときの水蒸気圧により，グルテン膜は伸展し，糊化したでんぷんも構造形成に関わる。膨張は変性，乾燥により生地が硬化するまで続く。基本的にいくつかの膨化機構が組み合わされることで膨化するが，次に示す通り調理品ごとに主な膨化機構は異なる。

a）気泡の熱膨張による膨化調理（スポンジケーキ，バターケーキなど）

生地中に気泡として含まれた空気が熱膨張することを利用して膨化させる。泡立てた卵，撹拌した固形油脂などに包含される気泡の膨圧は比較的小さいため，たんぱく質含量が少なく粘弾性が低い薄力粉を利用する。

b）酵母による膨化調理（パン，中華まんじゅう，ピザ生地など）

酵母としてイーストが主に使用され，糖を分解するアルコール発酵[*1]で発生した二酸化炭素を膨化に利用する。発酵過程で増加する二酸化炭素を生地内に包含するためには伸展性の高い生地が必要であるため，中力粉や強力粉が用いられる。

c）化学膨化剤による膨化調理[*2]（まんじゅう，ドーナツ，マフィンなど）

重曹（炭酸水素ナトリウム），ベーキングパウダー（BP）などに水や熱を加えることで発生する二酸化炭素を利用して膨化させる。アルカリ性物質の重曹に酸性剤を配合したベーキングパウダーは二酸化炭素の発生が2倍となるため膨化効率がよい。また中和により，苦味やフラボノイド色素の黄変が抑制される。

d）水蒸気圧による膨化調理（パイ，シュー）

薄いドウとバターの層状構造となっているパイ生地を高温焼成すると，バターはドウに取り込まれ，生地中の水分は油脂が存在していた空洞層に集まり水蒸気に変わるときに非常に大きな水蒸気圧を発生させドウが押し上

---

*1 アルコール発酵式
$C_6H_{12}O_6$（グルコース）
$\rightarrow 2C_2H_5OH$（エチルアルコール）$+2CO_2$（二酸化炭素）

*2 化学膨化剤によるガス発生反応
［重曹］
$2NaHCO_3 \rightarrow$（加熱）
$\rightarrow Na_2CO_3+H_2O+CO_2\uparrow$
［BP］
$NaHCO_3+HX$（酸性助剤）
$\rightarrow$（加熱）$\rightarrow NaX$（中性塩）
$+H_2O+CO_2\uparrow$

BPの組成の例を表8.4に示した。また，酸性剤の種類によりCO_2の発生状態が異なる（図8.8）

表8.4 市販BPの表示成分例

表示成分		種　類	国　産　品	
			（A）	（B）*
重　曹			28	25
酸性助剤	速効性グループ	酒　石　酸	40	15
		リン酸一カルシウム		
		リン酸二水素ナトリウム		
	中間性	酒石酸水素カリウム	3	1
	遅効性	み　ょ　う　ば　ん	—	25
緩和剤		で　ん　ぷ　ん	29	33.6

*その他グリセリン脂肪酸エステル0.4%
出所）山崎清子ほか：NEW調理と理論第二版，117，同文書院（2023）一部改変

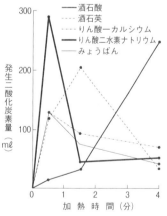

図8.8 BPの酸性助剤ごとの二酸化炭素発生状態

出所）表8.4に同じ

げられる。シューは，水と油脂を沸騰させた後，小麦粉を加えて77℃付近まで加熱したもち状生地を冷却後，卵液を加えて水分と気泡を十分に含んだペーストを高温(200℃)で焼成して作る。温度上昇が早い底面部の気泡が核となり，水蒸気が一気に発生して生地中に空洞を作り，キャベツ状に膨化する。

2）ドウを延ばす調理

めんや餃子などの皮は，グルテンの伸展性を利用しドウを圧延して成形するため，たんぱく質含量の多い小麦粉を利用する。

a）めん 日本のめん類は中力粉に食塩を添加することでグルテンの粘弾性を高め，こしをだす。大量の沸騰湯でゆで，表面のでんぷんを洗い流して歯ごたえと口あたりをよくする。中華麺は準強力粉に弱アルカリ性のかん水を加えるため，小麦粉のフラボノイドは黄変する。パスタ類は硬質小麦であるデュラム小麦のセモリナ粉(粗挽き粉)を使用し，食塩は添加されない。スパゲッティは成形機から高圧でドウを押し出して細い棒状にする。マカロニ類には多種多様の形状がある。でんぷんの流出が少ないため，アルデンテと呼ばれる歯ごたえのある状態にゆで上げた後，水洗いせずに油脂をからめる。

b）皮 水餃子のように多量の水分が吸収されるのに比べて，蒸し餃子や焼き餃子では吸水量が少ない。水分量を増やして軟らかくもちもちとした食感に仕上げるには，熱湯を加える。これにより，でんぷんが一部糊化して粘性が増し，加水量を増やしてもドウがまとまりやすくなる。

3）ルウ

小麦粉をバターで炒めたものをルウといい，ソースやスープの濃度をつけるために用いられる。バターの重量に対して小麦粉は1～1.2倍程度が基準である。炒めずに混ぜたものをブールマニエという。ルウはその加熱温度と色調から，ホワイトルウ，淡黄色ルウ，ブラウンルウに分けられる。ソースにした場合，最終温度が高いほどでんぷんのデキストリン化が進み，粘度が低くなる(図8.9，8.10)。

4）天ぷらの衣

天ぷらを揚げると，衣の水分が蒸発し揚げ油が吸着することでサクサクとした食感となる。グルテン形成が進んだ衣では，水との結びつきが強く脱水されにくくなるため，薄力粉と15℃程度の水を使用して，過度に撹拌しすぎないように混ぜる。加水量は小麦粉重量の1.5～2.0倍であるが，水の1/3程度を卵に置き換えるとグルテン形成が抑制され脱水されやすい。

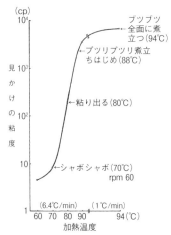

図8.9 白ソースの加熱過程の粘度変化（120℃ルーを用いたもの）

出所) 大澤はま子，中浜信子：白ソースの性状について，家政学雑誌，**24**，359-366（1973）

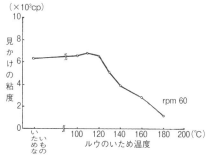

図8.10 ルウのいため温度による白ソースの粘度変化

出所) 大澤はま子，中浜信子：白ソースの性状について，家政学雑誌，**24**，359-366（1973）

8.1.3 雑穀類*

穀類とは，食料や飼料として利用されるイネ科作物の種子をさす。そのうち雑穀とは，穀類から主穀を除いたものである。イネ科に属さないが，多量のでんぷんを含み疑似穀類と呼ばれるそば，アマランサス，キヌアもこれに含まれる。雑穀の優れた栄養性，機能性は，生活習慣病の予防・健康増進の観点から期待が寄せられている。雑穀粒は精白米と組み合わせて飯として利用されるほか，雑穀粉を小麦粉に一部代替して製めん，製菓・製パンに利用されている。さらに，茶，しょうゆおよびみそ様の発酵調味料などの加工食品も市販されており，アレルゲン食品の代替品としても活用されている。

*各種雑穀の特徴と用途

(1) あわ・ひえ・きび・はとむぎ(イネ科)
精白米に比べて，たんぱく質，脂質，灰分，ビタミン類，食物繊維が多く含まれる。イネ科に属する穀類は一般的に必須アミノ酸のリジンが少なく，たんぱく質のアミノ酸価は低い。グルテンフリー素材として小麦粉の代替穀類として重要な役割を果たしている。

(2) そば，アマランサス，キヌア
疑似穀類は，食物繊維や微量栄養素のほか，たんぱく質が多く含まれ，アミノ酸価も高い。そばは穀類としてはポリフェノールのルチンを豊富に含む。グルテンがないため，小麦粉などをつなぎとして配合し，麺状のそば切りが作られる。アマランサスおよびキヌアは，その高い栄養性から宇宙食の素材としてもNASA(アメリカ航空宇宙局)が注目する穀物である[1]。 1) Gordillo-Bastidas et al.: Quinoa (Chenopodium quinoa Willd), from Nutritional Value to Potential Health Benefits: An Integrative Review, *Journal of Nutrition & Food Sciences*, (2016), DOI: 10.4172/2155-9600.100049

(3) 大麦
大麦は他の穀物に比べて水溶性食物繊維含量が多い。その大部分がβ-グルカンであり，血中コレステロールの低下作用など多くの機能性を示す。六条大麦は押し麦・丸麦などに加工され，白米に混ぜて麦飯として利用される他，焙煎した大麦を水や湯で抽出した麦茶が飲用される。二条大麦はビールなどのアルコール飲料の原料として用いられる。

8.1.4 い　も

(1) いもの種類と成分

わが国で利用されるいもには，じゃがいも，さつまいも，やまのいも，さといもなどがある。水分70～80 %，炭水化物13～30 %のうちでんぷん含量が高い。細胞壁にはペクチンが多く含まれるほか，カリウムやカルシウムも多い。

表8.5　じゃがいもの調理形態と調理例

調理形態	調理操作	調理例
組織のまま	丸のまま｛皮つき 皮むき 2～4つ切り 輪切り 拍子切り 角切り など｝加熱する	ベイクドポテト ローストポテト 肉じゃが サラダ シチュー みそ汁 ポテトフライ
細胞単位	加熱する→マッシュ	マッシュポテト
	すりおろす	(ポタージュ グラタン
	揺り動かす	粉ふきいも
でん粉単位	生の状態→おろす	いもだんご いももち
	加熱する→つぶす (でん粉流出)	コロッケ いもだんご いももち

出所) 長尾慶子，香西みどり編著：Nブックス　調理科学実験 (第2版)，78，建帛社 (2018)

(2) いもの調理特性

1) じゃがいも

じゃがいもは，細胞内のでんぷん含量が多い粉質(男爵など)と少ない粘質(メークインなど)に分けられる。芽や緑色の皮にはソラニンなどのアルカロイドが含まれ，これは加熱しても分解されず毒性を示すため，芽を取り，皮を厚くむいて除去する。剥皮・切裁後放置すると，じゃがいもに含まれるチロシンが酵素作用により褐変するため水にとる。

じゃがいもの調理形態と調理例を表8.5に示す。じゃがいもを加熱すると細胞内ででんぷんが糊化し，細胞壁にあるペクチンがベータ離脱により可溶化することで細胞が分離する。粉質性のいもはこれが起こりやすい。細胞を分離させて仕上げる粉ふきいも，マッシ

ュポテトは，ペクチン質の流動性がある熱いうちに鍋に打ちつけたり，うらごすとよい。細胞壁を崩し糊化したでんぷん粒を流出させると強く粘るため，いももちなどはすり鉢ですりつぶす。肉じゃが，カレーなどで煮崩れを防ぐためには，粘質性のいもを用いるとよい。カルシウムやマグネシウムを含む硬水や牛乳で煮ると軟化が抑制され崩れにくくなる。ポテトチップスやフライドポテトでは，高温加熱されるため，アミノカルボニル反応*(p.48 参照)による褐変が起こる。

2) さつまいも

他のいも類に比べてビタミンCや食物繊維が豊富で，甘味が強いため菓子類に使われることが多い。低温に弱く10℃以下で低温障害を起こすため，保存する場合は13〜15℃で管理することが望ましい。さつまいもには40〜50℃および75℃付近で活性化する2種類の耐熱性のβ−アミラーゼが含まれ，貯蔵中においてもでんぷんがマルトースに分解されて甘味度が高くなる。加熱中のマルトース生成を多くするには，蒸し加熱やオーブン加熱のように緩慢に温度を上昇させて加熱すると良い。電子レンジでは急速に温度が上昇するためマルトース生成は少ない。

また，さつまいもは皮付近にクロロゲン酸やヤラピン(樹脂配糖体)を含み，これらは空気に触れると黒変する。きんとんのように仕上がりの色を美しくするためには，皮を厚めに剥き，水に浸漬するなどの処理をする。またフラボノイド色素が含まれるため，みょうばんを加えると黄色く仕上がる。

3) やまのいも

じねんじょ，ながいも，いちょういも，やまといも，つくねいもなどがある。細胞壁が薄く組織がやわらかいため，消化酵素の作用を受けやすく生で食べることができる。強い粘りは糖たんぱく質によるものであり，起泡性も有するため，かるかんなどの膨化調理に利用される。しかし加熱するとこの粘性はなくなる。すりおろすとポリフェノールオキシダーゼの酸化作用により酵素褐変するほか，細胞からシュウ酸カルシウムの針状結晶が出てくるため，これが手や口に刺さりかゆくなる。食塩や酢などで処理するとこの結晶は溶解する(図8.11)。

*アミノカルボニル反応　メイラード反応ともいう。アミノ化合物(アミノ酸)とカルボニル化合物(還元糖)との反応である。食品の非酵素的褐変現象に関係するほか，香ばしい香りを付与し，抗酸化成分の発現などにも関与するため，食品の嗜好性や機能性にも影響する。

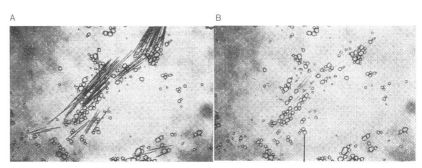

図 8.11　やまのいものシュウ酸カルシウム結晶
塩酸 0.5 % 溶液により処理後，20 分（A）および 35 分（B）経過後の顕微鏡写真

出所）北川淑子：ヤマノイモのシュウ酸カルシウムの針状結晶について，家政学雑誌，**25**，27-31（1974）一部改変

4) さといも

子いも種(石川早生，土垂など)，親いも種(京イモなど)，親子兼用種(やつがしら，セレベスなど)がある。茎(葉柄)はずいきと呼ばれ，煮物にしたり，乾物して汁物に利用される。

さといもには特有の粘質物(ガラクタンにたんぱく質が結合した塩溶性の成分)が含まれ，煮物や汁物では煮汁の粘度を上げ，ふきこぼれの原因となる。煮汁が粘るといもへの調味料の浸透も妨げるため，ゆでこぼすことで粘質物を除去する。その際に，食塩や食酢を加えると効果的である。また，さといもにはやまのいもにも含まれるシュウ酸カルシウムが微量に含まれるためえぐ味を感じる。

8.1.5　豆・豆製品

(1) 豆類の種類と成分

豆類は，完熟豆とその加工品のことを示す。さやえんどうやグリーンピースなどの未熟豆やもやし(スプラウト)などは野菜類に分類され，らっかせい(マメ科)は，種実類に分類される。

豆類は，たんぱく質や脂質を多く含むものと，炭水化物とたんぱく質を多く含む(表8.6)，2種類に分けられる。また，豆類にはトリプシンインヒビターが含まれており，生のまま食べると消化酵素のトリプシンが阻害され，消化不良を招く。これを防ぐために，充分に加熱する必要がある。

表 8.6　主な成分による豆類の分類

分類	含有率		豆の種類
たんぱく質，脂質を多く含むもの	たんぱく質　約35 % 脂質　　　　約20 %		大豆
炭水化物，たんぱく質を多く含むもの	炭水化物　　約55 ～ 60 % たんぱく質　約20 ～ 25 %		小豆，いんげん豆，など

(2) 豆類の調理特性

1)　吸　　水

水分含量が15 %程度の乾物であるため，加熱前に豆重量の約4 ～ 5倍量の水に浸し，5 ～ 8時間吸水させる。このとき，ほとんどの豆は，始めの4時間で急激に吸水する(図8.12)が，小豆や，ささげは表皮が強靭で，胚孔部から少しずつしか吸水せず，吸水性が低いため，浸漬せずに水と一緒に加熱することが多い。

大豆に含まれる塩溶性たんぱく質のグリシニンは，水に浸漬するよりも1 %程度の食塩水に浸漬すると吸水性が増す。

黒豆(黒大豆)の種皮に含まれるクリサンテミン(アントシアニン系色素)は，Fe^{2+}と錯塩を形成することで色が安定し黒色が美しくなる。そのため煮熟の際に鉄鍋や，鉄くぎとともに加熱する方法が用いられる。

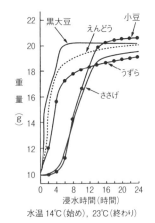

図 8.12　豆類の吸水による
重量変化

出所) 山崎清子ほか：NEW 調理と理論，199，同文書院(2016)

2) 煮　豆

煮豆の調理は，まず煮熟(水煮)を行い，豆が十分に軟らかくなった後，調味を行う。砂糖の添加量が多い時や調味液が濃い場合は，豆にしわが寄ることや硬くなることがあり，これらを防ぐために調味料を複数回に分けて加える方法や，充分に軟化した豆を常温の調味液に浸す方法が用いられる。大豆を煮熟する際，起泡性のあるサポニンが溶出するため，ふきこぼれに注意する。大豆は 0.3 ～ 0.7 ％程度の食塩水で加熱を行うと，軟化しやすく，この濃度であれば調味への影響も少ない。

小豆は約 3 倍の水とともに加熱するが，タンニンなどの不味成分を除くため，煮熟中に水を数回取り換える渋切りを行う。

3) あ　ん

小豆やいんげん豆など，炭水化物を多く含む豆類を十分軟らかくなるまで煮熟したものである。小豆は細胞壁が丈夫なため(図8.13)，細胞内からでんぷん粒子が流出しにくく，粘りが少ない。

豆の形を残したものを粒あん，種皮を除いて脱水したものを生こしあん(生あん)という。さらにそれを乾燥させたものがさらしあんである。生あんに砂糖を加えて練り上げたものが練りあんである。

4) 大豆加工製品[*1]

主な大豆加工製品を表8.7に示した。

豆腐は，豆乳(大豆を浸漬して粉砕した後に絞った液)を加温し，温かいうちににがり[*2]や，硫酸カルシウムなどの凝固剤を加えてゲル化させたものである。ゲル化の途中で布でこして，圧搾しながら凝固させるのが木綿豆腐で，容器の中でそのままゲル化させるのが絹ごし豆腐である。

豆腐を長時間加熱するとすだちが起こるが，これは豆腐中に存在する凝固剤由来の Ca^{2+} が，90 ℃以上で長時間加熱することで，たんぱく質と反応し，凝集が促進されて硬化し，放水するためである。すだちを防ぐには，加熱温度を 80 ℃以下にする方法や，90 ℃で 15 分程度の加熱にとどめる方法の他，湯の中に食塩(0.5 ～ 1.0 ％)やでんぷん(1 ％程度)を加える方法が用いられる。

湯葉には，生湯葉とそれを乾燥させた干し湯葉があり，たんぱく質と脂質が豊富である。

100 μm

図8.13　小豆の子葉細胞

出所）釘宮正往：酸・アルカリ処理によるあん原料豆子葉細胞の分離，**37**，867-871，日本食品工業学会誌（1990）

*1　豆乳クリーム・豆乳ヨーグルト　乳アレルギーの場合，飲用乳の代わりに豆乳を用いることがある。近年では，乳製品の代替品として，豆乳で作られたヨーグルトや生クリーム，アイスクリームなどが市販されている。

*2　にがりは，海水から塩(塩化ナトリウム)を除く際に得られるもので，主な成分は塩化マグネシウムである。

表8.7　主な大豆加工食品

食品名	調製方法
豆乳	浸漬後の大豆を磨砕し，加熱後にこした液体。
豆腐	豆乳に凝固剤（硫酸カルシウムや塩化マグネシウム（にがり），グルコノデルタラクトン）を加えたもの。
湯葉	豆乳を加熱した際に表面に張る皮膜をすくいとったもの。
油揚げ	豆腐を揚げたもので，生揚げは厚揚げとも言われ，厚みのある豆腐を揚げたもの。
凍り豆腐（高野豆腐）	豆腐を凍結させ，その後溶解と凍結を繰り返し，乾燥させたもの。
納豆	煮熟した大豆に納豆菌（糸引き納豆）や，麹菌（塩納豆）を添加して発酵させたもの。塩納豆は，塩から納豆，大徳寺納豆，浜納豆とも呼ばれる。

8.1.6　種実類

（1）種実類の種類と成分

　穀類や豆類，香辛料を除いた食用の果実や種子の総称で，堅果類，核果類，種子類に分類される（表8.8）。ただし，らっかせい（ピーナッツ）はマメ科の植物であるが，種実類に含まれる。また，これとは別に成分により分類すると，炭水化物が豊富で，比較的水分含量が少ないものと，たんぱく質や脂質を多く含むものに分けられる（表8.9）。種実類にはリノール酸などの多価不飽和脂肪酸が多く含まれる。

　成分の特徴として，無機質ではカリウムのほか，アーモンドやごまにはカルシウムが，けしやごま，かぼちゃには鉄が豊富に含まれている。また，ごまには，強い抗酸化性を示すゴマリグナンが含まれ，セサミンやセサモリン，ごま油製造中に生成されるセサミノールなどの種類がある。

表 8.8　種実類の分類

種類	主な種実
堅果類	くり，ヘーゼルナッツなど
核果類	アーモンド，くるみなど
種子類	ごま，けし，かぼちゃ，ひまわりなど
豆類	らっかせい

表 8.9　主な成分による種実類の分類

分　類	種実の種類
炭水化物を多く含むもの	くり，ぎんなんなど
たんぱく質と脂質を多く含むもの	アーモンド，くるみ，カシューナッツ，らっかせいなど

（2）種実類の調理特性

　丸ごとのほか，スライスや粉末，ペーストにして利用される。焙煎（煎る，焼くなど）や，揚げるなどの加熱を行うと独特の香りが生じ，風味が増す。

　ごまやくるみ，らっかせいなど，脂質の多いものは焙煎後ペースト状に磨砕し，和え衣に利用されるが，そのまま，もしくは加熱（煎る，ゆでるなど）して食するほか，製菓に用いられる。カシューナッツ，マカダミアナッツ，らっかせいなどは食塩や砂糖などで調味されているものがある。

　くりは炭水化物が多く，加熱することで甘味が増す。ゆでぐり，焼きぐりとして食べられるほか，甘露煮やマロングラッセ，裏ごしをしてくりきんとんやモンブランなどに利用される。

8.1.7　野菜・果実類

（1）野菜・果実類の種類と成分

　野菜類は食用部位により，葉菜類，茎菜類，根菜類，果菜類，花菜類に分けられ（表8.10），果実類は，柑橘類に加え，可食部（果肉）の形態により，仁果類，漿果類，核果類に分けられる（表8.11）。

　成分の特徴としては，野菜・果実ともに一般的に水分やカリウムが多いが，野菜は，エネルギーが低く，食物繊維や無機質，ビタミンＣが多い。緑黄色

野菜はβ-カロテンが多く，可食部 100 g あたり 600 μg 以上のもの（かぼちゃやにんじん，ほうれんそうなど）が分類される。ただし，カロテン含量が 600 μg 未満のトマトやピーマンなどは，1 回に食べる量や使用回数が多いので，緑黄色野菜に分類される。果物[*1]は，ビタミン類，食物繊維を多く含むものがある。その他，ビタミン類ではかんきつ類やいちご，キウイフルーツ，かきなどにはビタミンCが，すいかやマンゴー，かき，グレープフルーツ（紅肉種：ルビー種）などにβ-カロテンが多く含まれる。糖質（グルコース，フルクトース，スクロースなど）を豊富に含む物が多い。

果実の酸味は，主にクエン酸やリンゴ酸などの有機酸によるが，ぶどうの酸味は酒石酸によるものである。

表 8.10　食用部位による野菜の分類

種類	食用部位	主な野菜
葉菜類	葉	キャベツ，ほうれんそう，こまつな　など
茎菜類	茎	ねぎ，アスパラガス，セロリ　など
根菜類	根茎，根	だいこん，にんじん，ごぼう，しょうが　など
果菜類[*2]	果実，種実	きゅうり，トマト，なす，かぼちゃ　など
花菜類	つぼみ，花弁など	カリフラワー，ブロッコリー，食用ぎく　など

表 8.11　果実類の分類

種類	主な果実
仁果類	りんご，なし，かき，びわ，かりん　など
漿果類	ぶどう，いちじく　など
核果類	もも，あんず，さくらんぼ，うめ　など

出所）木戸詔子ほか編：調理学（第 3 版），64，化学同人（2016）一部改変

[*1]　果実のうち，甘味のあるもの（いちごやメロンなど）を果物とよんでいる。

[*2]　野菜類の果実は，果菜類に分類されている。

（2）野菜・果実類の調理特性

1）嗜好特性

a．色　素[*3]

① クロロフィル

葉緑素といわれる脂溶性の緑色色素で調理操作中に変色しやすい。クロロフィルは，ポルフィリン環に Mg^{2+} をもち，フィトール（疎水性）が結合した構造をしている（図 8.14）。クロロフィラーゼが作用する条件下では，クロロフィルからフィトールが外れてクロロフィリドが生成される。アルカリ溶液中で加熱を行った場合でも，フィトールが外れるが，こちらはクロロフィリン（鮮やかな緑色）になる。中性溶液でも長時間におよぶ加熱や，酸性溶液への浸漬や加熱で，Mg^{2+} が H^+ と入れ替わり，クロロフィルがフェオフィチン（黄褐色）となり，さらに分解が進むと側鎖のフィトールが外れてフェオフォルバイド（褐色）になる（図 8.15）。

[*3]　p.18，表 3.12 参照。

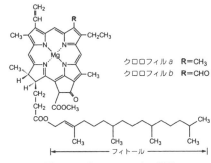

図 8.14　クロロフィルの構造

出所）木戸詔子ほか編：調理学第 3 版，58，化学同人（2016）

② カロテノイド

赤色や黄色の脂溶性の色素で，クロロフィルと共存していることが多く，カロテン類とキサントフィル類がある。

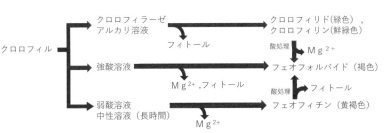

図 8.15　クロロフィルの変化

出所）山崎清子ほか：NEW 調理と理論，434，同文書院（2011）を一部改変

カロテノイドは酸やアルカリ，また熱などの影響を受けにくいため，調理操作中に変色することはほとんどない。水には不溶だが，脂質には良く溶けるため，炒め物などの調理に適する。

③　フラボノイド

無色から淡黄色の水溶性の色素で，たまねぎやカリフラワー，穀類の小麦粉にも含まれる。酸性では無色だが，アルカリ性では黄色に変化する。また，Fe^{2+} や Al^{3+} と錯塩を形成し，黄色や青緑色に変色する。

④　アントシアニン

なすや紫キャベツ，赤じそ，いちごなどに含まれる赤紫や青色の水溶性の色素で，調理操作中に変色しやすい。酸性で赤色，アルカリ性で青色を示し，100℃までの湿式加熱や水分の多い調理で変色や退色しやすい。しかし，Fe^{2+} や Al^{3+} と錯塩を形成すると紫色が安定するため，なすの漬物では鉄くぎやみょうばんが添加される。また，なすに含まれる色素(ナスニン)は揚げ物や炒め物など，油を用いた高温処理で変色が抑えられる。

b．酵素的褐変

ごぼうやれんこん，りんごなどは，切断すると切断面が褐変する。これはポリフェノール類(カテキン，クロロゲン酸など)がポリフェノールオキシダーゼの作用により酸化され，生成されたキノン体がさらに酸化重合して褐色の色素(メラニン)を形成するためであり，これ[1]を酵素的褐変という[2]。

2)　テクスチャーの変化

a．生食調理

野菜は，生で食べる場合，せん切りキャベツのように歯触りを楽しむものと，酢の物やなますなど和え物として食べるものがある。

植物の細胞は外側から細胞壁，細胞膜があり，その中は細胞液で満たされている。細胞膜は半透性で，水は透過するが，食塩や砂糖などは透過できない。また，膜の外側と内側の溶液の濃度を均一にしようとする働きがある。細胞液の浸透圧は約0.85％の食塩溶液，約10％の砂糖溶液，約0.2％の酢酸溶液と等しいため，**図8.16** に示すように低張液(低い濃度の液)に浸すと，細胞膜の外から内側へ水が入り，細胞は張りのある状態になる。反対に高張液に浸すと細胞内から細胞外へ水が出ていき，細胞壁から細胞膜がはがれ(原形質分離)，細胞は張りのない状態になる。この性質を利用し，せん切りキャベツなどは水のような低張液に浸して張りのある状態にさせて歯触りを良くさせる。また，ジャムを調理する際には果物に砂糖を合わせて水分がでるまで放置し，その水分とともに加熱する方法がもちいられる。酢の物などに用いる食材は，あらかじめ高張液に浸して細胞内の水分を除く(脱水させる)ことで，調味液の吸収が良くなる。ドレッシングをかけたり和え衣で和えてし

*1　p.47 図 5.6 参照。

*2　褐変を防ぐには，①水に浸す(酸素との接触を遮断)，②食塩水に浸す(酵素活性を抑制)，③pHを下げる(酵素活性を抑制)，④加熱する(酵素を失活)，⑤還元剤を使用(キノン体を還元，酵素活性を抑制)などの方法がある[3]。

*3　野菜の不味成分の除去については，pp.46-47 を参照。

張りのある状態になる

水
薄い濃度の食塩溶液
(低張液)
細胞の外から水分が細胞の中へ入る

細胞壁　　細胞膜

濃い濃度の食塩溶液
(高張液)
細胞内液の水分が細胞の外へ出る

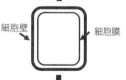

原形質分離が起こり，張りがなくなる

図8.16　生野菜の浸透圧のしくみ

ばらく放置すると野菜から水分が出て，味が薄まり，歯触りが悪くなるため，喫食直前に調味するようにする。この細胞膜にある半透性は，加熱により失われる。

果物に多く含まれるフルクトースにはα型とβ型があり，β型は甘味が強い[*1]。低温で保存するとβ型が増えて甘味が増すため，冷やして食べることが多い。ただし，熱帯果実（バナナやパパイヤなど）は，低温で長時間保存すると褐変やピッティング（果皮表面の陥没），追熟不良などの低温障害を起こし，品質が低下する。日本なしのざらざらとした独特の食感は，石細胞によるもの[*2]である。

b．加熱調理

野菜や果実を加熱すると軟化するのは，細胞壁間に存在し細胞同士を接着させているペクチンが分解して可溶化するためである。ペクチンはグリコシド結合によりガラクツロン酸がつながった構造をしているが，このグリコシド結合は加熱時のpHによって開裂（切断）の仕方が異なる。pH 3以下では加水分解し，pH 5以上の中性状態では，β脱離（トランスエリミネーション）[*3]が起こる。しかし，pH 4付近では，加水分解もβ脱離も起こりにくく，軟らかくなりにくいため，れんこんやごぼうをゆでる際に食酢を加えると，シャキシャキとした歯ざわりになる。

軟化にはpH以外に加熱温度も影響する。沸点に近い温度で加熱するとすぐに軟化するが，$50 \sim 60$℃くらいの温度では硬化し，その後沸点に近い温度で加熱を行っても軟化しない。

果実類は加熱して，ジャムやコンポートなどに用いられる。りんごやいちごなど，ペクチンが多く，酸味のあるものはジャムに用いられる。果実の成熟に従い，プロトペクチンからペクチニン酸（狭義のペクチン），ペクチン酸になる。ゲル形成能をもつのは，ペクチニン酸のみである（**表8.12**）。

ペクチニン酸にはメトキシル基が含まれており，7%以上含むものは高メトキシルペクチン，7%未満のものは低メトキシルペクチンに分類され，ゲルを形成する条件が異なる（**表8.13**）。

果物に含まれるたんぱく質分解酵素には，パインアップルの

*1 p.18参照。

*2 石細胞とは，リグニンとペントサンからなる厚い膜をもった細胞のことである。

*3 β脱離とは，pH5以上の中性状態でペクチンリアーゼやポリガラクツロン酸リアーゼが作用し，ガラクツロン酸が結合した主鎖が分解され，さらにペクチンエステラーゼによりペクチンに存在するメチルエステルが加水分解されて起こる。

表8.12　果実類の成熟とペクチンの変化

分　類	果実の成熟度と状態	ゲルの形成
プロトペクチン （不溶性）	未熟果実に多い。 セルロースと結合し，果実は硬さを維持。	しない
ペクチニン酸 （狭義のペクチン） （可溶性）	成熟果実に多い。 プロトペクチナーゼの作用により，プロトペクチンが分解されてペクチニン酸になり，果実は軟化する。	する
ペクチン酸 （不溶性）	過熟果実に多い。 ペクチナーゼの作用により，ペクチニン酸が分解されてペクチン酸になる。	しない

出所）西堀すき江編：マスター調理学（第3版），83，建帛社（2018）一部改変

表8.13　ペクチニン酸のゲル化

分　類	メトキシル基の割合	ゲル形成の条件
高メトキシルペクチン （HMP）	7%以上	果実中のペクチン含量　0.5%以上 糖濃度　50%以上，pH3付近
低メトキシルペクチン （LMP）	7%未満	Ca^{2+}やMg^{2+}などの二価の金属イオンの存在

出所）表8.12に同じ

ブロメリンやキウイフルーツのアクチニジン，いちじくのフィシンなどがあり，野菜ではしょうがに含まれる。これらの生の果汁に硬い肉を浸しておくと，軟化する。ただし，ゼラチンゼリーに用いる際は，ゼラチンのたんぱく質を分解して凝固しなくなるため，あらかじめ加熱して酵素を失活させておく。

8.1.8 きのこ・海藻類

（1）きのこ・海藻類の種類と成分

1）きのこ類

きのこは，担子菌や子嚢菌の子実体（胞子を生産する器官）のうち，肉眼で観察できる程度の大きさのものをいう。

食用とされるきのこの種類は非常に多い。天然のまつたけやしめじなどは秋に収穫されるが，ほとんどのきのこは年間を通じて人工栽培されている。栽培種としては，しいたけやほんしめじ（ぶなしめじ），えのきだけ，なめこ等がある。

きのこ類は生のものと乾燥させたものがある。成分の特徴は，生では約90％が水分で，脂質やたんぱく質が少なく，炭水化物はほとんどが食物繊維である。ビタミン類は，プロビタミン D_2 であるエルゴステロールを含んでいる[*1]。生のきのこ類は変質しやすく，保存性を高めるために乾燥される[*2]。

*1 エルゴステロールは日光（紫外線）にあたるとビタミン D_2 に変化するため，干し（乾）しいたけやきくらげにビタミン D_2 含量が高い。

*2 生のきのこ類が変質しやすいのは，酵素が多く含まれているためである。

2）海藻類

海藻類は，色によって緑藻類や褐藻類，紅藻類に分類される（表8.14）。成分の特徴は，生のものは水分が90％だが，乾燥品は 3 ～ 15 ％程度である。

その他，アルギン酸やフコイダンのような難消化性の粘質多糖類が豊富で，水溶性食物繊維の供給源である。また，無機質が多く，カルシウムやヨウ素，ナトリウム，マンガンなどが他の食品より多く含まれている。

表 8.14　海藻類の種類と用途

	含有色素	種類	主な用途
緑藻類	クロロフィル カロテノイド（β-カロテンなど）	あおのり ひとえぐさ	青のり，汁物　など のり佃煮
褐藻類	クロロフィル カロテノイド （β-カロテン・フコキサンチンなど）	こんぶ わかめ ひじき	だし汁，塩こんぶ，こんぶ巻き　など 汁物，煮物，和え物　など 炒め煮，白和え　など
紅藻類	クロロフィル 色素たんぱく質（フィコエリスリン） カロテノイド（β-カロテンなど）	あおのり てんぐさ つのまた おごのり	焼きのり，味付けのり ところてん，寒天 カラギーナン さしみのつま，酢の物

出所）表 8.12 に同じ，84

（2）きのこ・海藻類の調理特性

1）きのこ類

a. しいたけ

生しいたけは食感が良く，焼きや揚げ加熱のほか，椀種やなべ物に用いられる。乾しいたけは，しっかり膨潤させてから用いるが，戻す際の水温が

40℃を超えると膨潤度が低下するため，短時間で戻したい場合は，40℃以下のぬるま湯を用いる。また，乾しいたけにはうま味成分として核酸系の5'-グアニル酸(GMP)が含まれる。戻す際の水温が高いとGMP含量が減少するため，低温で時間をかけて戻すと，充分吸水してうま味が強くなる。その他，香り成分としてレンチオニンが含まれる。

b. まつたけ

香り成分として，桂皮酸メチルやマツタケオールが含まれ，かさが開き始めるころの香りが強い。この香りを生かすため，土瓶蒸しや焼き加熱が行われる。

2) 海藻類

a. こんぶ

だし汁用や煮物用，加工用に分けられる[*1]。うま味成分は，主にL-グルタミン酸ナトリウムである。こんぶの表面に付着している白い粉は，マンニトールで甘味があるため洗わず，硬く絞ったふきんで表面の汚れを軽く拭き取って使用する。だしをとる際に沸騰させると，アルギン酸が溶出して粘りが出るため，沸騰の直前にこんぶを取り出すか，長く沸騰させないようにする。

b. わかめ

生を湯通しして用いるほか，乾燥品や塩蔵品がある[*2]。これらは水で戻すと，乾燥品の素干しわかめで約6倍，カットわかめで12〜14倍の重量，塩蔵品では約2倍の重量になる。わかめの色素は，クロロフィルとフコキサンチンで，加熱前のフコキサンチンは，たんぱく質と結合して赤色を示すが，加熱によりたんぱく質と分離し橙黄色になる。クロロフィルは短時間の加熱ではほとんど変色しないため，加熱前はクロロフィルの緑色と赤色が混ざった褐色をしているが，加熱後は緑色になる。

*1 だし汁用には，まこんぶや利尻こんぶが用いられる。

*2 乾燥品には，灰干しわかめがあり，原料のわかめに灰をまぶして乾燥させたものである。灰に含まれるアルカリ成分が，クロロフィルの分解を防ぎ，鮮やかな緑色が保持され，さらにわかめに含まれる酵素の活性を抑制するため，保存性を向上させることができる。塩蔵品は，湯通しした後に塩と保存したもので，乾燥品は，湯通ししたものや，塩蔵品を塩抜きして乾燥させたものである。

8.2 動物性食品

8.2.1 食肉類

(1) 食肉類の種類と成分および構造

食肉は，牛肉，豚肉，鶏肉が主なもので，食肉として利用している部位は，家畜や家禽の筋肉を構成している骨格筋であり，筋繊維，結合組織，脂肪組織からなる。動物の種類，品種，年齢，飼育方法により，たんぱく質の量，脂肪のつき方や量が異なるため，硬さ，色，味などに差がある。

1) 構　造

骨格筋の基本単位は，筋線維と呼ばれる直径20〜150μmの円筒形の細長い細胞である。筋線維は，筋原線維とその隙間の細胞液である筋形質(筋漿)からなり，筋内膜で覆われている。50〜150本の筋線維が筋周膜で束ねら

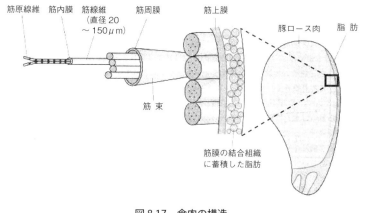

図8.17 食肉の構造

出所) 畑江敬子・香西みどり編：調理学，134，東京化学同人（2016）一部改変

れて筋束を形成し，この筋束がさらに束ねられて筋肉になる（図8.17）。骨格筋は，腱で骨につながっている。筋肉の膜や腱などを形成しているのは結合組織である。結合組織は筋肉の構造を保持しており，一般的には筋と呼ばれ，周辺には脂肪組織が多く存在する。脂質の沈着状態は，肉の食感や風味に影響する。筋肉中に蓄積脂肪が細かく分散し沈着した霜降り肉は，肉質が軟らかく，口当たりが良い。

2) 成　分

食肉の成分は部位により異なり，たんぱく質が約20％，水分約50〜75％，脂質5〜30％程度，炭水化物は1％未満である。

たんぱく質　食肉のたんぱく質は，筋原線維たんぱく質，筋形質(筋漿)たんぱく質，肉(筋)基質たんぱく質から構成される。これらの3種類のたんぱく質は，所在や溶解性，分子の形状，加熱時の変化などが異なる（表8.15）。

表8.15　筋肉中のたんぱく質の種類と性質

		筋原線維たんぱく質	筋形質（筋漿）たんぱく質	肉（筋）基質たんぱく質
所在		筋原線維	筋漿	結合組織
主なたんぱく質		アクチン ミオシン	ヘモグロビン ミオグロビン ミオゲン(各種酵素)	コラーゲン エラスチン
形状		繊維状	球状	繊維状，網状
溶解性	水	—	○	—
	塩溶液	○	○	—
	希酸・希アルカリ溶液	○	○	—
特徴		筋収縮，硬直に関係 保水性，結着性	肉色に関係	肉の硬さに関係
加熱による変化		収縮・凝固：45〜52℃	凝固：56〜62℃	収縮：65℃ コラーゲンは湿式加熱で可溶化 （ゼラチン化）
含量 （％）	牛肉　背肉	59	25	16
	胸肉	47	25	28
	すね肉	19	25	56
	豚肉　背肉	66	25	9
	もも肉	63	25	12
	鶏肉　胸肉	67	25	8
	魚肉 魚皮	20〜30 （—）	70 （—）	2〜5 （90以上）

出所) 下村道子，橋本慶子編：動物性食品，3，朝倉書店（1993）を参考に作成

肉質は，結合組織を形成する肉基質たんぱく質の割合が多くなるほど硬くなる。鶏肉は，牛肉や豚肉に比べて肉基質たんぱく質の割合が低い。牛肉や豚肉では，背部や背部に近いロースやヒレなどは軟らかく，すねは硬い。

脂質　食肉に含まれる脂肪の量や脂肪酸組成は，動物の種類や部位により異なる（図8.18）。肉類の脂肪酸はオレイン酸が最も多く，その他パルミチン酸，ステアリン酸，リノール酸などがある。植物性脂肪や魚介類の脂肪に比べて飽和脂肪酸の割合が高いため融点が高い（表8.16）。体温で溶けない脂質は冷めると口ざわりが悪い。牛脂の融点は口中の温度よりも高いため，脂質の多い部位は熱いうちに食べる料理に適している。冷製料理には，融点の低い鶏肉や，牛肉や豚肉では脂肪の少ない部位を選ぶと良い。

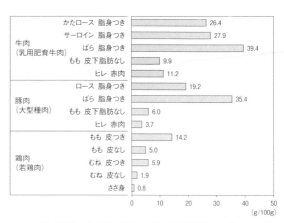

図 8.18　肉の種類と部位による脂質量の違い
出所）文部科学省：日本食品標準成分表 2020 年版（八訂）に基づく

表 8.16　食肉類脂質の脂肪酸組成と融点

脂肪酸含量と融点		牛肉	豚肉	鶏肉
主要な脂肪酸の含量（%）				
パルミチン酸	C16：0	27 ～ 29	25 ～ 30	24 ～ 27
ステアリン酸	C18：0	24 ～ 29	12 ～ 16	4 ～ 7
オレイン酸	C18：1	43 ～ 44	41 ～ 51	37 ～ 43
リノール酸	C18：2	2 ～ 3	6 ～ 8	18 ～ 23
飽和脂肪酸（%）		53 ～ 61	38 ～ 47	28 ～ 34
不飽和脂肪酸（%）		46 ～ 48	50 ～ 62	55 ～ 66
脂肪の融点（℃）		40 ～ 50	33 ～ 46	30 ～ 32

出所）川端晶子ほか編：時代と共に歩む新しい調理学，142，学研書院（2009）一部改変

3）熟　成

動物は屠殺後，筋肉 pH が低下し，筋原線維たんぱく質のアクチンとミオシンの結合によりアクトミオシンが形成され，収縮して死後硬直が起こる。このとき，肉は硬く，うま味や保水性が低く食用に適さない。その後，肉中の酵素による自己消化が起こり軟らかくなる（解硬）。同時に，うま味成分のペプチド，アミノ酸，イノシン酸が増加し，pH の上昇に伴い保水性も向上し，風味や食感が良くなる。このような変化を熟成という。市販されている肉は，熟成が適度に進んだ状態のものである。熟成は低温で行われ，2 ～ 4℃で熟成した場合，牛肉で 10 日前後，豚肉で 3 日前後，鶏肉で半日程度である。

（2）食肉類の調理特性

肉類は生食することは少なく，通常は加熱して食べる。適度な加熱により，味，香り，色，テクスチャーが変化し，嗜好性が向上する。また，食中毒原因となる細菌が死滅し，食品衛生上安全になり保存性も高くなる。

1）加熱による肉の変化

硬さの変化　加熱により，筋原線維たんぱく質は繊維状に凝固・収縮し，筋形質たんぱく質も豆腐状に凝固する。結合組織を構成する肉基質たんぱく質も変性して収縮するため，肉を加熱すると硬くなる。一方，水中で長時

間加熱すると，結合組織のコラーゲンは徐々に分解して低分子のゼラチンに変化して溶け出し（ゼラチン化），筋繊維がほぐれやすくなるため軟らかくなる（図8.19）。

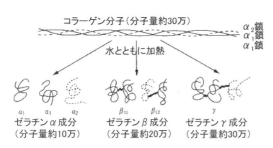

図8.19　コラーゲンの熱変性によるゼラチン化

出所）野田晴彦，永井裕，藤本大三郎：コラーゲン，23，南江堂（1975）一部改変

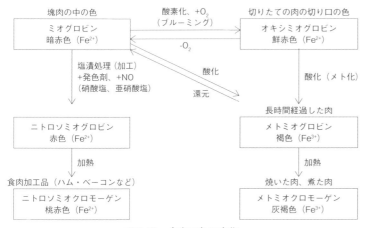

図8.20　食肉の色の変化

出所）藤原葉子編：食物学概論，101，光生館（2017）を参考に作成

表8.17　食肉の軟化方法

方　法	内　容
機械的な方法	①肉の繊維の方向に直角になるように薄切りにする。 ②ひき肉にする。 ③肉たたきでたたいて筋線維間の結合をほぐす。 ④結合組織（すじ）に切り込みを入れる。
酵素の利用	たんぱく質分解酵素（プロテアーゼ）を作用させる。 例）しょうが，なし，キウイフルーツ，パインアップルの搾汁に浸ける。
調味料の利用	①肉の保水性が最も低くなるpH（等電点のpH5付近）から，酸性側またはアルカリ性側にして保水性を向上させる。 　例）ワイン，みそ，しょうゆ，酒，酢，マリネ液（酸性側） 　　　重曹，ベーキングパウダー，かん水（アルカリ性側） ②食塩により筋原線維たんぱく質を可溶化して保水性を向上させる。 ③砂糖により加熱中のたんぱく質の凝固を遅らせて軟らかい状態を保つ。
水中長時間加熱	結合組織の多い肉を水中で長時間加熱する。コラーゲンがゼラチン化して軟らかくなる。

色の変化　生肉の色は，主にミオグロビン（肉色素）によるもので，この含有量の多い牛肉は，含有量の少ない豚肉や鶏肉より赤色が濃い。新鮮な肉の塊の内部は，ミオグロビンの暗赤色をしているが，空気に触れると酸素化されてオキシミオグロビンになり鮮赤色を呈する（図8.20）。長時間空気にさらすとヘム鉄が酸化して褐色のメトミオグロビンになる。加熱するとたんぱく質のグロビンが変性し灰褐色のメトミオクロモーゲンになる。

食肉加工品のハムやベーコンでは，塩漬工程で添加された硝酸塩や亜硝酸塩により，ニトロソミオグロビンが生成される。これは加熱によりニトロソミオクロモーゲンに変化し，桃赤色として固定される。

においの変化　食肉を加熱すると，アミノカルボニル反応や，脂質の酸化・分解により，生肉とは異なる好ましい香気が生成される。

2)　肉の軟化

一般に食肉はやわらかい食感が好まれる。動物の種類や部位により硬い肉があるため，酵素や調味料の利用や，水中長時間加熱により軟化させたり，肉の繊維を切断することにより食べやすくしている（表8.17）。

3)　肉類の調理

食肉は品種や部位により肉質が異なるため，それぞれに適した調

表 8.18　食肉の部位と調理法

牛肉

部位	特徴	ステーキ	焼き肉	すき焼き	しゃぶしゃぶ	煮込み	ひき肉	生食
かたロース	脂肪が適度にあり軟らかい	○	○	○	○			
リブロース	霜降り肉で軟らかい	○	○	○	○			
サーロイン	軟らかで霜降りが入りやすく風味は最高に良い	○						○
ヒレ	きめが細かく，脂肪が少なく，最も軟らかな部位	○						
ランプ	軟らかく，赤身	○						○
かた	すじや膜が多く，硬い赤身					○		
ばら	三枚肉。結合組織や膜が多い		○	○		○	○	
もも	そとももよりも軟らかい，脂肪が少ない赤身		○	○				○
そともも	脂肪が少ない赤身，硬め（薄切り，細切りで使用）			○		○		
すね	筋が多く硬い					○		

豚肉

部位	特徴	ロースト	ソテー	カツレツ	しゃぶしゃぶ	焼き肉	煮込み	ひき肉
かたロース	赤身に適度な脂肪が入っている，やや硬め，濃厚な味	○	○	○		○		
ロース	きめが細かく軟らかい，外側に白い脂肪がある	○	○	○	○	○		
ヒレ	きめが細かく，脂肪が少なく，最も軟らかな赤身		○	○				
かた	硬く，すじが多い，濃厚な味の赤身肉，きめはやや粗い						○	○
ばら	三枚肉，脂肪が多い，きめは粗いが硬くない					○	○	
もも	脂肪が少ない赤身，軟らかい					○	○	○
そともも	脂肪が少ない赤身						○	○

鶏肉

部位	特徴	ロースト	ソテー	揚げ物	煮込み	蒸し物	生食
手羽	手羽もと，手羽なか，手羽さきに分けられる。ゼラチン質，脂肪が多く，濃厚な味	○	○	○	○		
むね	肉色が薄い，脂肪が少なく，淡泊で軟らかい	○	○	○			
もも	肉色は濃く，むねよりやや硬く脂肪があり，こくがある	○	○	○	○		
ささ身	最も軟らかく，淡泊，脂肪はほとんどない				○	○	○

理法を選ぶ必要がある。牛肉，豚肉，鶏肉の部位と特徴，各部位に適した調理を表8.18に示した。

焼く調理　ステーキには，サーロイン，ヒレ，ロースなどの結合組織が少ない軟らかい部位が適する。ビーフステーキは肉のおいしさそのものを味わう料理で，最初に高温で表面のたんぱく質を凝固させ，焼き色と香りをつけ，うま味を含んだ内部の肉汁を流出しにくくする。焼き加減は3段階に分けられ，仕上がりの状態が異なる（表8.19）。豚肉には，寄生虫がいることもあるため，ポークソテーなどでは中心部まで十分に加熱する（75℃・1分以上）。

表 8.19　ビーフステーキの焼き加減

焼き加減	内部温度	表面の色	内部の状態		
			色	硬さ	肉汁
レア	55～65℃	灰褐色	鮮赤色	軟らかい	多い	赤色
ミディアム	65～70℃	灰褐色	薄いピンク	↕	↕	↕
ウエルダン	70～80℃	褐色	褐色・灰色	硬い	少ない	透明

煮る調理 シチューやポトフ，豚角煮には，結合組織(すじ)の多いすね肉やばら肉などの硬い肉が用いられる。スープストック(ブイヨン)には，硬く，脂肪が少なく呈味成分が多いすね肉が用いられる。香辛料や香味野菜と共に長時間加熱し，肉や野菜のうま味を溶出させるとともに，ゼラチンによりこくが出る。

ひき肉の調理 ハンバーグステーキや肉団子では，ひき肉に約1%の食塩を加えて混ぜると，筋原線維たんぱく質のアクチンとミオシンが結合してアクトミオシンが形成される。この変化により粘着性や保水性を生じ，**他の材料**[*1]を加えて形を作ることができる。また，細かく切断されたひき肉は，水中で煮込むとうま味成分が溶出しやすい。このため，ひき肉はミートソース等にうま味を付与する。ひき肉は表面積が大きく，微生物が付着しやすく，脂肪も酸化しやすいため，取扱いには注意が必要である。

8.2.2　魚介類

(1) 魚介類の種類と成分および構造

食用する魚介類は，魚類，貝類，えび・かに類，いか・たこ類ほか，多種類におよぶ。また，生息場所や生態の違いにより，海水魚・淡水魚，天然魚・養殖魚，回遊魚・沿岸魚・底生魚などに分類される。

1)　構　　造

筋肉(骨格筋)の基本構造は食肉類と同様である。しかし，魚肉には筋束構造はなく，薄い筋隔膜で仕切られた筋節構造をもち，畜肉に比べて筋線維の長さは短い(図8.21)。背部と腹部の接合部付近には赤褐色の血合筋が存在し，これ以外の筋肉を普通筋という[*2]。普通筋に含まれるミオグロビンの量が多く，赤色を帯びているものを赤身魚，白色に近いものを白身魚という(表8.20)。さけやますは白身魚であるが，餌となるおきあみやえびに含まれるアスタキサンチンの沈着により桃〜紅色を呈している。

2)　成　　分

魚肉の成分は食肉類と類似し，たんぱく質が約20%，水分は約65〜80%，脂質2〜40%程度，炭水化物は1%未満である。魚介類では普通，産卵期前の旬にグリコーゲンや脂質，うま味成分が増加して味が良くなる。

たんぱく質 食肉と同様に，筋

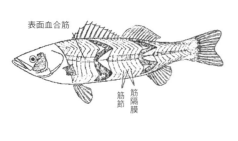

すずきの側面図　　　　かつおの体側筋断面図
図8.21　魚肉の構造
出所）松原喜代松，落合明，岩井保：新版魚類学（上），32-33，恒星社厚生閣（1979）一部改変

表 8.20　白身魚と赤身魚　筋肉の構造と組成，調理上の特徴

		白身魚（底棲性）	赤身魚（沿岸性）	赤身魚（外洋性）
代表的な魚種		いさき，かれい，すずき，たい，たら，ふぐ	あじ，いわし，さば，にしん	かつお，まぐろ
断面模式図 筋肉の分布	魚断面の模式図			
	血合肉	少ない		多い
	普通肉	多い		少ない
普通肉中の 筋肉たんぱく質	筋原線維たんぱく質 （50〜70%）	多い		少ない
	筋形質たんぱく質 （20〜50%）	少ない		多い
	肉基質たんぱく質 （10%以下）	多い		少ない
脂肪分		少ない		多い
調理上の特徴	生食時の食感	硬い，プリプリした食感	← →	軟らかい
	さしみの切り方	糸作り，そぎ切り（薄く切る）	← →	平作り，角作り（厚く切る）
	加熱後の色	不透明な白色	← →	灰褐色
	加熱魚肉の状態	ほぐれやすい（そぼろに利用）	← →	硬くまとまりやすい （節類や角煮に利用）
	魚臭の強さ	弱い		強い

出所）畑江敬子，香西みどり編：調理学，141，東京化学同人（2016）を参考に作成

原線維たんぱく質，筋形質（筋漿）たんぱく質，肉（筋）基質たんぱく質から構成される。食肉と比べて肉基質たんぱく質の割合が低く，肉が軟らかいので死後硬直中でも食べることができる。

脂質　脂質含量は，魚種や季節，部位などにより異なる。一般に，脂質含量は，産卵前には多く，産卵後は減少する。また，赤身魚の方が白身魚よりも多く，腹肉の方が背肉よりも多い（例：まぐろの脂身と赤身）。養殖魚は天然魚に比べて多い。魚介類の脂質は，不飽和脂肪酸が 60〜80 % を占め，とくに n-3 系多価不飽和脂肪酸のイコサペンタエン酸（IPA），ドコサヘキサエン酸（DHA）を含むことが特徴である。食肉類に比べて融点は低い。

呈味成分　魚介類の味の主体は，うま味や甘味を呈するアミノ酸類と ATP（アデノシン三リン酸）の分解産物であるうま味を呈するイノシン酸である。この他に，貝類に含まれるコハク酸やグリコーゲン，いか，たこ，えびに含まれるベタインはうま味に関与すると考えられている。

（2）魚介類の調理特性

1）鮮度と調理

　魚も食肉と同様の死後の変化が起こる。死後数十分から数時間で硬直が始まり，硬直の持続時間が短く，解硬（自己消化）・腐敗へと進む変化は，食肉に比べて速い。熟成して食用とする肉類とは異なり，魚は鮮度が重要であり，硬直前や硬直中には，生き作りやさしみとして生で食される（図 8.22）。

　魚の鮮度は，眼球やえらの外観，表皮・腹部や肉質の弾力等から経験的に

図 8.22　魚の死後の鮮度と調理

出所）鴻巣章二監修：魚の科学，44，朝倉書店（1994）を参考に作成

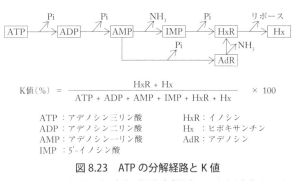

$$K値（\%） = \frac{HxR + Hx}{ATP + ADP + AMP + IMP + HxR + Hx} \times 100$$

ATP ：アデノシン三リン酸　　HxR ：イノシン
ADP ：アデノシン二リン酸　　Hx ：ヒポキサンチン
AMP ：アデノシン一リン酸　　AdR ：アデノシン
IMP ：5'-イノシン酸

図 8.23　ATP の分解経路と K 値

出所）山﨑英恵編：調理学　食品の調理と食事設計，108，中山書店（2018）
　　　を参考に作成

判断できる。化学的な判定法としては，筋肉中の ATP の分解程度から‘活きのよさ’を知る指標として，K 値が用いられる（図 8.23）。鮮度低下に伴い K 値は上昇し，20 % 以下では生食が可能であり，40 % 以上では加熱調理が必要である。

2）　魚臭の除去

　魚は鮮度低下に伴い生臭くなる。このにおいの主因は，微生物の作用で生じるトリメチルアミンであり，海水魚に多く含まれる。調理の際の魚の不快臭の抑制方法には，① 一尾魚の水洗いや切り身の食塩による脱水（魚臭成分を洗い流したり水分と共に除く），② 香味野菜，香辛料，発酵調味料の香気成分によるマスキング（ねぎ，しょうが，酒，みりんなどの使用），③ 酸の添加（塩基性のトリメチルアミンを食酢，梅干し，ワインなどで中和する），④ コロイド粒子による吸着（牛乳やみそでにおいを吸着する）などがある。

3）　生食調理

　鮮度の良い魚を衛生的に取り扱うことが重要である。

さしみ　魚の生肉のテクスチャーを味わう料理である。生肉の硬さは畜肉と同様に，肉基質たんぱく質のコラーゲンが多いほど，硬くかみ切りにくくなる。赤身魚は白身魚よりも結合組織が少なく軟らかい。このため，まぐろやかつおなどの赤身魚では，厚めの平作りや角作りにし，かれいやふぐなどの白身魚では薄作りや糸作りにする（表 8.20）。

　魚に湯をかけたり，軽く焼くなどして，表面だけを加熱する「霜降り*」という操作を行うことがある。かつおのたたきがこの例であり，焼いた表面は硬くしまり，内部は軟らかいため複雑なテクスチャーを楽しむことができる。

あらい　死後硬直前の魚（こい，たい，すずき）をそぎ切りにして，冷水，湯の中で振り洗いし，筋肉中の ATP を流出させる。これにより硬直と同じように筋肉を収縮させ，こりこりした食感を賞味する。

酢じめ　生魚に 10 ～ 15 % の食塩を加えて肉の水分を減少させてから（塩じめ），酢に浸漬する手法で，たんぱく質の変性により白色に変化し，肉質がしまり，歯切れがよくなる。また，魚臭が抑えられ，保存性も向上する。「し

*霜降りには，魚の表面を直火で焼く「焼き霜」と，魚に熱湯をかけたり，湯の中にくぐらせたのち，冷水にとる「湯霜」という方法がある。

　魚介類が原因で起こる食中毒が毎年発生している。安全に利用するための調理上の注意点を把握しておきたい。魚介類の表面には細菌類が付着しているので，下処理として丸のまま流水で洗い流す。水洗すると，食中毒原因になる好塩性の腸炎ビブリオを死滅させることができる。アニサキス症は，さば，あじ，さんま，いわし等に寄生しているアニサキス幼虫が原因になる。目視により幼虫を除去するか，冷凍（－20℃・24時間以上）や加熱（60℃以上・1分以上）により幼虫を死滅させて利用する。かき等の二枚貝にノロウイルスが付着していると，ごく少量でも食中毒が発症する。生食は避け，感染力を失わせるために，85〜90℃・90秒以上加熱する。

めさば」が代表例である。

4）加熱調理

　魚肉を加熱すると，たんぱく質が凝固・収縮して水分が流出し，硬くなる。また，魚肉のコラーゲンは畜肉よりも容易に可溶化するので筋隔膜が弱化し，筋節がはがれやすくなる。筋形質たんぱく質は，加熱により収縮した筋原線維を接着するように凝固し，固くしまる。このため，加熱後の肉質は筋形質たんぱく質の含有量により異なる。赤身魚は筋形質たんぱく質が多く硬くなるが（例：節やかつおの角煮），筋形質たんぱく質が少ない白身魚は，身がほぐれやすい（例：そぼろ）。

煮魚　味が淡泊な魚肉を，しょうゆ，砂糖，みりん，酒などの入った煮汁中で加熱する。魚が浸る程度の量の沸騰した煮汁に魚を入れるが，これは表面のたんぱく質を凝固させて，うま味の流出を抑えるためである。落とし蓋を使用すると魚の上部まで均一に味がつき，煮崩れを防ぐことができる。煮汁に加える発酵調味料や香味野菜（ねぎ，しょうが）は，魚臭を抑えるのに役立つ。淡泊な白身魚は薄味で短時間加熱し，うま味やにおいの強い赤身魚は，味付けを濃くしてやや長く煮ると，煮熟香の生成が促進され不快なにおいがマスキングされる。

焼き魚[*]　高温加熱（200〜250℃）により，表面が焦げ，香気が生じてうま味が濃縮される。串や網を用いる直火焼きと，フライパンやオーブンを用いる間接焼きがある。鮮度のよい魚は塩焼きに，赤身魚やにおいの強い魚は照り焼きに向いている。直火焼きでは，1〜2％の振り塩をするか調味液に浸して身をしめ，遠火の強火の火加減で均一に加熱する。間接焼きのムニエルは，小麦粉の糊化した膜が，うま味や栄養成分の流出を防ぎ，油で焼くことにより焼き色が付き，香ばしくなる。　　　*第7章，p.67参照。

魚肉だんご（ねり製品）　魚肉に2〜3％の食塩を加えてよくすると，筋原線維たんぱく質が溶出してアクトミオシンとなり，粘りの強いすり身になる。これを加熱すると弾力のあるゲルを形成する性質を利用する。

いか肉　皮付きのいかを加熱すると，表皮側を内側にして体軸の方向に丸く

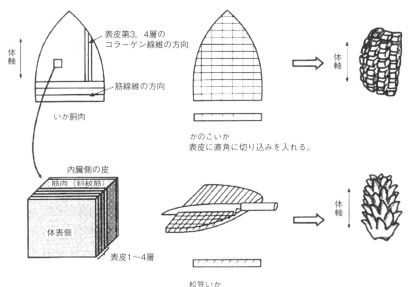

図 8.24　いか肉の切り込みの入れ方と加熱による変化

出所) 渡部終五編：水産利用化学の基礎，118，恒星社厚生閣（2010）

なる。これは，いかの表皮が 4 層からなり，筋肉に密着している第 3，4
層のコラーゲン線維が収縮するためである。皮をむいて第 1，2 層を除い
たいかの表皮側に切込みを入れて加熱すると，内臓側の皮が収縮して松笠
いか，かのこいかになり（図 8.24），噛み切りやすく，調味料もからみやす
くなる。

貝類　貝類は腐敗しやすいため，生きている貝を調理する。砂出しは，海水
濃度(3 %)の食塩水に浸して行う。貝類は水分含量が 80 〜 90 %と高く，
加熱により脱水して硬くなるため，加熱は短時間にとどめる。

8.2.3　卵　類

(1) 卵の構造および成分

鶏，がちょう，あひる，うずらなどの卵が食用とされているが，最も消費
量が多いのは鶏卵である。鶏卵は卵殻部(約 10 %)，卵白部(約 60 %)，卵黄部
(約 30 %)から構成される(図 8.25)。

1)　卵殻部

卵殻表面のクチクラは産卵時に分泌される粘液が乾燥したもので，微生物
の侵入を防ぐはたらきがあるが，市販の洗卵された鶏卵では消失している。
卵殻は炭酸カルシウムを主成分とし，その内側に繊維状のたんぱく質からな
る外卵殻膜と内卵殻膜がある。卵の鈍端では 2 つの卵殻膜の間に空気の入っ
た気室が形成されている。卵殻には気孔という小さな孔が多数あり，保存に

＊鶏卵の規格には 1 個の重量によ
って次の 6 種類があり，M また
は L サイズが多く市販されて
いる。
　M サイズ 60 g の鶏卵は，おお
よそ卵殻 6 g，卵白 36 g，卵黄
18 g となる。
　　LL：70 g 以上 76 g 未満
　　L：64 g 以上 70 g 未満
　　M：58 g 以上 64 g 未満
　　MS：52 g 以上 58 g 未満
　　S：46 g 以上 52 g 未満
　　SS：40 g 以上 46 g 未満
出所) 鶏卵規格取引要綱，鶏卵の
　　　取引規格，p.7，日本鶏卵協
　　　会（2000）

より気孔から水分が蒸発，空気が入るため気室が大きくなる。

2） 卵白部

卵白は外水様卵白，濃厚卵白，内水様卵白，カラザからなる。カラザは卵黄を卵の中心に固定するはたらきがある。新鮮卵では濃厚卵白が約 60 ％であるが，保存により濃厚卵白は水様卵白に変化する。また，新鮮卵の卵白は pH 7.5 程度であるが，保存により二酸化炭素が気孔から発散することで pH 9.5 程度まで上昇する[*1]。

卵白は約 90 ％が水分で約 10 ％がたんぱく質である。主要な卵白たんぱく質であるオボアルブミン（約 54 ％），オボトランスフェリン（約 12 ％），オボグロブリン（約 8 ％）は加熱によって変性し凝固するが，オボムコイド（約 11 ％）は熱安定性が高く変性しにくい。

3） 卵黄部

卵黄は卵黄膜，卵黄，胚盤からなる。卵黄を包む卵黄膜は保存により透過性が増し，卵白の水分が卵黄へ移行する。また，膜強度も低下するために鮮度の低下した卵は卵黄がくずれやすい。

卵黄の成分は水分約 50 ％，たんぱく質約 17 ％，脂質約 33 ％であり，脂質の約 65 ％が中性脂肪，約 31 ％がリン脂質，約 4 ％がコレステロールである。卵黄リン脂質の 70 ～ 80 ％がフォスファチジルコリン（レシチン）である。卵黄の脂質はたんぱく質と結合してリポたんぱく質[*2]を形成している。

（2） 卵の調理特性

1） 流動性・粘性

生卵は流動性，粘性をもつことから，卵かけご飯のように他の食品とからめて食べることができる。また，天ぷらの衣に溶き卵を加えることで具材に衣をからめやすくすることができ，ひき肉料理ではつなぎとして用いられる。

2） 熱凝固性・希釈性

卵白，卵黄ともに加熱によって凝固する。温度上昇に伴う変化は卵白と卵黄で異なる。卵白は 60 ℃前後で凝固が始まり，70 ℃で半流動性，80 ℃で流動性を失って完全に凝固する。卵黄の凝固開始温度は 65 ℃で卵白よりやや高いが，70 ℃では流動性を失い，75 ～ 80 ℃で凝固する。また，生卵はだし汁や牛乳を加えて希釈することができ，希釈後の卵液も加熱によって凝固する。熱凝固性と希釈性を利用したさまざまな卵料理があり，希釈割合や添加材料は凝固性に影響する（**表8.21**）。

ゆで加熱料理 殻つき卵を沸騰水中で 12 ～ 13 分程度加熱すると，卵黄，卵

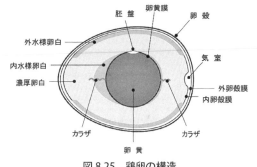

図 8.25 鶏卵の構造

*1 鶏卵の鮮度低下は，水分蒸発による卵重の低下や気室の拡大に伴う比重の低下，卵白 pH の上昇の他，卵黄高の低下を反映する卵黄係数（卵黄高(mm) ÷ 卵黄 の 直径(mm) × 100）やハウ・ユニット（HU）の低下にあらわれる。HU は濃厚卵白から水様卵白への変化を表す指標で，平板に割卵した濃厚卵白の高さ H（mm）と卵重 W（g）から，$HU = 100 \cdot \log(H - 1.7W^{0.37} + 7.6)$ の式で求められる。

*2 p.42 参照。

表 8.21　熱凝固性と希釈性を利用した主な卵料理

鶏卵の状態		加熱方法	料理名	希釈割合 卵液：希釈液	添加材料の影響
希釈なし	殻つき	ゆで加熱	固ゆで卵		ポーチドエッグのゆで水に食酢（3％）を添加して pH を低下させると，卵白たんぱく質の等電点に近づき，凝固が促進される。
			半熟卵		
			温泉卵		
	殻なし		ポーチドエッグ		
		揚げ加熱	揚げ卵		
		焼き加熱	目玉焼き		
希釈あり		焼き加熱	厚焼き卵	1：0.1 ～ 0.3	食塩を添加すると，ナトリウムにより硬いゲルになる。
			オムレツ		
			スクランブルエッグ		牛乳を添加すると，カルシウムにより硬いゲルになる。
		蒸し加熱	卵豆腐	1：1 ～ 1.5	
			カスタードプディング	1：2 ～ 3	砂糖を添加すると，なめらかなゲルになる。
			茶わん蒸し	1：3 ～ 4	

白ともに凝固した固ゆで卵となる。加熱時間を沸騰水中 5 ～ 6 分程度にすると卵白は凝固するが，卵黄は 80 ℃まで加熱されずに流動性をもった半熟卵となる。また，殻付き卵を 65 ～ 70 ℃で 30 分程度加熱すると卵黄は流動性を失うが，卵白は白濁するものの半流動性を保った状態の温泉卵となる。固ゆで卵の過加熱により卵黄表面が暗緑色になることがある。加熱により卵白たんぱく質から生じた硫化水素が卵黄の鉄と結合した硫化鉄によるものであり，保存により pH が上昇した卵白たんぱく質ほど硫化水素が生じやすい。

焼き加熱料理　溶き卵に 10 ～ 30 ％のだし汁や牛乳を加えた希釈割合の低い卵液は，焼き加熱する際の撹拌操作により，厚焼き卵，オムレツ，スクランブルエッグなど，さまざまな形状に凝固させることができる。

蒸し加熱料理　溶き卵を 2 倍以上に希釈した卵液は，型や器に入れて蒸し加熱し，凝固させる。溶き卵を同量のだし汁で希釈した卵液を加熱凝固させた卵豆腐は，硬いゲルとなり型から出しても形を保っているが，希釈倍率 3 ～ 4 倍の卵液を加熱凝固させる茶わん蒸しは，やわらかくなめらかなゲルとなり，器から出すことはできない。溶き卵を 2 ～ 3 倍の牛乳で希釈するカスタードプディングは牛乳中のカルシウムによって凝固が促進され，型から出しても形を保っており，砂糖のはたらきによりなめらかな食感となる。卵液の加熱凝固ゲルの水分が蒸発し気泡となった状態を「すだち」といい，見た目や食感が悪くなる。卵液の急激な温度上昇や過加熱が原因であるため，希釈に用いるだし汁や牛乳を 60 ℃程度に温めて用いたり，ふたをずらして蒸し器内の温度を 85 ～ 90 ℃に保つようにする。また，沸騰させた蒸し器内で 3 ～ 5 分間加熱した後，消火して余熱で 5 分間程度加熱する方法もある。

3) 起泡性

卵白，卵黄ともに撹拌すると泡沫を形成する。これはたんぱく質の変性に伴うものであり，特に卵白たんぱく質の起泡性が高い。

卵液の粘性は起泡性ならびに起泡安定性に影響し，粘性が高いと起泡性は低下するが泡沫安定性は高くなる。よって粘性の高い濃厚卵白の多い新鮮卵は泡立てにくいが，泡の安定性は高い。砂糖を添加すると卵白の粘性が高まり，泡立てにくいが泡沫安定性は高まるため，砂糖はある程度泡立ててから添加する。

卵白のpHも起泡性に影響する。卵白にレモン汁を添加してpHを低下させると，卵白たんぱく質の等電点pH 4.8～4.9に近づき，泡立ちやすくなる。卵白に少量の卵黄や油脂が混入すると起泡性が低下するため，泡立てに使用する器具はよく洗浄したものを用いる。卵の起泡性は**スポンジケーキ**[*1]などの小麦粉の膨化調理やムースなどのデザートに利用されている。

4) 乳化性[*2]

卵白，卵黄ともに乳化性をもつが，卵黄のリポたんぱく質（LDL）の乳化性が高い。卵黄の乳化性を利用した調理がマヨネーズソースである。卵黄を少量の食酢で希釈し，撹拌しながらサラダ油を加えると，水中油滴型のエマルションを形成してサラダ油が分散し，粘性のあるマヨネーズソースとなる。

8.2.4 乳・乳製品

（1）乳・乳製品の種類と成分および構造

乳・乳製品は，さまざまな料理や飲料として利用されている。乳を原料としてクリーム，チーズ，バター，ヨーグルトなどの加工品が作られている。

1) 構　造

牛乳は，水中油滴型エマルションである。主要たんぱく質カゼインとリン酸カルシウムで形成されたミセル（粒径0.03～0.6 μmのコロイド粒子）と，均質化処理により微細化された脂肪球（直径1 μm以下）が水中に分散している。これらの粒子による光散乱のため，牛乳は白色を呈する。牛乳を遠心分離して得られるクリームも水中油滴型エマルションであり，クリームを激しく撹拌して練圧したバターは，相転換して油中水滴型エマルションになる。

2) 成　分

牛乳および主要乳製品の成分を**表8.22**に示した。牛乳は約87％が水分であり，たんぱく質3％，脂質3％，炭水化物5％，灰分0.7％を含む。たんぱく質の約80％がカゼイン，約20％が乳清たんぱく質である。カゼインは熱に安定であるが，酸（等電点のpH 4.6）や凝乳酵素（キモシン）の作用で沈殿して凝固物（カード）を形成する。この性質を利用してヨーグルトや**チーズ**[*3]が

*1　スポンジケーキ　作り方には，卵白と卵黄を別に泡立てる別立て法と，全卵を泡立てる共立て法がある。共立て法は別立て法に比べて泡立てにくいが泡沫安定性が高い。卵液を湯せんで30～40℃に温めると粘性が低下して泡立てやすくなる。

*2　p.112参照

*3　チーズの種類と製造方法
チーズはナチュラルチーズとプロセスチーズに分けられる。
　ナチュラルチーズは，乳（牛，水牛，山羊，羊等）に凝乳酵素を作用させ，得られた凝固物（カード）から水分の一部を除いて固形状にしたもので，多くの場合は細菌やカビを増殖させる。熟成により独特の風味やテクスチャーが生まれる（例：カマンベールチーズ，ゴルゴンゾーラチーズ，ゴーダチーズ，エメンタールチーズなど）。
　熟成させないナチュラルチーズ（フレッシュチーズ）には，カッテージチーズやモッツァレラチーズなどがある。
　プロセスチーズは，ナチュラルチーズを粉砕，加熱溶融して乳化し，成型したものである。加熱により殺菌され熟成が止まるので，保存性が良く品質変化も起こりにくい。

表 8.22　牛乳・乳製品の主要成分

（可食部 100g あたり）

		エネルギー [kcal]	たんぱく質 [g]	脂質 [g]	炭水化物 [g]	灰分 [g]	水分 [g]	カルシウム [mg]
普通牛乳		61	3.3	3.8	4.8	0.7	87.4	110
クリーム類	乳脂肪	404	1.9	43.0	6.5	0.4	48.2	49
	植物性脂肪	353	1.3	39.5	3.3	0.4	55.5	50
有塩バター（無発酵）		700	0.6	81.0	0.2	2.0	16.2	15
プロセスチーズ		313	22.7	26.0	1.3	5.0	45.0	630
ヨーグルト（全脂無糖）		56	3.6	3.0	4.9	0.8	87.7	120

出所）文部科学省：日本食品標準成分表 2020 年版（八訂）を基に作成

作られる。酸で沈殿しない乳清たんぱく質には，ラクトグロブリンやラクトアルブミン，ラクトフェリンなどが含まれ，65 ℃付近で凝固する。脂質の脂肪酸は不飽和脂肪酸が約 30 ％と少なく，炭素数 12 以下の短鎖および中鎖脂肪酸の量が多い（14 ％）。炭水化物の 99 ％以上が乳糖で，スクロースの 1/6 程度の穏やかな甘みを呈する。無機質はカルシウム，カリウム，リンが多く含まれ，カルシウムは吸収率が高いことが特徴である。

(2) 乳・乳製品の調理特性

牛　乳

牛乳は，料理の仕上がりの色（白く仕上げる，焼き色をつける），香り（生臭みを除く），テクスチャー（なめらかさの付与）に好ましい影響を与える（**表 8.23**）。また，牛乳により，たんぱく質ゲル強度は増加し，じゃがいもの軟化は抑制される。一方，加熱による皮膜形成や風味変化，酸を含む食品による凝固といった好ましくない変化も起こるため，調理時には注意や工夫が必要になる。

クリーム*1

牛乳を遠心分離して得られるクリームのうち，脂肪含有量が 35 〜 50%の

*1　クリーム　市販されているクリーム類には，乳脂肪のみのもの，植物性脂肪のみのもの，両者を混合したものの 3 種類がある。

*2　ブラマンジェ（Blanc-manger は「白い食べ物」という意味）砂糖を加えた牛乳をコーンスターチまたはゼラチンで固めたアーモンド風味の冷菓。

表 8.23　牛乳の調理特性と調理の注意・工夫点

	調理特性	調理例と調理時の注意・工夫点
白色の付与	カゼイン粒子や脂肪球の光散乱による。	ブラマンジェ*2，奶乳豆腐，ホワイトソース
焼き色の付与	高温加熱により，乳糖とアミノ酸によるアミノカルボニル反応が起こり，褐色物質（メラノイジン）を生成し，ストレッカー分解により香気を生成する。	グラタン，ホットケーキ，クッキー
脱臭効果（生臭み除去）	脂肪球やカゼイン粒子の吸着作用による。	魚のムニエル，レバー類の下処理
なめらかな食感の付与	脂質がエマルションで存在するため。	スープ，シチュー，クリーム煮
たんぱく質ゲル強度増加	カルシウム（Ca^{2+}）やその他の塩類の作用による。	カスタードプディング（p.104 参照）
じゃがいもの軟化抑制	カルシウム（Ca^{2+}）によるペクチンの溶出抑制作用による。	クリーム煮（p.84, 106 参照）
加熱による ・皮膜形成 　（ラムスデン現象） ・風味変化	乳清たんぱく質は 60 ℃で変性し，65 ℃付近で皮膜を作り脂肪球を取り込んで浮く。70 ℃以上で加熱臭を生じる。	ホワイトソース，スープ　注意・工夫点：加熱調理では過加熱を避け，加熱中の撹拌や少量のバター添加により皮膜形成を抑制する。
酸凝固	有機酸によりカゼインが凝集し，なめらかな仕上りにならない。	チンゲンサイのクリーム煮，クラムチャウダー　注意・工夫点：有機酸を含む野菜は予め加熱して酸を揮発させる。ホワイトソースにして材料と牛乳を直接作用させない。

| 乳化した状態の
脂肪球 | 凝集し始めた
脂肪球 | 網目構造を作った
脂肪球 |

図8.26　生クリームの泡立て操作

出所）河田昌子：お菓子「こつ」の科学，121．柴田書店（1987）一部改変

ものはホイップ用に適しており，脂肪含有量 20 ％前後のものはコーヒーや紅茶用に適している。前者は，撹拌すると空気を抱き込み，撹拌を続けると気泡の周りの脂肪球が凝集して網目状の構造を作り(図8.26)，可塑性をもつようになるので，洋菓子のデコレーションなどに用いられる。可塑性とは，外部から加えられた力により変形する性質である。泡立ての度合いは，**オーバーラン**[*1]で判定する。オーバーラン100 は，体積が 2 倍に増加した状態を示す。低温で，ある程度泡立ててから砂糖を加えると，オーバーランが大きくなり泡立てクリームの安定性が高くなる。

*1　オーバーラン
　（%）= $(y-x)/x \times 100$
　x：泡立て前の体積
　y：泡立て後の体積

バター

　バターは，発酵バターと非発酵バター，有塩バターと無塩バターに分けられ，日本では非発酵の有塩バターが多用される。バターは温度により硬さが変わり，軟らかくしたバターは可塑性が高くなる。これを撹拌したときに空気を抱き込む性質をクリーミング性[*2]と呼び，バターケーキの膨化やバタークリームに応用される。また，グルテン形成を阻害し，クッキーやビスケットの食感をもろく砕けやすくする性質(ショートニング性)がある。

*2　可塑性，クリーミング性，
　ショートニング性については
　p.112 参照。

8.3　成分抽出素材

8.3.1　でんぷん

(1) でんぷんの種類と成分および構造

　でんぷんは植物の貯蔵器官である根・茎・種子などに蓄えられている貯蔵多糖類である。でんぷんは粒子で存在し，沈殿しやすい性質を利用して穀類やいも類などから抽出分離される成分抽出素材の代表的なものである。食品として利用されているものは，とうもろこしでんぷん[*3](とうもろこし)，小麦でんぷん(小麦)，米でんぷん(米)，緑豆でんぷん(緑豆)，じゃがいもでんぷん(じゃがいも)，さつまいもでんぷん(さつまいも)，キャッサバでんぷん(キャッサバ)，くずでんぷん，(くずの宿根)，かたくり粉(かたくりの根茎)，わらび粉(わらびの根茎)，サゴでんぷん(サゴヤシの樹幹)などがある。でんぷんを加工した食品としては，はるさめ，くずきり，タピオカパールなどがある。**表8.24** に各種

*3　とうもろこしでんぷん　コ
　ーンスターチともいう。

表 8.24 各種でんぷんの特性と主な使途

種類	分類	種実（地上）でんぷん			根茎（地下）でんぷん		
		穀類			いも類		
	原料	とうもろこし	小麦粉	うるち米	じゃがいも	さつまいも	キャッサバ
	でんぷん	とうもろこしでんぷん	小麦でんぷん	米でんぷん	じゃがいもでんぷん	さつまいもでんぷん	キャッサバでんぷん
形状	粒形	多面形	比較的球形	多面形	卵形	球形・楕円形	球形
	平均粒径（μm）	16	20	5	50	18	17
成分	アミロース含量（%）	25	30	17	25	19	17
物性	糊化温度（℃）*6%糊	86.2	87.3	67.0	64.5	72.5	69.6
	ゲルの状態	もろく硬い	もろく軟らかい	もろく硬い	強い粘着性	強い粘着性	強い粘着性
	透明度	不透明	やや不透明	やや不透明	透明	透明	透明
おもな使途		糖化原料	練り製品，菓子	打ち粉	透明	わらび餅	タピオカパール
備考・他の使途			医薬，繊維工業	化粧品，工業用	かたくり粉として広く利用	わらび粉として利用されること有	

出所）渋井祥子ほか編：ネオエスカ　調理学（第2版），142，同文書院（2012）；久木久美子ほか：調理学，127，化学同人（2016）より作成

でんぷんの特性と主な使途について示す。

（2）でんぷんの調理特性

　調理材料としてでんぷんを使用する場合，粉末のままと糊化させて利用する[*1]場合がある。糊化したでんぷんを放置すると，水が放出され白濁し生でんぷんに似た構造となる。これをでんぷんの老化[*2]と言い，一般的に好まれない品質となることが多い。でんぷんの老化は，でんぷん濃度が低い，低温（0～5℃）での保存，水分含量が30～60％，アミロース含量が多い場合などで起こりやすい。でんぷんには，次のような調理特性がある。

1）吸水性，粘着性（つなぎ）

　粉末としてのでんぷんは，水に不溶であり吸湿性もあることから，から揚げや竜田揚げのように，水気が多く表面が軟らかい食品を揚げる場合，でんぷんをまぶすことで表面の水分を吸収しうま味成分の損失を防ぐことができる。食品のつなぎとしては，肉団子やかまぼこなどに使われる。また，もち（餅）の打ち粉としてつかわれるのは食品同士の付着防止のためである。

2）粘稠性（ねんちゅう）

　低い濃度で糊化したでんぷん糊液は粘稠性があり，料理に流動性のあるゾル状のとろみをつけることができる。汁物に薄い濃度でとろみをつけると口当たりがなめらかになり，保温作用が高まる。また，あんかけや炒め物では糊化されたでんぷんの粘性により，調味料や具の分散がよくなり，全体に味をからめることができる。かきたま汁をつくる場合，でんぷんを糊化させてとろみをつけた汁に卵液を流し込むことで，具が沈まず分散した美しい汁ができる。

*1　糊化については，第5章 p.49参照。でんぷんを糊化させて使用する場合，全体が一様に糊化することが望まれるため，でんぷんに水を加えて加熱前によく撹拌し，ムラのない状態で使用する。

*2　糊化でんぷんを80℃以上の高温，または0℃以下で急速に乾燥させると，老化を防止することができる。これを利用した加工品としてせんべいなどがある。

3）ゲル化性（粘弾性）

高い濃度で糊化したでんぷん糊液を冷却すると一定の形を保つゲルを形成する。このゲル化を利用した料理に，くずまんじゅうやブラマンジェ[*1]，ごま豆腐[*2]などがある。

4）添加する食品の影響

でんぷん糊液の粘度やゲルのかたさは，添加する調味料や食品により次のような影響を受ける。

砂糖　でんぷん糊液の粘度や透明度が増加する。ゲルの離水を防ぎ老化しにくくするが，多量の砂糖添加ではでんぷんの糊化に必要な水分が不足するため糊化が妨げられ粘度が低下する。

食塩　じゃがいもでんぷんの糊化を抑制して粘度を低下させる。小麦でんぷんの場合には粘度が増す。でんぷん糊液が食塩から受ける影響はでんぷんの種類により異なる。

食酢　pH 3.5 以下になると酸により加水分解が起こり，アミロースやアミロペクチンが分解され，じゃがいもでんぷん糊液の粘度が低下する。したがって，食酢や果汁を加える場合には，でんぷんが糊化した後に添加するなどの工夫が必要である。

油脂　でんぷん粒が水と接触するのを妨げるため，でんぷんの膨潤糊化を抑制し，糊化開始温度を高める。また加熱撹拌による**ブレークダウン**[*3]が阻止されるために安定した粘度がえられる。このことから，じゃがいもでんぷん糊液では粘度が高くなり，溜菜[*4]（リュウツァイ）のように油が共存する調理では粘度低下が抑制される。

牛乳　じゃがいもでんぷんやとうもろこしでんぷんは軟らかい糊液になる。またじゃがいもでんぷんでは，糊化開始温度が高くなる。

5）化（加）工でんぷん

化（加）工でんぷんは，一般に天然でんぷんを利用目的に合うように，化学的，物理的，酵素的に処理を行ったものである。そのひとつである α 化でんぷんは，でんぷんと水を加熱して糊化させ，急速に脱水・乾燥させて粉末状にしたものである。冷水にもよく溶けて糊状となることから，加熱処理なしでとろみをつけることができ，応用範囲の広いでんぷんである。

6）デキストリン

デキストリンは，でんぷんに水を加えずに加熱（120～180℃）した際に生成されるでんぷん分子が切断されたものである。でんぷんの加水分解生成物であるデキストリンは可溶性であるが，でんぷんが低分子化されているため粘度は低下する。調理への応用例としては，バターと小麦粉を加熱撹拌して作るルウがある。でんぷんの加水分解の程度を表す指標として **DE 値**[*5]（Dextrose

*1　ブラマンジェ　p.106 参照

*2　ごま豆腐　精進料理の１つ。おもにくずでんぷんが使われる。高濃度のでんぷん液にすりごまを加え，火にかけてよく練り，型に流し入れて冷やし固めたゲル。割りじょうゆやわさびを添える。ごま豆腐がもつ特有の粘着力ある滑らかな舌触りを出すためには，よく練ることが大切となる。

*3　ブレークダウン　でんぷん懸濁液を加熱するとでんぷん粒が膨潤し，糊化開始温度で粘度上昇が始まり，その粘度ピークは最高粘度といわれる。さらに加熱を続けるとでんぷん粒の崩壊が起こり，糊化液の粘度が低下する。この現象をブレークダウンという。ブレークダウンの程度は，加熱温度や水分，でんぷん粒の大きさや粘性などで変化する。

*4　溜菜　あんかけ料理のこと。炒める，揚げる，蒸す，煮込むなどの料理の最後の仕上げに，でんぷんを加えて煮汁をからめたり，あんをつくってかけることで，料理につやを与え，煮汁の無駄もなく，料理を冷めにくくする。

*5　DE 値　DE 値が100 に近いほどグルコースの状態に近く，DE 値が0 に近いほど加水分解が進んでいないでんぷんの状態に近い。DE 値20 以上を水あめ，DE 値20 以下をマルトデキストリンとしている。水あめは古くから利用されてきた甘味料であり，粉末化したものが粉あめである。

Equivalent)が国際的に利用されている。

8.3.2　油脂類

(1) 油脂類の種類と成分

　食用油脂は，常温で液状の油(oil)と固体の脂(fat)があり，天然の動物や植物から抽出・精製されて用いられる。さらに，原料油脂に水素添加やエステル化などの加工を行った加工油脂もある。食用油脂の種類を表8.25に示す。天然油脂の多くは3つの脂肪酸とグリセロールがエステル結合したトリグリセリド(中性脂肪)からなる。それぞれの油脂を構成する脂肪酸組成が異なることから，その違いが油脂の性状に大きく関係している。一般に二重結合をもつ不飽和脂肪酸が多いものは液体に，二重結合をもたない飽和脂肪酸が多いものは固体になりやすい。しかし，やし油やパーム油は植物性であるが飽和脂肪酸が多く常温で固体，魚油は不飽和脂肪酸が多く常温で液体である。油脂の脂肪酸組成を表8.26に示した。

表8.25　食用油脂の種類

分類	種類	用いられる油脂
動物油脂	動物油（魚油）	いわし油，まぐろ油
	動物脂（獣鳥類）	ラード（豚脂），ヘット（牛脂），鶏油（脂），乳脂肪，バター，羊脂
植物油脂	植物油	大豆油，とうもろこし油，オリーブ油，ごま油，なたね油，らっかせい油 サフラワー（紅花）油，ひまわり油，米ぬか油，綿実油，小麦胚芽油
	植物脂	やし油，パーム油，カカオ脂
加工油脂	植物性（脂）	ショートニング，マーガリン，カカオ脂代用脂
	植物性（油）	MCT（中鎖脂肪酸トリグリセリド），保健機能食用油

出所）中嶋加代子編：調理学の基本（第4版），103，同文書院（2019）一部改変

表8.26　おもな油脂の脂肪酸組成（脂肪酸総量100g当たりの各脂肪酸の割合）

油脂	飽和脂肪酸（%）			不飽和脂肪酸（%）		
	ミリスチン酸（14：0）	パルミチン酸（16：0）	ステアリン酸（18：0）	オレイン酸（18：1）	リノール酸（18：2）	リノレン酸（18：3）
オリーブ油	0	10.4	3.1	77.2	7.0	0.6
ごま油	0	9.4	5.8	39.4	43.7	0.3
大豆油	0.1	10.7	4.3	23.7	53.9	6.6
とうもろこし油	0	10.8	2.1	30.2	55.1	0.8
なたね油	0.1	4.3	2.0	62.2	20.4	8.0
パーム油	1.2	44.1	4.4	38.7	9.7	0.2
やし油	17.4	9.2	2.8	7.1	1.6	0
牛脂	2.5	25.6	15.6	45.7	3.7	0.2
ラード	1.7	24.8	14.0	43.2	9.6	0.5
バター（無発酵・有塩）	11.8	31.2	10.8	22.7	2.4	0.4
マーガリン（家庭用）	2.3	14.6	6.4	51.8	15.9	1.6
ショートニング（家庭用）	2.0	33.2	8.8	37.5	11.8	1.1

出所）文部科学省：日本食品標準成分表2020年版（八訂）脂肪酸組成表編

油脂のエネルギーは約 9 kcal/g と炭水化物やたんぱく質(約 4 kcal/g)に比べて高く，効率的なエネルギー源であり，食物から摂取する必要のある体内で合成されない必須脂肪酸の給源としても重要である。また，n-6 系(リノール酸，アラキドン酸)や n-3 系(α-リノレン酸，IPA，DHA)の多価不飽和脂肪酸による疾病予防の効果が明らかにされてきていることから，その摂取バランスも重要である。

(2) 油脂類の調理特性

1) 油脂味の付与

揚げ物，炒め物，焼き物など油脂を調理に利用することにより，高温で加熱することができ，食品に特有のまろやかな風味となめらかな食感を与える。バターやオリーブ油，ごま油などは特有の芳香をもち，料理に特徴的な香りを与える。油に香辛料を漬け込むことで，香味を付加した油となり，これをドレッシングなどに利用することができる。

2) 高温調理の熱媒体

油脂の比熱は水の約 1/2 であり(p.68 参照)，同じ火力で熱すると水の 2 倍の速さで速度が上昇することから，短時間で高温になる。また，油脂を熱媒体とすることで 100 ℃以上での加熱が可能となる。天ぷらやフライなどの揚げ物は 160 〜 190 ℃の油中で全面から急速に加熱されるため，短時間で加熱できる。

3) 疎水性

油脂は水となじみにくいという疎水性があることから，ゆでたパスタに油をからめることでパスタどうしの付着を防止したり，サンドイッチのパンにバターやマーガリンをぬることで，材料から出る水分がパンにしみこむことを防ぐことができる。また，ケーキ型，プリン型，焼き網，天板，フライパンなどの容器や調理器具に油をぬることで，食品と容器類との付着を防ぐこともできる。

4) 可塑性

固形油脂は，外から加えられた力でも変形し，そのままの形を保つことができ，かつ自由に形を変えることもできる。この性質を可塑性という。バターの可塑性を生かして，小麦粉生地の中に油脂を織り込み，折り込みパイやクロワッサン，デニッシュなどがつくられる。

5) クリーミング性

バター，マーガリン，ラードなどの油脂を撹拌すると細かい空気の泡を取り込み，なめらかなクリーム状になる。このような性質をクリーミング性という。抱き込んだ気泡により容積が増すだけではなく，軽い口当たりになるなど食味やテクスチャーに影響を与える。バターケーキ，アイスクリーム，

ホイップクリームなどはこの性質を利用してつくられる。

6）　ショートニング性

　小麦粉生地に練りこんだ油脂は，製品にサクサクとしたもろさや砕けやすい特性（ショートネス）を与える。この性質をショートニング性という。疎水性のある油脂が小麦粉中のでんぷんやたんぱく質に付着して防水し，でんぷんの糊化やグルテンの網目形成を妨げることで小麦粉生地の粘性が弱まるためである。クッキーやクラッカー，パイなどのサクサクとした食感はこの性質を利用している。

7）　乳化性

　酢と油を混ぜてつくるフレンチドレッシングは，合わせて静置すると水の層と油の層に分離してしまう。このように水と油は本来混じり合わないものであるが，乳化剤が存在することで水滴または油滴となって混じり合った状態（エマルション）をつくることができる。これを乳化という。乳化剤は，その分子内に水に溶ける親水基と油に溶ける親油基があり，その親水性と親油性が適当なバランスをもち，水と油の界面に吸着されてその界面張力を低下させて分散を助けている。

　バターやマーガリンは油相の中に水滴が分散している油中水滴型（W/O）エマルションであり，マヨネーズや牛乳，生クリームは水相の中に油滴が微粒子として分散している状態の水中油滴型（O/W）エマルションである。図 8.27 にエマルション（乳濁液）の模式図を示す。マヨネーズは卵黄を乳化剤として，食酢（水）と油の O/W 型エマルションに食塩，香辛料を加えて味を調製したものである。**多相エマルション**として，W/O/W 型，O/W/O 型がある。

＊多相エマルション　エマルションの分散相中に，さらに別の相が分散した多層構造を有するエマルション。W/O 型エマルションが液滴として水に分散した W/O/W 型，油相中に O/W 型が分散した O/W/O 型がある。W/O 型，O/W 型にはない性質や特性が期待されている。

（3）　油脂の劣化

　油脂は加熱調理や直射日光，長期保存などにより酸化されやすく，酸

親水基
親油基
【乳化剤】

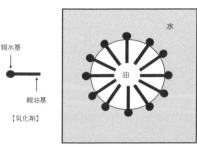
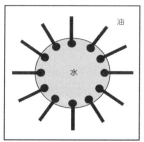

水中油滴型（O/W型）　　　油中水滴型（W/O型）
図 8.27　エマルション（乳濁液）の模式図
出所）中嶋加代子編・調理学の基本（第四版），105，同文書院（2019）を基に作成

化された油脂は粘性や泡立ちが増加し油切れの悪さにつながり，着色，不快な臭いや不味を引き起こす。酸化は温度が高いと速く進み，光や金属によっても促進される。酸化は二重結合の隣接位置で起こりやすいことから二重結合の多い不飽和脂肪酸は劣化しやすい。

空気中の酸素により酸化された不飽和脂肪酸は過酸化物を生成するが，この酸化は自動的に反応が進行するため自動酸化とよばれる。また，加熱による酸化は熱酸化とよばれ，過酸化物の生成後ただちに重合や分解が起こり油脂が劣化する。酸化を防ぐためには，過剰な加熱を避け，保存の際には冷暗所にて遮光できる容器を用いて空気との接触をできるだけ避けることが大切である。また酸化防止剤としてビタミンEが用いられている油脂製品もある。

8.3.3　ゲル化剤

ゲル化剤は液体に添加することにより**コロイド**[*1]として分散し，食品の粘度を高めたり，固めたりすることに利用される。ゲルは弱い非共有結合により三次元の網目構造を形成し，水分を包含している。これを加熱すると結合が切れ，再びゾルに戻る熱可逆性を示す。ゲル化剤の種類によりゲルの調製法やその特徴が異なるため，目的に応じて使い分ける（表 8.27）。

（1）寒天の調理特性

寒天は，紅藻類のてんぐさ，おごのりなどを原料として熱水抽出された多糖類である。主成分はアガロース（70 %）とアガロペクチン（30 %）であり，食物繊維としての生理作用を有し，低エネルギー食品として知られている。

1）膨潤・溶解

主に市販されるのは粉寒天で，膨潤させずに 90 ℃以上で溶解させることができる。糸・棒寒天は水に浸漬させて膨潤させてから使用する。使用濃度は棒寒天で 0.5 ～ 1.5 %で，ゲル強度は，棒寒天に対して，糸寒天では 0.8 ～ 0.9 %，粉寒天では 0.5 %の割合で同程度となる。

2）凝固・融解[*2]

凝固温度は約 40 ℃であり室温でも凝固するが，寒天の種類や濃度，添加する調味料などにより影響を受ける。再度 80 ℃以上に加熱すると融解する。寒天ゲルを放置するとゲルの網目構造が徐々に収縮し，離水（離漿）が起こる。

3）添加物の影響

砂糖の添加量が増えると寒天ゲルは凝固しやすく融解しにくくなる。また，ゲルは硬くなり，透明度も増し，離漿量も減る。酸を加えて寒天を加熱すると軟らかいゲルとなり，pH 3 以下になるとゲルは形成されにくくなる。果汁かんを作る場合には，寒天溶液の温度が 60 ℃以下になってから果汁を加えると，ゲル強度の低下を防ぎ，果汁の風味が生かされる。牛乳かんでは牛

*1　コロイド　直径 1 ～ 100nm の小さな粒子のことであり，コロイド粒子は溶液の中で浮遊し，安定した分散状態を示す。一般的に食品は多くの成分から成り立っているコロイドである。流動性のあるコロイドを「ゾル」と言い，多量の溶液を包含した状態で流動性を失い固体のような状態のものを「ゲル」という。

*2　コロイド食品のゲル形成
寒天：比重が軽い起泡卵白を加えるあわ雪かんや，比重の重いあんを混ぜる水ようかんは，凝固温度付近で寒天液と合わせて型に流し入れ，急冷することで均一に凝固させることができる。
ゼラチン：ババロアを作る場合，ゼラチン溶液（牛乳・卵・砂糖を配合）よりも比重が軽い起泡クリームを均一に分散し固めなくてはならない。ゼラチン溶液の粘稠性が増す 25 ℃付近まで冷却してから，起泡クリームを加えて型に流して冷やすと分離しない。

表 8.27　主なゲル化剤の種類と調理特性

	動物性	植物性			
	ゼラチン	寒天	カラギーナン（κ, ι, λ）	ペクチン	
				HM ペクチン	LM ペクチン
原料	牛，豚などの骨や皮	てんぐさ，おごのりなどの紅藻類	すぎのり，つのまたなどの紅藻類	かんきつ類などの果実や野菜	
主成分	たんぱく質（誘導たんぱく質）	多糖類アガロース（70 %），アガロペクチン（30 %）	多糖類（ガラクトース）	多糖類（ガラクチュロン酸，ガラクチュロン酸メチルエステル）	
製品の形状	板状，粉状，顆粒状	棒状，糸状，粉状	粉状	粉状	
溶解の下準備	吸水膨潤※顆粒状は吸水の必要なし	吸水膨潤※粉状は膨潤させずに使用可	砂糖とよく混合しておく	砂糖とよく混合しておく	
溶解温度	40 〜 50 ℃	90 ℃以上	90 ℃以上	90 ℃以上	
適した濃度	2 〜 4 %	0.5 〜 1.5 %	0.3 〜 1.0 %	0.3 〜 1.0 %	
凝固温度	要冷蔵	常温で固まる	常温で固まる	常温で固まる	
その他（凝固の条件）	たんぱく質分解酵素を含まないもの，あるいは酵素を失活したもの。	酸の強いものを添加後再加熱しない。混合時の温度は60℃にする。	種類によっては，カリウム，カルシウムイオン	糖濃度65度以上，pH3.5以下	カルシウム，マグネシウムイオン（1.5 〜 3.0 %）
融解温度	25 ℃以上	70 ℃以上	60 ℃以上	60 〜 80 ℃	30 〜 40 ℃
ゲルの物性（口当り）	軟らかく独特の粘りをもつ。口の中で溶ける。	粘りがなく，かたく，もろいゲル。ツルンとした喉ごしをもつ。	やや軟らかく，やや粘弾性をもつゲル	かなり弾力のあるゲル	やや軟らかいゲル
保水性	高い	離水しやすい	やや離水する	最適条件から外れると離水する	
熱安定性	弱い（夏期には崩れやすい）	室温では安定	室温では安定	室温では安定	
冷凍耐性	冷凍できない	冷凍できない	冷凍保存できる	冷凍保存できる	
消化吸収	消化吸収される	消化されない	消化されない	消化されない	
栄養価	約 3.5 kcal/gトリプトファンを含まないためアミノ酸価はゼロ	ほとんどなし	なし	なし	

出所）吉田惠子，綾部園子編著：新版 調理学，241，理工図書（2020）に一部加筆

乳の脂肪，たんぱく質によりゲルが軟らかく仕上がる。

（2）ゼラチンの調理特性

熱水中で動物の皮や骨などに含まれるコラーゲンを変性させることにより，可溶化させた誘導たんぱく質がゼラチンである。

1）膨潤・溶解

使用濃度は寒天より多く 2 〜 4 %である。板，粒状ゼラチンは 10 倍程度の水を加えて予め膨潤させ 40 〜 50 ℃で溶解する。これ以上の温度で加熱し続けると，ゼラチンが低分子化してゲル形成力が失われるため，湯せんや加熱後の余熱を利用して溶解させる。市販品として流通量の多い顆粒ゼラチンは，予備浸漬（吸水）不要で，60 ℃の湯に直接振り入れ溶解させることができる。

2) 凝固・融解

ゼラチンは 10 ℃以下に冷却すると凝固する。冷却時間が長く，冷却温度が低いほどゲル強度は高くなる。ゼラチンゼリーの融解温度は約 25 ℃であるので口中で容易に溶けるが，食べる直前まで冷蔵する必要がある。

3) 添加物の影響

砂糖の添加は，ゲルの凝固温度，硬さ・弾力性を高め，融解しにくくなる。酸の添加によりゼラチンの等電点(pH 4.7)付近になると，硬いゲルとなるが，等電点から離れるとゲル強度は低下する。また，たんぱく質分解酵素を含む果物や果汁を生のまま加えると，ゼラチン分子が加水分解してゲルは形成されない。予め果汁を加熱して酵素を失活させるか，缶詰を用いるとよい。

(3) その他のゲル化剤*

*ペクチンゲルについては，p.91 を参照。

1) カラギーナン

すぎのり，つのまたなどの紅藻類から熱水抽出される多糖類で，ガラクトースを主成分とするガラクタンの一種である。カラギーナンは κ-，ι-，λ- の 3 種に区別され，κ-，ι- はゲル化剤，λ- は増粘剤として加工食品に利用されている。カラギーナンゲルは寒天に比べて透明で離漿が少なく，融解温度も低いので口当たりがなめらかである。

2) グルコマンナン

こんにゃくいもに含まれる難消化性多糖類のグルコマンナンは，アルカリ性塩類(水酸化カルシウム)を添加して加熱すると凝固する。寒天，ゼラチン，カラギーナンと異なり熱不可逆性ゲルであり，耐熱性があるので煮物などに用いられる。さまざまな形状や色のこんにゃくとして市販されるほか，他のゲル化剤と混合し，ゼリーや飲料に利用されている。

8.3.4　その他の成分抽出素材

(1) 大豆たんぱく質

大豆油を抽出した後の脱脂大豆を原料として製造され，形状は粉末，粒，繊維状がある。たんぱく質含量の多い粉末状の分離大豆たんぱく質は，ゲル化性を生かして，ハムやソーセージなどの食感の改善に利用される。その他，乳化性，粘稠性，親油性，保水性を利用して幅広い加工品に添加される。近年では大豆ミート(代替肉)の素材として利用されるほか，加工食品の健康機能性向上を目的に添加される場合もある。

(2) 小麦たんぱく質

小麦粉より分離したグルテン製品である小麦たんぱく質には，粉末，粒・ペースト状がある。これらは製パン時の膨化性を高め老化を抑制し，製めんにおいては食感改良剤となる。水産，畜産ねり製品の弾力性・保水性を高め

るためにも添加される。また，伝統食品である生麩・焼き麩・飾り麩の製造
に利用されている。

(3) 乳清（ホエー）たんぱく質

　乳清たんぱく質は，チーズ製造の副産物である乳清(ホエー)から製造される。
アミノ酸組成が良好であり，生理機能性成分を豊富に含むことから乳児用粉
ミルク，たんぱく質強化飲料の原料として用いられている。風味や物性の改
良剤の他，加熱ゲル化性を製品に付与するなど，多様な目的で加工食品に添
加される。

8.4 嗜好飲料

8.4.1 茶

　生の茶葉に含まれる酸化酵素による発酵の程度により，不発酵茶の緑茶，
半発酵茶のウーロン茶，発酵茶の紅茶に分類される。茶にはカテキン，タン
ニン(渋味)，カフェイン(苦味)，テアニン(うま味)が含まれている。

(1) 緑茶

　玉露は湯温を 50 〜 60 ℃の低温にし，タンニンの浸出を抑えながらテア
ニンなどのうま味成分を浸出させる。煎茶は 75 〜 80 ℃の湯を用いるが，香
りを引き出す場合には高め，甘味やうま味を引き出すにはやや低めの湯温に
する。番茶は香りを楽しむために熱湯で抽出する。抹茶は玉露の粉末である。

(2) ウーロン茶

　一般的に沸騰したての熱湯を注ぎ 1 分おいて浸出させる。四煎目まで賞味
できるが，煎出回数が増すごとに蒸らし時間を長くするとよい。

(3) 紅茶

　紅茶浸出液の特有の色はテアフラビン(赤色系)，テアルビジン(橙褐色系)で
ある。沸騰した湯を用い保温しながら 3 〜 4 分おいて浸出させる。タンニン
が多い茶葉を用いると，温度低下により**クリームダウン**[*]を起こしやすい。紅
茶にレモンを入れると酸性になり，テアフラビンが退色して色が薄くなる。

8.4.2 コーヒー

　コーヒー生豆を焙煎すると香ばしい香気成分カフェオールが生じ，これを
粉砕した粉に湯を注いで浸出させる。特有の苦味成分はカフェインとクロロ
ゲン酸であり，焙煎や抽出条件により色や味が異なる。コーヒー浸出液を乾
燥して粉末化したものがインスタントコーヒーである。

*クリームダウン　紅茶浸出液が
温度の低下と共に液が混濁して
くる現象をいう。液中に含まれ
る紅茶ポリフェノールとカフェ
インまたは無機質が複合体を形
成することなど，クリームダウ
ンにはさまざまな要因が関与し
ている。

8.4.3　清涼飲料水

清涼飲料水はアルコールを含まない(1 %未満)飲料および水のことであり，果汁飲料，炭酸飲料，スポーツ飲料，ミネラルウォーターなどがある。

8.4.4　アルコール類

(1) 醸造酒（ワイン・ビール・清酒）

穀物や果実を酵母によってアルコール発酵させて造った酒のことである。

(2) 蒸溜酒（ウィスキー・ブランデー）

大麦，ぶどう，さとうきびなどを発酵させた醸造酒を，さらに蒸溜してアルコール度数を高めた酒が蒸留酒である。

(3) 混成酒（リキュールなど）

混成酒は醸造酒や蒸溜酒に香料，着色料，調味料を加えたものをいう。

8.5　調味料

8.5.1　食　　塩

(1) 食塩の種類と成分

食塩の原料には海水や岩塩があるが，海水濃縮による製塩はイオン膜・立釜法の開発により，簡便に短時間で海水から大量の食塩をつくることができるようになった。食塩は，塩化ナトリウム($NaCl$)を主成分とし，塩味の調味料として，調理には欠かすことができないものである。特にナトリウムはカリウムとともに細胞内の浸透圧維持や水分代謝に関与し，生体の恒常性維持には不可欠である。人間の味覚が好ましいと感じる塩味濃度は，人間の体液の浸透圧に等しい生理食塩水の濃度(約0.9 %)にほぼ近いことから，汁物の塩分濃度はこの付近で調味することが多い。また，過剰摂取による疾病予防の観点からも適度な使用が必要な調味料である。

(2) 食塩の調理特性

塩味の付与以外の調理特性を表8.28に示す。対比効果や抑制効果，脱水と浸透，防腐作用，酵素活性の抑制，たんぱく質に対する作用などがある。

表 8.28　食塩の調理特性

食塩の調理特性	内容
塩味の付与	・分子量が小さく食品への味の浸透が速い ・一般的な食塩濃度：汁物 0.6 ～ 0.8 %，煮物 0.8 ～ 1.5 %
対比効果，抑制効果	・対比効果：少量の添加により甘味が引き立ち強く感じる ・抑制効果：食酢の酸味をやわらげる
脱水と浸透	・野菜にふった食塩の浸透圧作用により細胞内の水分が脱水され塩味が浸透 ・魚にふった食塩により脱水し生臭みがとれて調味される
防腐作用	・食塩の濃度が高くなると水分活性が低下し微生物の繁殖が抑制される
酵素活性の抑制	・ポリフェノールオキシダーゼ（酸化酵素）による褐変を阻害（りんごを塩水に浸漬）
たんぱく質に対する作用	・卵液の熱凝固促進（ゆで卵や茶わん蒸し） ・筋原線維たんぱく質の溶解（かまぼこやすりみ） ・小麦粉のグルテン形成促進（麺やパン，餃子の皮）

8.5.2 甘味料

(1) 甘味料の種類と成分

　甘味料の中心は砂糖であるが，代替品としてさまざまな甘味料が開発されて多くの食品に使用されている。甘味料は化学的特性から糖質系甘味料と非糖質系甘味料に分類される(表8.29)。これらの甘味料は低エネルギーで，低う蝕性や腸内環境の改善などの機能をもつものもある。砂糖は，甘味をつける調味料として一般的なものであり，甘藷(さとうきび)，ビート(てんさいまたはさとうだいこん)などを原料にして，その抽出液を精製してつくったスクロースの結晶である。調理で用いられる砂糖の種類を表8.30に示す。

(2) 砂糖の調理特性

　甘味を付与する以外にも，表8.31に示す調理特性がある。砂糖の調理特性の1つである加熱による変化について，砂糖溶液の温度による変化を表8.32に示す。砂糖のこれらの性質を利用して，シロップ，フォンダン，カラメルなど，さまざまな調理に利用されている。

＊スクロースの甘味度を1とした場合

表8.29　主な甘味料の種類と甘味度

分　類		一般名	甘味度＊	原料
糖質系甘味料	砂糖	上白糖	120 ～	甘しょ
	でんぷん由来の糖	グルコース	0.6 ～ 0.8	でんぷん
		フルクトース	1.2 ～ 1.7	グルコース，砂糖
		マルトース	0.3 ～ 0.4	でんぷん
		異性化液糖	1 ～ 1.2	でんぷん
		水あめ	0.3	でんぷん
	オリゴ糖類	トレハロース	0.45	でんぷん
		パラチノース	0.2 ～ 0.25	乳糖
		フルクトオリゴ糖	0.5	砂糖
	糖アルコール類	エリスリトール	0.8	グルコース
		キシリトール	1	キシラン
		ソルビトール	0.5 ～ 0.7	グルコース
		マルチトール	0.8 ～ 0.9	麦芽糖
非糖質系甘味料	天然	ステビア	200	キク科植物の葉
		グリチルリチン	100 ～ 200	甘草の根
	人工	サッカリン	500	＊化学合成品
		アスパルテーム	200	アミノ酸
		アセスルファムK	200	酢酸由来
		スクラロース	600	砂糖

資料) 渋井祥子ほか編：ネオエスカ　調理学 (第二版)，159，同文書院 (2012)
　　　杉田浩一ほか編：新版　日本食品大事典，194，医歯薬出版 (2017) を基に作成
　　　片山伸也：砂糖について，生活衛生，98-107 (1968)

表8.30　砂糖の種類

種類		
含蜜糖	黒砂糖	
	和三盆	
	カエデ糖	
砂糖	さらめ糖	白ざら糖
		中ざら糖
		グラニュー糖
	車糖	上白糖
分蜜糖		中白糖
		三温糖
	加工糖	角砂糖
		氷砂糖
		粉砂糖

出所) 大谷貴美子ほか編：栄養科学シリーズ基礎調理学，127，講談社 (2017)，杉田浩一ほか編：新版　日本食品大事典，333，医歯薬出版 (2017) を基に作成

表 8.31　砂糖の調理特性

砂糖の調理特性	内容	調理例
甘味の付与	・スクロースはグルコースとフルクトースの二糖類である ・さわやかな甘味が特徴	
防腐・脂質酸化作用	・微生物の繁殖に必要な水分（自由水）を吸収する ・共存する油脂の酸化を防ぐ	果実の砂糖漬けやジャム クッキー
保水作用	・でんぷんの老化を防止する（砂糖を添加したもち生地は硬くなりにくい） ・ゼリーからの離水（離漿）を防ぐ	寒天ゼリー
たんぱく質変性の抑制効果	・熱変性を抑制し，ゲルを軟らかく仕上げる ・卵白泡の安定性を高める	プディング，卵焼き メレンゲ
物性への作用	・ペクチンのゲル化を促す ・ゼリーのゲル強度を高める ・グルテン形成を抑制し，サクサクとしたもろさをだす	ジャム 寒天・ゼラチンゼリー クッキー
酵母の栄養源	・酵母の栄養源となり二酸化炭素の生成を促す	パン
加熱による変化	・アミノカルボニル反応を促進し，焼き色と芳香をだす ・砂糖溶液の温度により状態が変化する（表8.32）	クッキー，ケーキ シロップ，カラメルソース

資料）中嶋加代子編：調理学の基本（第4版），135，同文書院（2019）一部改変

表 8.32　砂糖溶液の温度による変化

温度（℃）	用途	作り方・備考
102～103	シロップ	砂糖濃度50～60％に仕上げると冷却しても結晶化しない
106～107	フォンダン	加熱後冷却してスクロースの過飽和液から，スクロースを再結晶させたもの
115～120	砂糖衣	材料をいれて火を止め，手早く撹拌して結晶を材料のまわりにつける
140～160	銀絲，金絲	温度により透明な糸と金色の糸ができる 140～160℃まで煮詰めた液に材料を入れて温度が下がり，80～100℃になると糸をひく 食酢を加えることでスクロースの一部が転化糖になり結晶化が防げる
160～170	べっこう飴	色づいた液を流して固める
170～180	カラメル	茶褐色になるまで煮詰めて湯を加えて仕上げ，ソースや着色料として用いる

資料）渋井祥子ほか編：ネオエスカ　調理学（第2版），160，同文書院（2012）；山崎清子ほか：NEW 調理と理論，
　　　178，同文書院（2016）；河村フジ子：系統的調理学，92，家政教育社（1994）より作成

8.5.3　しょうゆ

　しょうゆは，蒸した大豆（脱脂加工大豆を含む）に炒って砕いた小麦を混合してつくったこうじに食塩水を加えて発酵・熟成させてつくる日本の伝統的な液体調味料の醸造品である。しょうゆの原形は中国大陸から伝来し，初めは醬（ひしお）と呼ばれる半固形のものであったが，その後，たれ汁を分離して液体調味料として使用する現在のしょうゆに発展したとされる。醬（ひしお）はもともと，東南アジアなどの発酵食品に起源があるといわれ，その原料も穀類や豆類だけでなく，肉や魚，野菜などさまざまであった。現在でも魚醬は東南アジアの基本調味料であり，日本でも秋田のしょっつるや能登のいしるなどは魚醬の名残だといえる。

　日本農林規格(JAS)では，こいくち，うすくち，たまり，さいしこみ，しろしょうゆの5つに分類されている。このうち，こいくちしょうゆが一般的であり，消費量の80％を占めている。うすくちしょうゆの消費量は約15％で，主に関西地方で使われている。

しょうゆの呈味はおもに塩味であり，食塩濃度はこいくちしょうゆ 14.5 %，うすくちしょうゆ 16 %である。酸味やうま味，豊かな香りや独特の色を有しているが，これらは醸造中に原料から生成される成分によるものである。しょうゆの酸味は乳酸をはじめとする有機酸類，うま味の主体はグルタミン酸をはじめとする各種のアミノ酸によるものである。しょうゆの色は，熟成中のアミノ酸類と糖類とのアミノカルボニル反応により生成されたメラノイジン色素によるものである。しょうゆは，加熱により味や香りが変化することから，香りを生かす料理では，しょうゆの一部を最後に加えるとよい。

8.5.4 み　そ

(1) みその種類と成分

みそは，しょうゆと同様に蒸した大豆に米や大麦でつくったこうじ，食塩，水などを混ぜて発酵・熟成させた醸造食品であり，日本特有の調味料である。その原形は朝鮮半島を経由して日本に伝来し，日本独特の製造技術が加味されて多種多様なみそが各地でつくられるようになった。

原料に使用されるこうじの種類により，米みそ・麦みそ・豆みそ，味により甘みそ・甘口みそ・辛口みそ，色により赤みそ・白みそなどに分けられている。粒の違いで粒みそ，こしみそなどに分けられる。さらに，産地によって仙台みそ，信州みそ，八丁みそなどと呼ばれる（表8.33）。

調味料の呈味としては塩味が主であるが，発酵・熟成過程で生成される，うま味や甘味・香りも強くさまざまな料理に使われる。みそのうま味は，原材料のたんぱく質分解により生成されるアミノ酸類や有機酸類である。色は，しょうゆと同様にアミノカルボニル反応によるものである。発酵期間が長いみそは色が濃く，香りも強くなる。甘味の強いみそは米こうじの割合が多い。食塩の含有量はみその種類によって大きく異なるため，調味の際にはあらかじめ使用するみその塩分濃度を知り，量の加減が必要である。

表 8.33　みその種類

種類	原料	味や色による分類		主産地	主な銘柄
米みそ	大豆・塩・米こうじ	甘みそ	白	近畿地方	西京白みそ
			赤	東京	江戸甘みそ
		辛口みそ	淡色	長野地方	信州みそ
			赤	東北地方	仙台みそ，越後みそ
麦みそ	大豆・塩・麦こうじ	甘口みそ		九州地方	長崎みそ
		辛口みそ		関東地方	田舎みそ
豆みそ	大豆・塩こうじ	辛口みそ		中部地方	八丁みそ，たまりみそ

資料）杉田浩一ほか編：新版　日本食品大事典，764，医歯薬出版（2017）
　　　中嶋加代子編：調理学の基本（第4版），139，同文書院（2019）より作成

(2) みその調理特性

調味以外にもみそは，緩衝能（加える材料によって大きくpHが変化することがなく，味が変化しにくい），消臭効果（みそのコロイド粒子による吸着性や揮発性香気成分によるマスキング効果で肉や魚類の臭みを消すことができる），肉質の軟化（みそに漬け込むことで，みそ中のたんぱく質分解酵素などにより肉や魚の肉質を軟らかくする）などの調

理特性がある。また，みその香気成分は熱により損なわれることから，長時間加熱は避けて料理の最後に加えるようにする。

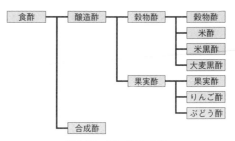

図8.28　醸造酢の分類

出所）大谷貴美子ほか編：基礎調理学, 130, 講談社（2017）を基に作成

8.5.5　食　酢

(1)　食酢の種類と成分

酢は人類最古の調味料といわれ，フランス語のvinaigre（ビネガー）は，vin（ワイン）とaigre（すっぱい）に由来しているように，ワインが酢酸菌によりすっぱくなったことから名付けられた。食酢の主成分は酢酸で料理に酸味を付与する調味料である。酢酸以外にも有機酸やアミノ酸などさまざまな成分が含まれており，それぞれ独特の香りや味がある。日本農林規格(JAS)では，食酢は醸造酢と合成酢に分類されているが，調理に使われているのはほとんどが醸造酢である（図8.28）。醸造酢は穀物酢と果実酢に大別されており，これらは原料の穀物や果実などをアルコール発酵させてから，種酢と呼ばれる酢酸菌により酢酸発酵させてつくられる。

(2)　食酢の調理特性

食酢は，食品に酸味や風味を与える以外に，①殺菌・防腐作用(すし飯，酢漬けなど)，②褐変防止作用(ごぼう，れんこんなど)，③たんぱく質の凝固促進作用(ポーチドエッグ，魚の酢じめなど)，④魚臭の除去(酢あらいなど)，⑤色素への作用(しそ葉による梅干しの赤色など)，⑥生体調節機能(血圧降下作用，血糖値上昇抑制効果)，などがある。

8.5.6　うま味調味料・風味調味料

うま味調味料には，うま味を付与するグルタミン酸，イノシン酸，グアニル酸などが複合調味料として用いられる。現在，うま味調味料はあまり使用されず，風味調味料が多く使われている。風味調味料は，かつおだし，煮干しだし，こんぶだし，コンソメ，鶏がらスープなどに食塩や糖類などを加えて乾燥させ，粉末状や顆粒状にしたものである。水に溶けやすく調理に利用しやすいこともあり，簡便化を図れる調味料であるが，だしの味が強く香りに欠ける。食材の味を損なわないような使い方が必要である。

8.5.7　その他の調味料（みりん，酒など）

(1) みりん

本みりんは，蒸したもち米，米こうじ，焼酎を原料とし，これらを発酵させて米を糖化させたのち，圧搾してつくられる日本独特の醸造調味料である。

アルコールを約13〜14％含むため酒類として扱われる。また約40％の糖類を含み，その多くがグルコースであるため甘味を有する。甘味は砂糖の約1/3で上品な甘さが特徴である。糖類のほかにアミノ酸，有機酸，香気成分を含んでいることから，料理に焼き色や照り，つやをつける，臭みをマスキングして風味をつける，野菜の煮崩れを防ぐなどの作用がある。本みりんはアルコール分を除くために「煮切り*」を行ってから使うことが多いが，みりん風調味料はその必要がない。みりん風調味料は水あめなどの糖類とアミノ酸や有機酸を混合してつくられ，みりん類似調味料として利用されるが，アルコール分が1％未満のため酒類とならない。

(2) 酒

　調味料として使う清酒やワインは，特有の香りやうま味の付与，照り，つやの付着，生臭みの消臭効果により，料理の風味を向上させる。肉や魚に酒を入れて加熱すると表面たんぱく質の変性が促されて食品の水分やうま味成分が保持されて料理が軟らかく仕上がる。また，食肉たんぱく質の等電点より低いワインに浸してから焼いた肉は，膨潤が起こり軟らかくなる(p.96参照)。料理の味つけや風味づけに使われている料理酒は，清酒に糖類，食塩，風味調味料を配合した発酵調味料の清酒タイプであり，食塩濃度は2％程度ある。

(3) その他の調味料

　ソース類，トマト加工品，マヨネーズ，ドレッシング類，中国料理の調味料(豆板醤，甜麺醤，辣油，蠔油(牡蠣油)，芝麻醤など)などがある。また，日本特有の発酵調味料の製造工程で酵素の役割として使用するこうじは，塩こうじやしょうゆこうじとしても利用されている。

【演習問題】

問1 穀類の加工品に関する記述である。最も適当なのはどれか。1つ選べ。

（2021 年国家試験）

(1) アルファ化米は，炊飯した米を冷却後，乾燥させたものである。

(2) 無洗米は，精白後に残る米表面のぬかを取り除いたものである。

(3) 薄力粉のたんぱく質含量は，12 〜 13 ％である。

(4) 発酵パンは，ベーキングパウダーにより生地を膨らませる。

(5) コーンスターチは，とうもろこしを挽き割りにしたものである。

解答（2）

問2 野菜の調理操作に関する記述である。正しいのはどれか。1つ選べ。

（2019 年国家試験）

(1) 緑色野菜を鮮緑色にゆでるために，ゆで水を酸性にする。

(2) 煮崩れ防止のために，ゆで水をアルカリ性にする。

(3) 山菜のあくを除くために，食酢でゆでる。

(4) 十分に軟化させるために，60 ℃で加熱する。

(5) 生野菜の歯ごたえを良くするために，冷水につける。

解答（5）

問3 畜肉に関する記述である。最も適当なのはどれか。1つ選べ。

（2020 年国家試験）

(1) 主要な赤色色素は，アスタキサンチンである。

(2) 脂肪は，常温（20 〜 25 ℃）で固体である。

(3) 死後硬直が始まると，筋肉の pH は上昇する。

(4) 筋たんぱく質の構成割合は，筋形質（筋漿）たんぱく質が最も多い。

(5) 筋基質（肉基質）たんぱく質の割合は，魚肉に比べ低い。

解答（2）

問4 魚介類に関する記述である。最も適当なのはどれか。1つ選べ。

（2022 年国家試験）

(1) まぐろの普通肉は，その血合肉よりミオグロビン含量が多い。

(2) 春獲りのかつおは，秋獲りのかつおおより脂質含量が多い。

(3) かきは，ひらめよりグリコーゲン含量が多い。

(4) とびうおのうま味成分は，主にグアニル酸である。

(5) 海水魚のトリメチルアミン量は，鮮度低下に伴って減少する。

解答（3）

問5 保育園児を対象に,「お魚を食べよう」という目的で食育を行った。学習教材とその内容として,最も適切なのはどれか。1つ選べ。

(2021 年国家試験)

(1) ホワイトボードに「さかなは,ちやにくのもとになる」と書いて,説明した。
(2) アジの三枚おろしの実演を見せて,給食でその料理を提供した。
(3) エプロンシアターを用いて,マグロとアジを例に食物連鎖について説明した。
(4) 保育園で魚を飼って,成長を観察した。

解答 (2)

問6 鶏卵を用いた調理・加工に関する記述の組合せである。最も適当なのはどれか。1つ選べ。 (2020 年国家試験)

(1) 半熟卵————水に卵を入れて火にかけ,沸騰してから 12 分間加熱する。
(2) 落とし卵———卵白の凝固を促進するために,沸騰水に塩と酢を添加する。
(3) 卵豆腐————すだちを防ぐために,卵液を 100 ℃まで急速に加熱する。
(4) メレンゲ——泡立てやすくするために,最初に砂糖を卵白に加える。
(5) マヨネーズ——エマルションの転相を防ぐために,一度に全ての油を卵黄に加える。

解答 (2)

問7 牛乳の成分に関する記述である。最も適当なのはどれか。1つ選べ。

(2023 年国家試験)

(1) 乳糖は,全糖質の約 5 %を占める。
(2) 脂肪酸組成では,不飽和脂肪酸より飽和脂肪酸が多い。
(3) カゼインホスホペプチドは,カルシウムの吸収を阻害する。
(4) 乳清たんぱく質は,全たんぱく質の約 80 %を占める。
(5) β-ラクトグロブリンは,人乳にも含まれる。

解答 (2)

問8 ゲル化剤に関する記述である。正しいのはどれか。1つ選べ。

(2016 年国家試験)

(1) ゼラチンゲルは,寒天ゲルに比べ弾力がない。
(2) ゼラチンのゲル温度は,カラギーナンと同じである。
(3) ゼラチンゲルのゼラチン濃度は,通常 8 ～ 10 %である。
(4) 寒天の溶解温度は,通常 60 ～ 65 ℃である。
(5) ペクチンゲルは,寒天ゲルに比べ耐酸性が強い。

解答 (5)

問9 でんぷんの調理に関する記述である。正しいのはどれか。1つ選べ。

（2018 年国家試験）

(1) 透明度を重視するあんかけでは，コーンスターチを使用する。

(2) くずでんぷんのゲルは，低温（4℃）で保存するとやわらかくなる。

(3) じゃがいもでんぷんのゲルに食塩を添加すると，粘度が増加する。

(4) ゲルに使用するじゃがいもでんぷん濃度は，2％が目安である。

(5) さつまいもでは，緩慢加熱によりでんぷんが分解して，甘みが増す。

解答（5）

問10 でんぷんに関する記述である。正しいのはどれか。1つ選べ。

（2016 年国家試験）

(1) 脂質と複合体が形成されると，糊化が促進する。

(2) 老化は，酸性よりアルカリ性で起こりやすい。

(3) レジスタントスターチは，消化されやすい。

(4) デキストリンは，120〜180℃の乾燥状態で生成する。

(5) β-アミラーゼの作用で，スクロースが生成する。

解答（4）

問11 食用油脂に関する記述である。正しいのはどれか。2つ選べ。

（2017 年国家試験）

(1) 不飽和脂肪酸から製造された硬化油は，融点が低くなる。

(2) 硬化油の製造時に，トランス脂肪酸が生成する。

(3) ショートニングは，酸素を吹き込みながら製造される。

(4) ごま油に含まれる抗酸化物質には，セサミノールがある。

(5) 牛脂の多価不飽和脂肪酸の割合は，豚脂よりも多い。

解答（2）と（4）

問12 油脂の酸化に関する記述である。正しいのはどれか。1つ選べ。

（2018 年国家試験）

(1) 動物性油脂は，植物性油脂より酸化されやすい。

(2) 酸化は，不飽和脂肪酸から酸素が脱離することで開始される。

(3) 過酸化脂質は，酸化の終期に生成される。

(4) 発煙点は，油脂の酸化により低下する。

(5) 酸化の進行は，鉄などの金属によって抑制される。

解答（4）

問 13　砂糖および甘味料に関する記述である。最も適当なのはどれか。1つ選べ。　　　　　　　　　　　　　　（2022 年国家試験）

(1) 黒砂糖は，分蜜糖である。

(2) 車糖は，ざらめ糖より結晶粒子が大きい。

(3) 異性化糖は，セルラーゼによって得られる。

(4) キシリトールは，キシロースを還元して得られる。

(5) サッカリンは甘草に含まれる。

解答（4）

問 14　食塩の調理特性に関する記述である。誤っているのはどれか。1つ選べ。　　　　　　　　　　　　　　（2022 年国家試験）

(1) 切ったりんごを食塩水につけて，褐変防止する。

(2) 小麦粉生地に添加して，粘弾性を低下させる。

(3) 野菜にふりかけて，脱水させる。

(4) ひき肉に添加して，こねた時の粘着性を増加させる。

(5) 魚にふりかけて，臭い成分を除去する。

解答（2）

問 15　調味料に関する記述である。正しいのはどれか。1つ選べ。

（2019 年国家試験）

(1) みその褐変は，酵素反応による。

(2) しょうゆのうま味は，全窒素分を指標とする。

(3) みりん風調味料は，混合酒である。

(4) バルサミコ酢の原料は，りんごである。

(5) マヨネーズは，油中水滴型（W/O 型）エマルションである。

解答（2）

📖 **参考文献**

阿部宏喜編：魚介の科学，朝倉書店（2015）

石崎俊行, 吉浜義雄, 平松順一, 高橋康次郎：本みりんの抗酸化性について，日本醸造協会誌，**101**，839-849（2006）

今井悦子編著：食材と調理の科学，アイ・ケイ・コーポレーション（2012）

上野川修一編：乳の科学，朝倉書店（2015）

江崎秀男, 大澤俊彦, 川岸舜朗：醤油中のオルトジヒドロキシイソフラボン含量とその抗酸化性，日本食品科学工学会誌，**49**，476-483（2002）

江間章子, 貝沼やす子：調理後の経過時間および保温条件が粥の性状に及ぼす影響　粥の調理に関する研究（第4報），日本家政学会誌，**51**，571-578（2000）

遠藤繁：製麺適性に関与する小麦粉成分，日本食生活学会誌，**8**，32-35（1997）

貝沼やす子：粥の調理，日本調理科学会誌，**33**，107-111（2000）

金谷昭子：食べ物と健康　調理学，医歯薬出版（2007）

河田昌子：お菓子「こつ」の科学，柴田書店（1987）

佐竹覺, 福森武, 目崎孝昌, 宗貞健, 柴田恒彦, 池田善郎：小麦粒の組織と硬さおよび強度に関する研究，農業機械学会誌，**62**，37-49（2000）

四宮陽子：膨化のメカニズム，日本調理科学会誌，**33**，494-502（2000）

下村道子，橋本慶子編：動物性食品，朝倉書店（1993）

全国調理師養成施設協会編：改定　調理用語辞典，428，調理栄養教育公社（1999）

谷達雄，吉川誠次，竹生新治郎，堀内久弥，遠藤勲，柳瀬肇：米の食味評価に関係する理化学的要因（1），栄養と食糧，**22**，452-461（1969）

長尾慶子編著：調理を学ぶ［改訂版］，八千代出版（2019）

長尾精一：小麦粉の知識（1），―グルテンが小麦粉のいのち―，調理科学，**22**，125-129（1989）

中川致之：紅茶の水色および品質とテアフラビンおよびテアルビジンの含量，日本食品工業学会誌，**16**，266-271（1969）

中村良編：シリーズ《食品の科学》卵の科学，朝倉書店（1998）

成瀬宇平，廣田才之：食品中の褐変物質の脂質に対する抗酸化性，栄養学雑誌，**53**，71-81（1995）

新田ゆき：香辛料の油脂に対する抗酸化性，調理科学，**10**，254-257（1977）

日本調理科学会編：総合料理科学事典，211，光生館（1997）

農林水産省農林水産技術会議：新たな用途をめざした稲の研究開発，農林水産研究開発レポート No.6（2003）
http://www.affrc.maff.go.jp/docs/report/pdf/no06.pdf（2019 年 8 月 29 日閲覧）

福田靖子，大澤俊彦，並木満夫：ゴマの抗酸化性について，日本食品工業学会誌，**28**，461-464（1981）

松石正典，西邑隆徳，山本克博編：肉の機能と科学，朝倉書店（2015）

真鍋久：雑穀ブームの背景を探る，日本調理科学会誌，**38**，440-445（2005）

持永春奈，河村フジ子：ラード水煮におけるショウガの脂質酸化防止効果に及ぼす共存物質の影響，日本調理科学会誌，**33**，2-6（2000）

山口直彦，山田篤美：黒糖の抗酸化性について，日本食品工業学会誌，**28**，303-308（1981）

山崎歌織，河村フジ子：味噌の種類が味噌漬け魚肉の品質に及ぼす影響，日本調理科学会誌，**30**，122-126（1997）

山崎清子，島田キミエ，渋川祥子，下村道子：新版　調理と理論，学生版，同文書院（2003）

山崎英恵編：調理学　食品の調理と食事設計，中山書店（2018）

吉田惠子，綾部園子編著：調理の科学，理工図書（2012）

渡邊乾二編著：食卵の科学と機能―発展的利用とその課題―，アイ・ケイコーポレーション（2008）

渡部終五編：水産利用化学の基礎，恒星社厚生閣（2010）

第**9**章　調理と食文化

9.1　日本の食文化

9.1.1　日本料理の特徴

(1) 日本の風土と料理の特徴

　日本は細長い島国であり，暖流と寒流がぶつかる海に囲まれ，遠浅の海や入り組んだ海岸線で豊富な魚介類が得られる。

　国土は7割が山地と丘陵であり，山脈が国土を縦断しており，森林も多い。降水量も多く，河川や湖沼が多く作られ，水が豊富なだけではなく，急流で浄化されており，水を使った加工・調理が発達した。

　気候は東アジアモンスーン地帯で夏は高温多湿となり，水田稲作中心の農耕が営まれてきた。また，国土は温帯，亜寒帯，亜熱帯にまたがり，春・夏・秋・冬が明確であり，四季折々の多様な農作物が収穫されてきた。

　以上のような風土を背景に日本料理には，**表9.1**のような特徴がある。

表 9.1　日本料理の特徴

① 四季感を重んずる。四季の変化があるため，材料や調理法で四季感を出す。
② 良質の水と新鮮な材料が得られることから，材料の持ち味が活かされ，加熱調理では煮るなど湿熱加熱が中心になる。
③ 豊富な魚介類や7世紀に獣肉禁止令が出されたこともあり，魚食中心の食生活が営まれてきた。特にさしみ，なますのような，魚介類を生食する独特の食文化が発達する。
④ 景色の良い盛り付けにより，食べる前に目で楽しむ。盛り付けは一人前ずつ器を使う。食器に変化が多い。
⑤ 箸の文化が育まれ，箸食にあった料理が作られる。
⑥ 醤油や味噌などの発酵調味料が使われる。調味料の他にも発酵食品の利用は多い。
⑦ 昆布や鰹節，椎茸がだし材料となり，うま味が活用される。
⑧ 米が主食となり，副食をそえる食生活が展開される。

出所）新澤祥惠　日本調理　北陸学院大学短期大学部調理室（2014），一部改変

(2) 日本料理の展開

　古墳時代以降，大陸との交流で，さまざまな食品とその製造技術，さらに，箸を使用する食事法や年中行事やそれらに関連する食物など，多くの食習慣が伝えられた。鎌倉時代以降には禅宗僧が後の茶道につながる喫茶の習慣や精進料理など禅宗寺院の食を伝え，その後も，現在に至るまで，多くの食品，料理が伝えられ日本人の食生活に定着している。

　16世紀，ポルトガルとの南蛮貿易により，かぼちゃ，じゃがいも，とうがらしなどの食品が伝えられた。てんぷらなどの南蛮料理，カステラ，金平糖などの南蛮菓子が伝えられた。明治以降にはヨーロッパよりいわゆる西洋料理が，戦後にはアメリカの食文化が，さらに，近年は東南アジア，アフリカ，中南米のエスニック料理[*]が定着している。

　以上，海外の食文化も受容しながら，日本の食文化が形成されてきた。

*エスニック料理　「民族料理」の意であるが，一般にはタイ，ベトナムなどの東南アジア，アフリカや中南米などの，各民族独自の料理をさす。

9.1.2　「和食」のユネスコ無形文化遺産登録

　2013（平成 25）年 12 月に，「和食：日本人の伝統的な食文化」がユネスコの無形文化遺産[*1]に登録された。

　日本の国土は南北に長く，四季が明確であることから，海・山の幸や四季折々の食材に恵まれるという豊かな自然環境を活かしながら食生活が営まれてきた。このような「自然の尊重」を基本とする日本人の伝統的な食文化が認められ，登録されたものであり，**表 9.2** のような特徴がある。

表 9.2　和食の特徴

1. 多様で新鮮な食材とその持ち味の尊重 　日本の国土は南北に長く，海，山，里と表情豊かな自然が広がっているため，各地で地域に根差した多様な食材が用いられている。また，素材の味わいを活かす調理技術・調理道具が発達している。
2. 健康的な食生活を支える栄養バランス 　一汁三菜を基本とする日本の食事スタイルは理想的な栄養バランスと言われている。また，「うま味」を上手に使うことによって動物性油脂の少ない食生活を実現しており，日本人の長寿や肥満防止に役立っている。
3. 自然の美しさや季節の移ろいの表現 　食事の場で，自然の美しさや四季の移ろいを表現することも特徴のひとつである。季節の花や葉などで料理を飾りつけたり，季節に合った調度品や器を利用したりして，季節感を楽しんでいる。
4. 正月などの年中行事との密接な関わり 　日本の食文化は，年中行事と密接に関わって育まれてきた。自然の恵みである「食」を分け合い，食の時間を共にすることで，家族や地域の絆を深めている。

出所）農林水産省ホームページより：https://www.mof.go.jp/j/keikaku/syokubunka/ich/（2023.9.23.）

9.1.3　日本料理の献立形式

（1）本膳料理

　日本料理の献立形式の基礎となるもので，平安時代にはじまり，室町時代にほぼ完成されている。この公家や武家の間で行われてきた献立形式[*2]が基になり，江戸時代にさらに内容形式が充実され，民間にも正式饗宴料理として使われるようになり，膳の形式・献立の形式が定められた。現在，日常にはほとんど用いられないが，冠婚葬祭の儀礼的な饗応に用いられるものである。

　膳組は一汁三菜，二汁五菜，三汁七菜……となり，本膳，二の膳，三の膳，

[*1]　**食に関するユネスコの無形文化遺産**　フランスの美食術（出産，結婚，誕生日など節目に家族や友人と食をともに祝う食文化），地中海料理（健康的な食として知られている地中海沿岸諸国の伝統的な食事や食習慣），メキシコの伝統料理（とうもろこし，豆，唐辛子を基本に多様な食材と組み合わせ，祭礼，儀礼に結びつく伝統料理），トルコのケシケキの伝統（肉，ミルクなどを加える麦粥で儀式で振るまわれる）が 2010 年に登録され，2013 年に和食のほか，韓国のキムジャン（冬期間のキムチをまとめて漬ける家庭行事），トルコのトルココーヒーの文化と伝統（コーヒーの知識や技術の伝承），グルジアのクヴェヴリ（8000 年前から続くワイン造りの文化）が加えられた。

[*2]　**献立**　室町時代に武家社会の礼法として確立した「式正料理」では，最初に盃事として「式の膳」が行われる。「式三献」ともいい，一献，二献，三献と酒肴を変えて盃事を進めるものである（現在の婚礼の三三九度はそのなごりである）。この時，一献目の酒の肴，二献目の酒の肴，三献目の酒の肴を記したものが献立といわれるものである。

表 9.3　本膳料理の献立

献　立	内　　　　　容
本汁 (一の汁)	味噌仕立てにする。魚や鳥肉のつみれなどに野菜やきのこ類をあしらう。
鱠	酢の物，生の魚介類を小鉢や小丼に盛る。
坪	煮汁の少ない煮物や，蒸してあんをかけるような料理が小さい深めの椀に盛られる。お坪ともいい，器の名前に由来する。
二の汁	すまし仕立てにし，金蒔絵など豪華な椀を用いる。
平	魚介類・肉類・野菜類など3品または5品を味・色・形が調和するよう，朝方の椀に盛られる。5月から10月下旬頃までは揚平，冬期はつゆ平となる。
猪口	浸し物・和え物などを盛る。
三の汁	変わり仕立てにする。(潮汁，その他)
鉢肴	肉や魚の焼き物，揚げ物。
刺身	刺身または刺身に準じた料理
焼き物	焼き魚で姿焼きを主に用いる。
台引	土産物，引物菓子やかつお節など。

出所) 赤羽正之，小野房子，川端晶子：献立概論，医歯薬出版(1971)，
　　　一部改変

図 9.1　本膳料理の配膳図

出所) 表 9.3 に同じ

＊会席料理の献立構成
四品献立：向付，吸物，口代り，
　　　　　煮物
五品献立：向付，吸物，口取り，
　　　　　鉢肴，煮物
七品献立：前菜，向付，吸物，鉢
　　　　　肴，煮物，小丼，止椀
九品献立：前菜，向付，吸物，口
　　　　　取り，鉢肴，煮物，茶
　　　　　碗，小丼，止椀

与の膳までがあり，膳が代わるたびに汁がつき，このほか，汁がつかない脇膳や，焼き物だけの焼き物膳がある(**表 9.3，図 9.1**)。膳とは料理をのせる台(角膳)で，足つき膳が多いが，四方に縁をつけただけの折敷(おしき)もある。

(2) 茶懐石料理

室町時代に茶道が盛んになり，それに伴い発達する。懐石とは禅宗の僧が修行中，空腹をまぎらすために温石(おんじゃく)(温めた石)を懐中に抱いたことを意味し，茶道で茶をたててもてなす前にお腹を温める程度の軽い料理ということで，分量や品数が少なくても素朴な中に季節の材料を盛り込み，持ち味を生かして料理される。また，魚は骨を除いておくなど，供されたものがすべて食べられるよう工夫されており，食べることができない場合は懐紙に包むなどして持ち帰り，供された器には残さないことが原則である。最初，銘々の折敷に飯(椀)と汁(椀)と向付を出しておき，椀盛，箸洗い以外，飯は飯びつに，焼き物，八寸，香の物は大きな器に人数分盛り込み，客自らが取り分けるなど，食器数や給仕の手間も省くように考えられており，きわめて合理的な形式である(**表 9.4，図 9.2**)

(3) 会席料理＊

鎌倉・室町時代に盛んであった連歌や俳諧を楽しむ人々が会席し，食事を楽しむことに起源を有し，江戸時代，文化・文政以降，酒宴に用いられることが盛んとなり，現在も多く用いられる客膳形式である。作法には本膳風と茶懐石風がある。献立は四品献立(一汁三菜)から，五品，七品，九品……と奇数の組み合わせになっていく。一般には最初1〜2品の料理を配し，酒を供しながら，次々一品ずつ料理を供し，すすめていき，酒が終わった後，味噌汁と香の物でご飯を供する(**表 9.5，図 9.3**)。

(4) 精進料理

平安・鎌倉時代に禅宗の僧によりもたらされた料理。仏門の戒律である殺生禁断のたてまえから，植物性食品だけで作られるが，たんぱく質は大豆製

表 9.4　懐石料理の献立

献　立	内　容
汁	季節の野菜などを少量用い，原則として味噌仕立てとする。
向付	飯椀と汁物の向こう側に置くことからこの名がある。刺身，なますなどを盛る。
椀盛 （煮物椀）	献立の中心となるものである。魚肉に野菜を取り合わせ，青菜と吸口を添えてすまし仕立てとする。具が主で，たっぷりと用いられ，菜の一つとなる。
御菜	焼き物・揚げ物・蒸し物などを一つの器に盛り，青竹箸を添えて供し，取り回す。
箸洗い （小吸物）	小さな椀に入れて供する淡泊な吸物で，具も少量である。箸の先を清めるという意味で，次の八寸の味を引き立てるものでもある。
八寸	一汁三菜の料理が終わった後，杯の献酬がはじまる際の肴となる。杉木地八寸四方のへぎ盆に盛ることからこの名がある。海の幸，山の幸を調和よく盛る。
強肴	預鉢ともいい，うす味の含め煮，和え物などや到来物を用い，酒を好む客のための料理。
湯桶	食事の締めくくりで，ご飯のおこげに熱湯をかけ塩味をつけたもので湯桶に入れて供する。
香の物	たくあんを主とし，他に季節の漬物を添える。

出所）表 9.3 に同じ

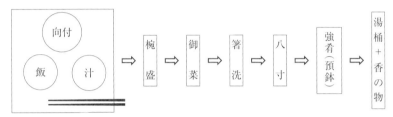

図 9.2　懐石料理の配膳図

出所）津田謹輔，伏木亨，本田佳子監修，山崎英恵編集：調理学　食品の調理と食事設計，中山書店（2018），一部改変

表 9.5　会席料理の献立

献　立	内　容
前菜	つき出し，お通しともいい，料理に先立ち，珍しいもの，酒に合うものを取り合わせ，食欲を誘う。
向付	刺身や酢の物など，生または生に近い淡泊な料理を用いる。膳の向こう側に置くことからこの名がある。
吸物	すまし汁。実によって季節感を出す。
口取り （口代り）	山のもの，海のもの，野のもので珍品を三品・五品・七品等美しく盛り合わせる。季節感を盛り込み，味の変化と調和を考え，趣向をこらして取り合わせる。口代わりは口取りの形式をもたないもの，さらに簡略にされると中皿になる。
鉢肴	魚や肉の焼き物が多いが，揚げ物や蒸し物を用いる場合もある。
煮物	野菜を 2～3 種，あるいは，野菜と肉・魚を煮合わせる。汁の少ないものは平皿を，多い場合は深鉢を用いる。
茶碗	淡泊に煮たり，蒸したり，寄せた物に添え汁を添える。寒い季節には温かく，暑い季節には冷たくして供する。
小丼	浸し物，酢の物，和え物などを小型の器にすっきりと盛り，天盛りにより，趣を添える。
止椀	潮汁や味噌汁が多い。献立の最後という意味で，この時，ご飯と香の物が供される。

出所）表 9.3 に同じ

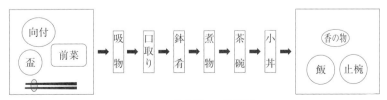

図 9.3　会席料理の配膳図

出所）図 9.2 に同じ

品や小麦粉製品から摂られ，持ち味を活かして調理される。五法(生食，煮る，焼く，揚げる，蒸すの調理法)，五味(甘味，辛味，塩味，苦味，酸味)，五色(赤，緑，黄，黒，白)に配慮する。

(5) 普茶料理

　江戸時代初期，京都の宇治に建立された黄檗宗万福寺で開祖隠元禅師がはじめた中国料理風の精進料理で，茶礼の後の食事であることから，この名がある。中国料理の影響で，油脂とでんぷんを使い，油炒めや揚げ物が多い。卓を囲み，大皿に盛られた料理を各自取り分けて食する。

(6) 卓袱料理

　長崎で発達した料理で，江戸時代，鎖国中居留していた中国人，オランダ人の料理に影響された日本風，中国風，西洋風が混在した料理。魚介類や獣鳥肉類が自由に使われる。卓袱とは卓のおおいを言い，この上で供されることからこの名があるが，卓袱台で4～6人で囲んで，大皿に盛られた料理を各自，取り皿に取り分ける。

9.1.4　食卓作法

　食卓作法は長い間に培われ，それぞれの時代にあった食事の秩序で，合理的なものでもある。互いに不愉快な思いをしないよう心を配り，なごやかな雰囲気で食事の時を持つことが大切である。

(1) 膳の整え方

　個々に膳を用いる場合と卓(テーブル)に直接食器を置く場合がある。酒宴などで順番に料理を供する時は食べ終わった食器を下げて，次の料理を出す。給仕をする時は食べものの上にお盆や手を出さないよう器を受け，器の縁に指をかけないように注意する。

(2) 食べ方

①箸は右手で上から取り上げ，左手で下から添え，右手に持ち変える。置くときの手順はその反対になる。使った箸先は膳に直接触れないように，箸の先を膳の外へ少し出して置くか，箸置きなどにかけて置く。

②飯・汁・菜は交互に食べる。

③汁気の多いものや遠くのものは器を手に取って食べる。

④お代わりをする時は箸をいったん膳に置いて器を両手で出す。

⑤食事のテンポは同席の人に合わせる。

(3) 茶菓の場合

①茶は茶碗を茶托にのせて供する。

②菓子は菓子鉢・菓子皿・菓子盆を使うが，折った敷紙(半紙・懐紙等)を使うこともある。敷紙は二つ折り，輪を手前にし，祝儀用では上の端を右にず

らし，不祝儀用では左にずらす。

③茶・菓子はお盆にのせて運び，適当な場所に置き，そこから一人ひとりに茶は右側から，菓子は左側からすすめる。

9.2 世界各国の食文化

9.2.1 中　国

（1）中国料理の特徴

　中華人民共和国(以下，中国)では「医食同源」の考えが強く，食事を大切にする習慣が根付いている。

　前菜やデザートを除いて加熱された温かい料理が中心であり，味付けには特有の調味料や香辛料が使われる。また，料理は大皿に盛って提供される。

　国土が広く多様な民族が暮らす中国では，土地により自然環境や文化，生活習慣等が異なり，食においても地域ごとの特徴がある。多彩な食材や調理法を駆使した中国料理の系統を「菜系(ツァイシー)」といい，中でも以下の4系統は，四大菜系とされる[*1]。

①**山東菜系**：かつては宮廷料理として供された。燕の巣など高級食材も使う。

②**広東菜系**：シュウマイなど日本でも広く親しまれている料理が多い。

③**四川菜系**：唐辛子や花椒等の香辛料による，しびれる辛さが特徴である。

④**江蘇菜系**：海鮮を用いた料理が多い。

*1　**四大菜系**　日本においては，北京菜系，広東菜系，四川菜系，上海菜系を中国四大菜系とすることが多い。北京菜系は山東菜系から，上海菜系は江蘇菜系から派生したとされる。

図 9.4　中国料理の分類

さらに福建菜系，浙江菜系，湖南菜系，安徽菜系を加えて八大菜系と分類される。

9.2.2 欧米諸国

　欧米諸国の料理を西洋料理という。それぞれの国・土地における歴史や文化が反映されているが，共通した特徴は，油脂や乳製品，香辛料を使用することが多く，食材に合わせた多様なソース類とともにいただく点である。格式高い食事の場では，一皿ずつ時系列で展開するコース形式にて提供される[*2]。さらに，各料理に適したお酒を合わせることもあり，料理とお酒とのペアリ

*2　**コース形式**　例えばフランス料理では，前菜→パン→スープ→メイン料理(魚または／および肉，野菜)→チーズ→デザートの順でいただき，その前後に食前酒・食後酒が出されることもある。

ング(マリアージュ)を楽しむ。以下は，欧米5か国の特徴である。

(1) フランス

「フランスの美食術」がユネスコ無形文化遺産に登録されているように，人々が集まりおいしい食べ物と飲み物を楽しむことを大切にしている。

地域の気候や土壌の特性を生かした畜産酪農業や農業に力を入れており，中でも小麦などの穀物や，生乳，ぶどうの生産が多い。バゲットやクーペなどの伝統的なパン[*]や種類豊富なチーズとワインは食卓に欠かせない。

フランスの地域圏(図9.5)のうち，一部の特徴は以下の通りである。

*伝統的なパン 日本では「フランスパン」として総称されることが多いが，サイズや形状により種類がわかれ，それぞれに名称がある。

①**ブルターニュ**：海に面していることから，魚介を用いた料理が多い。また，そば粉を使ったガレットやリンゴの発泡酒シードルも有名である。

②**オー・ドゥ・フランス**：野菜や豆類が生産される。また，ワインの生産には向かない土地であるため，ホップや麦を栽培し，ビールを製造している。

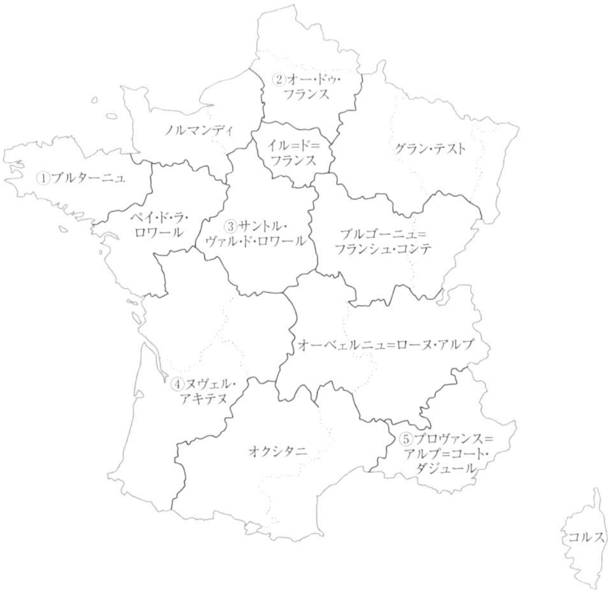

③**サントル・ヴァル・ド・ロワール**：穀類や川魚，ジビエなど食材が豊富であり，名物としてタルトタタンが知られる。

④**ヌヴェル・アキテヌ**：ワインの名産地であるボルドーが位置する。また，酪農も盛んであり，中でもエシレバターは日本でも親しまれている。

⑤**プロヴァンス＝アルプ＝コート・ダジュール**：南側が地中海に面し，イタリアに接している。そのため，バターよりもオリーブオイルを用いた料理が多く，イタリア料理の影響が見られる。ブイヤベースやラタトゥイユが有名である。

図9.5 フランスの地域圏

(2) イタリア

国土が南北に広がっており気候が大きく異なるが，土地を生かした農業や酪農が盛んである。そのため，その土地で手に入る食材を用いた数々の郷土料理があり，現在にも引き継がれている。ピザやパスタ，菓子類の原料となる硬質・軟質小麦に加え，オリーブ，トマト，ワイン，チーズなどが生産され，これらがイタリアの食文化を形成している。その他，魚介類も使用される。料理は，オリーブオイルや多様なスパイス・ハーブを用いて調理される。食事の際にはワインが供され，料理やチーズ，生ハムとともにいただく。

(3) スペイン

穏やかな気候を生かしたオリーブやワインの生産が盛んである。また，地中海に面しており，パエリア[*1]などの魚介類を使った料理も多く食べられる。肉料理も多彩であり，中でもどんぐりを飼料に育つイベリコ豚が名産品である。地方ごとの郷土料理が発達している。

軽食として，種類豊富な小皿料理[*2]を食べる文化がある。これらはバルと呼ばれる飲食店で提供され，お酒とともに食べることが多い。スペインでは，ワインはそのまま飲まれるだけでなく，フルーツを入れたサングリアとしても飲まれる。

(4) イギリス

イギリスは，イングランド，スコットランド，ウェールズ，北アイルランドの4地域から構成される。土地で食文化が形成されているが，共通してじゃがいもを食べる機会が多く，フライドポテト[*3]の人気が高い。また，紅茶を飲む文化が根付いており，日本でも知られるアフタヌーンティーでは，軽食やスイーツ，クロテッドクリームとジャムが添えられたスコーンとともに紅茶を楽しむ。その他，移民が多いことから，異国の食文化も受け入れられており，インド料理や中国料理も楽しまれている。

(5) アメリカ

イギリス料理が基調とされるが，アメリカにはさまざまなルーツをもつ人々が生活していることから，それぞれの食文化を受け入れながら多様性に富んだ食文化が形成された。また，冷凍食品などの加工食品の市場が大きく，食卓にも活用される。現代では健康な食事への関心も高い。

9.2.3 アジア，アフリカ諸国

(1) インド

各々が信仰している宗教の規則を生活の基盤とし，食事においても決まりがある。また，「アユール・ヴェータ」と呼ばれる医食同源の考え方が根付いている。料理の特徴は，羊肉，鶏肉，魚，豆，野菜などの食材を，香辛料やギー[*4]，乳製品を多用して調理される点である。これに，小麦粉を用いて作るチャパティやローティ等の薄焼きのパンの他，米を併せて食べる。

(2) 韓国

薬食同源の考え方があり，身体に良い食事の在り方として，「五味五色[*5]」が取り入れられている。

韓国料理の特徴は，唐辛子やにんにく，ねぎなどを多く使う点である。日本でも親しまれるキムチは，特有の調味料であるヤンニョム[*6]に漬け込んだ伝統的な漬物の総称であり，野菜の数だけ種類があるといわれている。これは

*1 パエリア 米をえびや貝などの魚介類，色とりどりの野菜とともにスープで炊き上げた料理。

*2 小皿料理 タパスと呼ばれる。食材をオリーブオイルとにんにくで煮込んだアヒージョや，チーズ，生ハムなどさまざまな種類がある。

*3 フライドポテト イギリスではチップスと呼ばれる。

*4 ギー バターを精製した油脂。

*5 五味五色 五味とは，甘・辛・酸・苦・鹹（塩辛い），五色とは，青・赤・黄・白・黒の食べ物を意味する。

*6 ヤンニョム 韓国における基本調味料であるコチュジャン（唐辛子味噌）やカンジャン（醤油）に唐辛子，ごま油，ニンニク，塩辛などを加えた混合調味料。キムチ以外にも，さまざまな料理に使用される。

健康に良い発酵食品として食卓に不可欠であり，単に漬物としてだけでなく，料理にも使用される。キムチの味は地域や家庭により異なり，キムチ作りの伝統はユネスコ無形文化遺産に登録されている。

(3) タイ

タイ料理の特徴は，唐辛子や胡椒の辛味，ライムやタマリンドなどの酸味を効かせた味わいに，レモングラスやパクチーの独特な香りを加えることにある。中でもトムヤムクン*はよく知られたタイ料理のひとつであり，世界三大スープともいわれる。

主食は米であるが，その種類は地域により異なり，北部・東北部はもち米，中部・南部は日本とは異なる細長いうるち米を食べる。

(4) トルコ

フランス料理，中国料理と並ぶ世界三大料理のひとつである。広い土地を有したオスマン帝国時代に，各地の食材や調理法を宮廷料理に取り入れたことで豊かな食文化が発展したとされる。日本でも有名な伸びるアイスクリームは，ドンドゥルマ(トルコの凍らせたスイーツ)の一種である。伸びる秘密は，トルコに自生するサーレップという植物の根を使っていることにある。

(5) エチオピア

世界的に有名なコーヒー豆以外にもテフという特徴的なイネ科の穀物が広く栽培されている。この全粒粉に水を加えて捏ね，発酵させたのちクレープのように薄く広げて焼いたものをインジェラという。これを主食とし，青唐辛子やワットと呼ばれる濃厚なスープ，カッテージチーズを合わせる。

9.2.4　宗教や思想・志向による食文化

食文化は，国や地域ごとのみならず信仰する宗教や思想の相違によっても多種多様に発展している。同じ宗教や思想あっても，人により食事に対する考え方はさまざまに異なる。グローバル化が進む現代において，食の多様性に柔軟に対応するためには，まずはこれらを理解する必要がある。

(1) 宗教

ヒンドゥー教は，インドやネパール，バングラデシュに多い。浄・不浄の概念に基づいた食作法が徹底されている。牛は神聖な動物，豚は不浄な動物とされ，食べてはいけない。そのため肉類を食べる場合は羊肉や鶏肉，やぎ肉に限定されるが，これらに加えて魚介類や卵も食べない菜食中心の人も多い。この場合は，かつお出汁やブイヨンも禁忌のため注意が必要である。

イスラム教を信仰する人は世界各地に分布している。口に入れる食材のみならず，その調理場所や調理方法にも気を配る必要がある(p.38 参照)。

ユダヤ教は，イスラエルやアメリカなど世界各国に存在する。カシュルー

*トムヤムクン　エビからだしをとり，レモングラスなどの数種のハーブやタイの魚醤であるナンプラー，唐辛子，ライム等で調味した辛味と酸味のあるスープ。

　中国における点心とは，主菜とスープ以外の軽食，菓子・デザート類のことを指し，炒飯や粥，麺類なども点心に分類される。そのため，中国では朝食，昼食・間食・夕食のいずれにおいても食べられている広東料理の一種である。点心は2種類あり，おやつやデザートになる甘い点心を甜点心（テンテンシン），食事系の点心を鹹点心（シェンテンシン）という。ゆっくりと中国茶を飲みながら点心を食べる文化があり，これを飲茶という。この場合の点心は，お茶を飲むためのお茶請けである。

トと呼ばれる規定により，食べてよいものと食べてはいけないものが厳格に区別されている。避けられる食材は豚肉など複数あるが，肉料理と乳製品の組み合わせも禁忌とされる。これは，単に同じ料理の中での調理が禁じられているのではなく，胃の中で肉と乳製品が一緒になることを禁じている。

（2）菜食主義（ベジタリアン）

　菜食主義は，肉や魚などの動物性食品を食べず，穀物や豆，野菜などの植物性食品を食べる人のことである。宗教上の理由だけでなく，動物愛護や環境保全の考えから菜食中心の食生活を選択する人もいる。動物性食品をどこまで制限するかにより呼び名が異なる。状況や食事場所により動物性食品も食べることを柔軟に選択するフレキシタリアン，肉類は食べず，魚介類や卵は食べるペスカタリアン，卵や乳製品，はちみつも含めた動物性食品を一切食べないヴィーガンなど，食事の選択や考え方は多岐にわたる。近年では，日本でもこのような思想に対応した製品やレストランが増えている。

（3）スローフード運動

　簡便な食事の広まりに伴い，各地の伝統的な農産物や料理，人々の食への関心の消失を懸念して始まった世界的な運動である。「おいしく健康的で(GOOD)，環境に負荷を与えず(CLEAN)，生産者が正当に評価される(FAIR)食文化[*1]」を目指し，さまざまな取り組みがされている。各地の食の伝統を守り未来につなぐためには，生物多様性の保全だけでなく食育も重要とされる。

*1　日本スローフード協会, https://slowfood-nippon.jp/aboutus/ (2024.2.1)

9.3　行事食と郷土食

9.3.1　行事食

　私たちは日々，生活の中でさまざまな行事を営んでいる。これらの中には，近年になり，普及してきたものもあるが，古くから日本人の生活の中で伝えられてきたものも少なくない。そして，このような行事の多くにはそれに関連する特別の食が準備されてきた[*2]。

　行事食は年中行事と通過儀礼に分けられる。

　年中行事は毎年一定の時期に繰り返し行われるもので，中国より伝来の暦

*2　ハレとケの食事　行事食や供応食など特別の日の食を「ハレの食」といい，日常の食を「ケの食」という。

*1 農耕儀礼 稲作が中心であったわが国では、季節の変わり目や農作業の大切な節目に、神に食物を供え、それを分かち合って食べた。
　農耕に関連する行事としては、虫送りや奥能登に伝えられているあえのことに代表される田の神様祭りが各地で行われている。

*2 雑煮の地域性 おおまかには、東日本は角餅を焼き、西日本は丸餅を煮て使う。また、関東風はすまし仕立て、関西風は味噌仕立てであり、ほかに小豆雑煮やみぞれ雑煮などもあり、もちに添えられる副材料も多様である。おせち料理は全国共通な料理が多いが、雑煮は地域によりさまざまである。

*3 おせち料理の縁起（いわれ）正月は1年の門出であり、よい年になるよう、縁起に基づいたもので、健康や長寿、家族の幸福などの願いをこめた料理が準備されて来た。例えば、「黒豆」には健康を、「田作り」には豊作を、「かずのこ」には子孫繁栄の願いが込められている。また、「きんとん」は豊かさを、「伊達巻」のような巻くものは巻物に見立て、文物を表しており、この他、松竹梅・鶴亀・紅白・黄金・日の出などめでたさをあらわしている料理が多い。

*4 祝い肴三種 祝い肴はおせち料理の口取りにあたるもので、祝い肴三種という場合、関東では黒豆、数の子、田作りを関西では黒豆、数の子、たたきごぼうとすることが多い。

*5 七草の種類 七草の種類は時代により、地方により異なっているが、「せり、なずな、ごぎょう、はこべら、ほとけのざ、すずな、すずしろこれぞ七草」という唄がよく知られている。

によるものが多いが、稲作が中心であった我が国では、農作業の節目に行われる農耕儀礼[*1]や宗教に伴うものがある。

通過儀礼は、人生の節目に行われるもので。お食い初め、七五三、成人、初老の祝いなどが上げられる。

（1）年中行事

1）正月料理

新年を迎え、正月を祝う食べ物として、屠蘇、雑煮、おせち料理がある。

a. 屠　蘇

1年の邪気を払い、無病長寿を願って、正月に飲む薬酒のこと、昔は家々で薬を調合していたものが、明治以降は「屠蘇散」が売られるようになったが、近年は単に酒を飲むことになっている。

b. 雑　煮[*2]

元々は「保臓」で、臓腑を保養する意や、いろいろなものを一緒に煮たという意味もあるといわれ、正月の神に供えた食べ物を取り下げて煮たとも言われる。

c. おせち料理

正月料理のことを一般に「おせち（節）料理[*3,4]」と言う。これは「お節会料理」あるいは「お節句料理」の略称で、季節の折り目である節句（年間に五節句ある）の際の料理を指し、本来は神に供えた神饌を分けて食べることに由来すると言われる。しかし、次第に五節句のうち、最も大切な正月料理だけを特に「おせち」と呼ぶようになった。

正月は家族が揃って祝うため、暮に準備をし、正月中はそれを食べることにより、家事労働から解放されるよう、保存性が高く、かつ、冷めても比較的美味しく食べることの出来る料理が工夫されている。

また、おせち料理は重箱に詰められることが多い。五段の重箱の場合、一の重に口取り、二の重に焼き物、三の重に煮物、与の重に酢の物を詰め、五の重は控えにしたりする。

2）五節句

中国では暦から奇数の重なる日に季節の植物を食べ、邪気を払う習慣があった。奈良・平安時代には宮中で節会（せちえ）が行われ、時代が下がると庶民にもひろがっていく。江戸時代には幕府が五節句を定め、民間にもひろまった。

a. 人日の節句（七草）：1月7日

正月7日に七草粥[*5]を食べて、一年間の無病息災を祈る行事である。中国で、陰暦1日から6日までは獣畜を占い、7日からは人を占ったということから「人日」と言ったという故事と、若菜を摘み、古くは羹で室町時代以降は粥を食べることが合体したものと考えられている。

b. 上巳の節句（雛祭り）：3月3日

中国では3月上巳にお祓いをする習慣があり，平安時代からの雛遊び，あるいは，さまざまな厄を人形に移して水に流す神事が一緒になったものと考えられている。蓬餅を食べ，桃の花を酒にひたした桃花酒が供えられるが，江戸時代頃より，菱餅，白酒，ちらしずし，蛤汁が用意される。

c. 端午の節句（菖蒲）：5月5日

月の初めの午の日を端午といい，中国では5月5日に，災厄を払う目的の行事が伝来した。端午の節句には菖蒲酒をすすめ，江戸時代より，江戸では柏餅，上方では粽が作られたが，柏は新芽が出るまで古い葉は落ちないことから，代々子孫繁栄を願ったものという。

d. 七夕の節句（七夕祭り）：7月7日

中国の牽牛・織女星の伝説と裁縫などが上達することを願う風習に日本の棚機津女の信仰が合体したもので奈良時代にはじまっている。食べ物としては素麺を食べる習慣が古くからある。

e. 重陽の節句（菊の節句）：9月9日

中国では，奇数が良いとされ，陽数の9が重なるめでたい日とされた。菊の季節であることから，菊酒が準備された。また，庶民は栗飯を食べることから，栗節句とも呼ばれた。

3）宗教に関する行事

宗教に関する行事としては，おはぎを供する彼岸の中日（春分の日，秋分の日）や甘茶を供する灌仏会（花祭），そうめんなどを準備する盂蘭盆会（お盆）がある。

4）その他の年中行事

季節の変わり目を節分*1というが，四季のうち，立春の前日に行われる。冬至にはカボチャを食べ，大晦日は一年の締めくくりで細く長くという意味で年越しそばを食べる。

(2) 通過儀礼

誕生，お食い初め，七五三，成人，結婚，初老の祝い（厄年），還暦・古稀などの長寿の祝い，葬儀などが上げられ，葬儀以外の行事では，赤飯，餅，尾頭付きの鯛などが準備される。七五三は，男児は5歳，女児は3歳と7歳にこれまでの成長に感謝し，この後も健康に過ごすことができるよう願うものであり，千歳飴には細く長く粘り強く，いつまでも健康で長生きをしてほしいという願いが込められている。

9.3.2 郷土食

地域の風土・産物・生活環境により，特色づけられるものに，郷土食・郷土料理*2,3がある。気候・風土などの地理的条件や歴史的背景の中で育まれてき

*1 節分の食 煎った大豆を神棚に供え，これをまく。地域によってはいわしの頭を柊にさして戸口にかざり，厄除けとするところもある。

*2 郷土料理と郷土食 地域に根づいた産物を使い，地域独自の調理方法で作られてきた伝統料理を郷土料理という。この郷土料理を含め，風土・産物，生活環境の中で食されてきたものを郷土食という。

*3 東日本と西日本の違い 南北に長い日本列島では，糸魚川・静岡構造線を境とした東日本，西日本で食文化の違いが見られる。歳とりの魚では，東日本はさけ，西日本はぶりが多い。肉類では，東日本は豚肉文化，西日本は牛肉文化といわれる。また，江戸前のにぎりずしに対して上方の箱ずしのような違いもある。

た各地域特有の食習慣と言えよう。

　郷土料理では，各地域の特産物・生産量の多い食品を使ったものが多い。穀類をみると，中部・関東から東北にかけての寒冷地や中央高地の高冷地一帯，火山麓の開墾地では，米作や麦作が適さず，そばが多く食べられていた。また，小麦は西日本では裏作で栽培され，関東でも麦作が盛んなところでは，うどんやそうめんのほか，はっと，すいとんなどの粉食が発達している。一方，日本海側の稲作単作地帯の秋田県や新潟県ではきりたんぽや笹団子が作られてきた。

　魚介類では，琵琶湖のそばの近江ではふなずしが，兵庫では瀬戸内海で多量に漁獲されるいかなごを佃煮にしたくぎ煮などが挙げられ，さばやいわしの漁獲が多い北陸では保存のため米ぬかに漬け込むへしこが作られてきた。

　一方，他の地域で生産された食材が，乾燥・塩蔵されて運ばれ，地域特有の料理となっているものも少なくない。特に，北海道で生産される昆布は京都や北陸で昆布巻，大阪の松前ずしとなり，沖縄ではさまざまな昆布料理となっている。また，熊野灘や小浜のさばは奈良の柿の葉ずしや京都でさばずしとなり，北海道のぼうだらや身欠けにしんは京都のいも棒やにしんそばとなっている。

　次に，気候・風土の影響による料理として，北海道の石狩鍋，青森のじゃっぱ汁，秋田のしょっつる鍋のように，北国では身体を温める鍋料理が発達した。また，南九州では醸造酒は腐敗しやすいことから，蒸留酒の焼酎が作られた。

　この他，歴史や宗教に影響されたものでは，高知の皿鉢料理や，東大寺の修行僧の食事であった奈良の茶がゆがある。

　今日，郷土食・郷土料理は名産化され，各地の郷土食・郷土料理に接することができる一方で，日常の食生活の中では失われつつあるものも少なくないが，各地域の風土の中で先人が育んできた食として継承していきたい。

9.4　食作法

　人が食事の際に用いる食具は地域により異なり，手を使って食べる手食，主に箸を使って食べる箸食，ナイフ，フォーク，スプーンを使って食べるナイフ・フォーク・スプーン食の3つに分類される。これらをまとめて3大食作法という。食作法の発展は手食が始まりであるが，このような違いが生じた要因は，①食べ物，②民族ごとの食事作法，③調理法の3点の違いにあるとされている。

　各食作法においては守るべきマナーがある。食事は楽しみながら食べるこ

とが大切であるが，食卓を一緒に囲う人たちがおいしく，気持ちよく食事を
するためには，最低限のルールを理解しておく必要があろう。

9.4.1 手　食

東南アジア，オセアニア，西アジア，インド，アフリカに広がっている。
世界全体の 40 ％に及び，3 大食作法の中で最も多い。これは信仰する宗教
も関係する。例えばヒンドゥー教やイスラム教においては，食器・食具は汚
れたものであり，手が最も清浄であるとされる。さらに，食事をする際は右
手に限定され，その指の使い方にも厳格な食事作法がある。

また，手食では食べ物に直接触れるため，温度や手触りを感じることがで
き，これがおいしさにもつながる。箸食やナイフ・フォーク・スプーン食に
おいても，おにぎりやパンなどは手に持って食べられることが多く，現在に
わたって手食のおいしさ・楽しさが引き継がれているといえる。

9.4.2 箸　食

中国，韓国，日本，ベトナム等，世界の 30 ％の人が箸を用いるとされる。
手食の国の一部とは米を食べるという共通点があるが，パサつきのあるイン
ディカ種は手食がおいしいとされる一方，粘りのあるジャポニカ種は手につ
きやすいため箸が適する。また，中国料理に多い油を用いて高温加熱された
食べ物でも，箸を使えば熱いうちに口に運ぶことができる。日本では一般的
に箸のみを用いるが，中国ではれんげ，韓国では匙も併せて用いる。また，
それぞれに箸の材質や形状，食事作法が異なる。

9.4.3 ナイフ，フォーク，スプーン食文化圏

ヨーロッパ，北アメリカ，南アメリカ等にて用いられ，箸食と同様に 30 ％
の人が当てはまる。料理に添えられるパンは前述の通り手で食べるが，肉を
食べる場合にはナイフとフォークを使えば塊肉であっても適宜切ったり刺し
たりしながら食べられる。使用する食具が同じでも，国によりそれらの使い
方が異なり，日本ではイギリス式，フランス式と区別される。

【演習問題】

問 1 伝統的な料理の配膳に関する記述である。最も適当なのはどれか。1
　　　つ選べ。　　　　　　　　　　　　　　　　　　　　（2021 年国家試験）

(1) 日本料理の日常食では，喫食者から見て，飯を右側，汁物を左側に置く。

(2) 日本料理の日常食では，喫食者から見て，主菜を飯の奥に置く。

(3) 西洋料理では，喫食者から見て，肉用ナイフを皿の手前に置く。

(4) 西洋料理では，喫食者から見て，スープスプーンを皿の右側に置く。

(5) 中国料理の宴席では，料理はあらかじめ小皿に盛り付けて各個人に供
　　する。

解答（4）

問 2 代表的な料理の献立の構成に関する記述である。最も適当なのはどれ
　　　か。1 つ選べ。　　　　　　　　　　　　　　　　　（2020 年国家試験）

(1) 会席料理では，最初に飯と汁が供される。

(2) 精進料理では，煮干しだしの汁が供される。

(3) 西洋料理の正餐では，最初に魚料理（ポワソン）が供される。

(4) ビュッフェでは，主食，主菜，副菜が順番に供される。

(5) 中国料理では，菜と点心が供される。

解答（5）

問 3 食事に関する記述である。正しいのはどれか。1 つ選べ。

　　　　　　　　　　　　　　　　　　　　　　　　　　　（2019 年国家試験）

(1) 客をもてなす食事を，供応食という。

(2) 日常食を，ハレの食事という。

(3) 中国料理のスープを，点心という。

(4) 家庭で調理して食べる食事を，中食という。

(5) 立食形式のセルフサービスの食事を，正餐という。

解答（1）

📖 **参考文献・参考資料**

赤羽正之，小野房子，川端晶子：献立概論，医歯薬出版株式会社（1971）

江原絢子，石川尚子編集：日本の食文化　「和食」の継承と食育，アイ・ケイ・
　　コーポレーション（2018）

遠藤金次，橋本慶子，今村幸生：食生活論—「人と食」とのかかわりから—，
　　南江堂（1999）

岡田哲：食の文化を知る事典，東京堂（2005）

北岡正三郎：物語　食の文化，中央公論新社（2011）

国土交通省：多様な食文化・食習慣を有する外国人客への対応マニュアル（2008），
　　https://www.mlit.go.jp/common/000059331.pdf（2023.9.23）

齋尾恭子：エチオピアの独自な作物と食べもの，日本調理科学会誌，**52**，285-
　　288（2019）

鈴木志保子，大久保洋子，駿藤晶子，飯田綾香：日本からみた世界の食文化
　　食の多様性を受け入れる，第一出版（2021）

タイ国政府観光庁：タイ料理 https://www.thailandtravel.or.jp/about/thaicuisine/
（2023.9.23）

中国料理の基礎知識，枻出版（2013）

津田謹輔，伏木亨，本田佳子監修，山崎英恵編集：調理学　食品の調理と食事
設計，中山書店（2018）

中嶋加代子，山田志麻編著：イラスト調理科学，東京教学社（2023）

(一般財団法人)日本食生活協会：日本の味　郷土料理めぐり（2018）

農林水産省：https://www.maff.go.jp/j/keikaku/syokubunka/ich/（2023.9.20）

野林厚志ら：世界の食文化百科事典，丸善出版（2021）

芳賀登，石川寛子：日本の食文化 11　郷土と行事の食，雄山閣出版（1999）

松下幸子：祝いの食文化，東京美術選書 61（1991）

吉田勉編著：新版　健康と食生活，学文社（2016）

吉松藤子，木下精子：食卓作法，柴田書店（1990）

第**10**章　食事設計

10.1　日常食の献立作成

10.1.1　献立作成の基本

（1）栄養性

　健康の保持・増進と共に生活習慣病の予防に取り組むためには食事を通してエネルギーおよび栄養素の管理が重要となる。しかしながら，喫食者によって必要な栄養素量が異なるエネルギーや食塩相当量の過剰摂取，また食物繊維の摂取不足などが生活習慣病の発症に大きく関わっている。このため，献立を作成するにあたり，まずは，喫食者の性別や年齢，身体活動レベルや健康上の問題点を知ることが大切である。[*1]そのうえで，食事摂取基準や**食生活指針**[*2]などを参考に各栄養素量を決定し，欠乏や過剰を回避する必要がある。

*1　pp.152-156 を参照

*2　10.1.5（p.150）参照

（2）嗜好性

　食事は，喫食者がおいしいと感じることが重要である。焼き加熱や揚げ加熱など調理法に偏りがないことや味付けの組合せ，香りの付与といった工夫が必要である。また，見た目もおいしさに反映されるため，彩りが良くなるように食材の組合せや，切り方を工夫するとよい。さらに，旬の食材を用いたり，使用する器や盛りつけ方を変えたりして，季節を感じられる料理にすることも喫食者の満足度につながる。なお，喫食者の好みを把握し，献立に反映させると満足度は上がるが，食材や栄養素バランスに偏りが出ないように注意する必要がある。

（3）環境への配慮

　食材の選択や調理，後片付けまで，食事を提供する一連の流れは環境と密接に関わっている。用いる食材がどこでとられて，どのように流通されたものか，食材の購入量が適切で無駄がないかどうか，そして，それらを調理する際に必要以上にエネルギー，水や洗剤を使用していないか，また不要になった食材や油などが適切に廃棄できているかを考え，環境に負荷を与えないようにする。[*3]

*3　p.56-58 参照

（4）食　費

　調理に用いる食材や調味料のうち，調味料や加工食品の価格は比較的安定しているが，生鮮食品は季節や気候によって価格の変動が大きい。これらは

旬になると出荷量が増えて価格が抑えられるため，旬の食材をうまく活用する。しかし，天候不順で不作になると価格が上昇するため，その場合は食材を変更するといった対応が求められる。

(5) 衛生への配慮

給食施設では，大量調理施設衛生管理マニュアル(厚生労働省)に基づき，加熱調理時には食材中心部まで十分加熱されているかの確認，原材料や調理後の食品保管時の温度管理，加熱調理後の食品や非加熱調理食品の二次汚染を防ぐための対策などが実施されている。さらに，ノロウイルスに対する対策が2017年から加えられている。

調理品による危害，すなわち食中毒や異物混入などを防ぐため，食材や調理過程，料理を喫食者に提供するまで，衛生管理は徹底する必要がある。[*1]

*1 p.31-33 参照

(6) 市販品の活用

さまざまな給食施設では，廃棄物の減量や下処理の軽減のためにカット野菜や冷凍食品(野菜や魚介類など)が利用されている。ほかにも野菜や肉，魚など，料理に合わせて切り方やサイズを指定して発注することが可能であり，オーダー加工品といわれている。

家族向けには容器に小分けされた総菜や，レトルト加工された食品のように，簡単な調理で食べることのできる調理済み食品が近年非常に多くなっている。しかし，これらは脂質や食塩の含量が多いものや食品添加物の使用量が多いものがある。また，野菜や果物類の使用量が少なく，食物繊維やビタミン類などが不足しがちであるため，これらの栄養素を含む食品を積極的に摂取する必要がある。

(7) 一汁三菜等の献立作成

献立は1回の食事の料理構成を表したもので，一般的に主食，主菜，副菜，副々菜，汁物を組み合わせた一汁三菜が基本である(図10.1)。主食は米や小麦など，炭水化物を多く含む料理で，主菜は肉や魚，卵や大豆製品などたんぱく質や脂質が多く，献立の中心となる料理である。副菜や副々菜は野菜，きのこや海藻を用いた料理でビタミンやミネラル，食物繊維が豊富である。汁物は季節感や食品構成を考慮して汁の種類や椀種などが決められる。

また，主食と主菜(丼物)，主菜と副菜(筑前煮・肉じゃが・シチューなど)，副菜と汁物(けんちん汁など)，主食と主菜・副菜(カレーライスなど)を組み合わせて一つの料理として考える場合もある。

*2 スマートミールホームページ
http://smartmeal.jp/
smartmealkijun.html (2024.2.1)

(8) スマートミール認証

スマートミールとは，健康づくりに役立つ栄養バランスのとれた食事のことで，外食や中食，事業所給食で，「健康的な食事」を継続的に健康的な環境で提供する店舗や事業所を認証(**スマートミール**[*2]

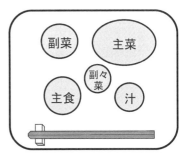

図 10.1　日常食（一汁三菜）配膳例

ホームページより)する制度である。提供する食事のエネルギー量やPFC比，食塩相当量などが基準に合っているか，野菜など(野菜・きのこ・海藻・いも)の重量が基準値以上であるかどうか，さらに外食や給食施設などは食事をするスペースが禁煙であるかが審査の対象となる。この認証制度は，外食や中食(総菜や弁当)の利用者がより健康的な食生活が送れるように，「健康な食事・食環境」コンソーシアムが審査・認証を行っている。

10.1.2 食品の栄養素と日本食品標準成分表

(1) 日本食品標準成分表

日本食品標準成分表(以下，食品標準成分表)は，文部科学省科学技術・学術審議会資源調査分科会が，調査して公表している日常的な食品成分に関するデータで，18食品群に分けて収載されている(表10.1)。近年は5年ごとに改訂され，収載食品数*は，随時追加されている。

(2) 成分項目

成分項目には，廃棄率，エネルギー，水分，たんぱく質，脂質，炭水化物のほか，食塩相当量，アルコールなどがある。詳細は表10.2に示す。備考欄は，食品の別名や廃棄部位などのような情報が記載されている。

*日本食品標準成分表(八訂)増補2023年の収載食品数は2,538。

(3) 成分値の表示方法

成分値は，廃棄部分を除いた可食部100gに含まれる重量で示されている。未測定のものは「－」，測定値が最小記載量の1/10未満または検出されなかったものは「0」，測定値が最小記載量の1/10以上で5/10未満のものは「Tr(トレース)」と示されている。ただし，食塩相当量は算出値が最小記載量の5/10未満が「0」とされている。また，( )で示されているものは，文献などから推定された数値である。

10.1.3 食事摂取基準の活用

日本人の食事摂取基準は，健康な個人ならびに集団を対象として，国民の健康の保持・増進，生活習慣病の予防のために参照するエネルギーおよび栄養素の摂取量の基準を示したものである。日本人

表10.1 日本食品標準成分表の食品群

	食品群
1	穀類
2	いも及びでん粉類
3	砂糖及び甘味類
4	豆類
5	種実類
6	野菜類
7	果実類
8	きのこ類
9	藻類
10	魚介類
11	肉類
12	卵類
13	乳類
14	油脂類
15	菓子類
16	し好飲料類
17	調味料及び香辛料類
18	調理済み流通食品類

出所) 文部科学省資源調査部：日本食品標準成分表(八訂)増補2023年より

表10.2 日本食品標準成分表成分項目

	成分項目
1	廃棄率
2	エネルギー
3	水分
4	たんぱく質 アミノ酸組成によるたんぱく質 たんぱく質
5	脂質 脂肪酸のトリアシルグリセロール当量 コレステロール，脂質
6	炭水化物 利用可能炭水化物 (単糖当量，および質量計) 差引き法による利用可能炭水化物，食物繊維総量，糖アルコール，炭水化物
7	有機酸
8	灰分
9	無機質 ナトリウム，カリウム，カルシウムなど
10	ビタミン A，D，E，B_1，B_2，B_6，B_{12}，Cなど
11	その他 (アルコール・食塩相当量)
12	備考 (食品の別名・廃棄部位など)

出所) 文部科学省資源調査部：日本食品標準成分表(八訂)増補2023年より

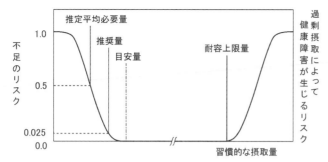

図 10.2　食事摂取基準の各指標を理解するための概念図

出所）厚生労働省：日本人の食事摂取基準（2020 年版）策定検討会報告書．p.7
より

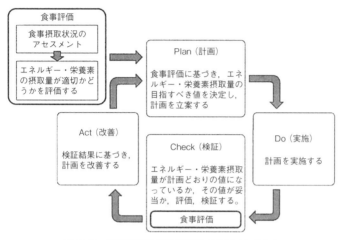

図 10.3　食事摂取基準の活用と PDCA サイクル

出所）厚生労働省：日本人の食事摂取基準（2020 年版）策定検討会報告書．p.21 より

の食事摂取基準 2020 年版では，高齢者の**フレイル**[*1]への対策として，年齢区分の細分化や，低栄養予防のための目標量について設定されるなど，さらなる高齢化の進展をふまえた内容になっている。

　食事摂取基準では，エネルギーや各栄養素の摂取量が性別や年齢，身体活動レベルごとに示されている。設定指標としては，エネルギーについては BMI が採用され，34 種類の栄養素について，**推定平均必要量**[*2]や**推奨量**[*3]，**目安量**[*4]，**耐容上限量**[*5]，**目標量**[*6]を用いている（**図 10.2**，**図 10.3**）。

10.1.4　献立作成の手順

（1）食品の分類

　各施設では，独自に食品群別に使用頻度の高い食材を分類している。食品群の区分は日本食品標準成分表（**表 10.1**）を参考に，各施設で決定されている。食品群に分けられた食材が豊富で多岐にわたる場合は，さらに細かく分類さ

*1　**フレイル**　加齢により心身が老い衰えた状態のことを「フレイル」といい，語源の「Frailty」は虚弱，老衰，脆弱などを意味する。高齢者のフレイルは，生活の質を落とすだけでなく，さまざまな合併症も引き起こす危険があるが，早く介入して対策を行えば元の健常な状態に戻る可能性がある。フレイルの基準は 5 項目あり（1. 体重減少，2. 疲れやすい，3. 歩行速度の低下，4. 握力の低下，5. 身体活動量の低下），3 項目以上該当するとフレイル，1 または 2 項目だけの場合にはフレイルの前段階であるプレフレイルと判断する。高齢者に対するフレイル対策（フレイルの予防）が重要とされている。日本人の食事摂取基準（2020 年版）では，65 歳以上の高齢者に対し，たんぱく質などでフレイル予防を目的とした目標値が策定されている。

*2　**推定平均必要量**　当該（年齢・性別・身体活動レベルごと）集団における必要量の平均値と推定される摂取量。

*3　**推奨量**　ある集団に属する 97〜98％の人が充足している量。

*4　**目安量**　特定の集団における，ある一定の栄養状態を維持するのに十分な量と設定されている。

*5　**耐容上限量**　健康障害をもたらすリスクがないとみなされる習慣的な摂取量の上限の量。この上限量を超えて摂取すると，過剰摂取によって生じる潜在的な健康障害のリスクが高まる。

*6　**目標量**　生活習慣病の発症予防を目的として，現在の日本人が当面の目標とすべき摂取量。生活習慣病の重症化予防などを目的とした量を設定できる場合は，発症予防を目的とした目標量とは区別して提示されている。

れることがある。例えば，穀類は，米やパン類，めん類，その他の穀類，また肉類では，肉類(生)と肉加工品(ハムやベーコンなどが含まれる)などである。このように細かく分類しておくことで，献立を作成する際に利用しやすいように工夫されている。

(2) 給与栄養目標量の設定

日本人の食事摂取基準から算出されるもので，年齢や身体活動レベルを基にして，1日に必要な推定エネルギー必要量，たんぱく質や脂質の摂取目標量，その他ビタミンやミネラル，食物繊維など特に重要とされる栄養素について設定する。給与栄養目標量は，利用者のBMIの変化(標準の範囲から著しく逸脱していないか)などを参考に，定期的に評価(栄養アセスメント)を行い適宜修正する必要がある。

(3) 食品構成表の作成 (荷重平均食品成分表値，食品構成表の作成)

荷重平均食品成分表(値)は，各施設における食材の利用状況を基に，類似した性質をもつ食品を同一に分類し，その使用比率に基づいて求めた栄養成分の値から作成した食品群別の成分表のことである。献立を作成する対象(施設)ごとに次のように作成される。算出例を表 10.3 に示す。

A) 食品群ごとに，一定(半年や1年)の間使用された食材の総使用量を求め，集計する。

B) 総使用量に対するそれぞれの食材の使用比率を求める。

C) 食材の使用比率を基に，日本食品標準成分表を使用して，各食材のエネルギーおよび栄養素量を求める。

D) 算出した値を集計する。これが食品群の荷重平均食品成分値となり，食品群ごとにまとめたものが荷重平均成分表である。

対象および施設により食材の使用頻度や量は異なるため，荷重平均食品成分表を作成しておくと献立が作成しやすくなる。

表 10.3　荷重平均食品成分値の算出例 (獣鳥肉類)

	期間中の総使用量 (kg)	比率 [B] (%)	エネルギー [C] (kcal)	たんぱく質 [C] (g)	脂質 [C] (g)	鉄 [C] (g)	ビタミン B_1 [C] (mg)
にわとり (若どり) むね 皮つき	73.5	24.5	33	4.2	1.3	0.1	0.02
にわとり (若どり) もも 皮つき	98.1	32.7	62	5.6	4.4	0.2	0.03
ぶた (大型種肉) もも 赤肉	45.9	15.3	18	(2.8)	0.5	0.1	0.15
ぶた (大型種肉) ばら 脂身つき	82.5	27.5	101	3.5	9.6	0.2	0.14
計	300 [A]	100.0	214 [D]	16.1 [D]	15.8 [D]	0.6 [D]	0.34 [D]
荷重平均食品成分値	—	100 (g)	214	16.1	15.8	0.6	0.34

注) 表中の A)・B)・C)・D) は本文中の説明箇所を示す

食品構成とは，給与栄養目標量を充足させるために何をどれだけ食べればよいか，食品群ごとに使用量を示したものであり，これをまとめたものが食品構成表である。日本人の食事摂取基準(エネルギー産生栄養素バランス)や健康日本 21，食事バランスガイドなどを参考に，以下のように作成される。

① 炭水化物エネルギー比(50 ～ 60 ％エネルギー)を基に穀物エネルギー比を配分し，穀類(主食)の使用量を求める。

② 動物性食品の使用量を求める。

　まずたんぱく質エネルギー比(13 ～ 20 ％エネルギー：食事摂取基準「目標量」)からたんぱく質の使用量を求め，そのうち動物性たんぱく質の比率が 40 ～ 50 ％程度になるように動物性食品(肉類，魚介類，卵類，乳類など)の使用量を求める。

③ 残りのたんぱく質を植物性食品に配分し，豆類などの使用量を求める。

④ 野菜は 1 日 350 g，そのうち緑黄色野菜が 120 g(健康日本 21)，果物は 1 日 200 g(食事バランスガイド)という指標を考慮しながら植物性食品を配分する。

⑤ 栄養素の合計を集計し，脂質エネルギー比(20 ～ 30 ％エネルギー：食事摂取基準「目標量」)から脂質の使用量を求め，不足分を脂質や種実類に配分する。

⑥ 残りのエネルギー量から砂糖や甘味料の使用量を求める。

⑦ 再度栄養素の集計を行い，給与栄養目標量の範囲に収まっているかどうか，PFC が適切かどうかを確認し，過不足が大きい場合は調整を行う。

(4) 献立立案と評価

　日常食の献立は，一般的に日本料理や中国料理，西洋料理，そしてこれらを組み合わせた折衷料理の様式を用いて構成される(表 10.4)。喫食者の健康の保持・増進や生活習慣病の予防を目的として，必要な栄養素がバランスよく摂取できることが大切であるが，季節，調理法，嗜好性や経済性にも考慮する必要がある。

表 10.4　献立の分類

様式別献立	日本料理：本膳料理，懐石料理，会席料理，精進料理など 中国料理：北京料理，広東料理，上海料理，四川料理 西洋料理：フランス料理，イタリア料理，スペイン料理，ロシア料理など その他：エスニック料理など
目的別献立	日常食：乳・幼児期食，学童期食，思春期食・成人期食・高齢期食など 特殊栄養食：妊婦・授乳婦食，治療食，スポーツ栄養食など 供応食・行事食：正月，誕生日，七五三，結婚式など

　1 ヶ月単位などの献立(期間献立)を立てる場合には，主菜や調理法が重ならないように配置し，また期間内に行事がある場合は，行事食を取り入れるなど配慮して計画する。期間献立を基に短期間の予定献立を作成し，日本食品標準成分表を用いてエネルギーおよび**各栄養素量の計算**[*]・評価を行い，必要に応じて修正を行う。
その手順を以下に示す。

[*]栄養素量の計算(エネルギーやたんぱく質など)

$$エネルギーおよび各栄養素量 = \frac{食材の分量(重量) \times 日本食品標準成分表のエネルギーおよび各栄養素量}{100}$$

【予定献立の作成】

① 主食，主菜の料理名を決める。

② 主食や主菜で不足する食品群から数品を加えて副菜を決める。主菜に付け合わせるか，異なる1品にする。いずれの場合も主菜に合う料理にする。

③ 汁物を決める。(食塩相当量が多くなるため，毎食は必要ない)

④ 食品構成表を参考に分量を決定し，栄養面の点検を行う。

⑤ 不足している場合は，デザートや間食を加える。

予定献立が完成したら，以下の内容を確認し，必要に応じて修正を行う。

【献立の評価】

① 1日3食の配分が適当か。

(1日分のエネルギーを朝：昼：夕＝1：1.5：1.5に分けることが多い)

② 1日に必要な栄養素量(給与栄養目標量)が充足できているか。

③ 使用食品や調理法，食味，料理の配色に偏りがないか。

④ 季節感があるか。

⑤ 喫食者が満足できるか。

⑥ 献立が予算内で実施することができるか。

⑦ 時間内に調理が可能か。

10.1.5　食生活指針

国民が健全な食生活を実現できるように厚生省(現厚生労働省)，農林水産省，文部省(現文部科学省)が連携し，2000(平成12)年に策定した。その後，2016(平成28)年に一部が改正された(**表10.5**)。近年の生活習慣病の増加や食料自給率の低下，食料資源の浪費など，食生活においてさまざまな問題がおきている。これらは，健康・栄養についての適正な情報の不足や食習慣の乱れ，食料の海外依存などによるところが大きい。

食事設計を行う場合，食生活指針にもあるように，主食，主菜，副菜を基本に多様な食品を組み合わせるようにして食事のバランスを整え，ご飯などの穀類をしっかりと取ることで糖質からのエネルギー摂取を適切に保つようにする。さらに地域の産物を積極的に活用し，無駄や廃棄を減らした食生活を送るように努める。

表 10.5　食生活指針

1. 食事を楽しみましょう。
2. 1日の食事のリズムから，健やかな生活リズムを。
3. 適度な運動とバランスのよい食事で，適正体重の維持を。
4. 主食，主菜，副菜を基本に，食事のバランスを。
5. ごはんなどの穀類をしっかりと。
6. 野菜・果物，牛乳・乳製品，豆類，魚なども組み合わせて。
7. 食塩は控えめに，脂肪は質と量を考えて。
8. 日本の食文化や地域の産物を活かし，郷土の味の継承を。
9. 食料資源を大切に，無駄や廃棄の少ない食生活を。
10.「食」に関する理解を深め，食生活を見直してみましょう。

出所) 文部省決定，厚生省決定，農林水産省決定　平成28年6月一部改正，
http://mhlw.go.jp/file/06-Seisakujouhou-10900000-Kenkoukyoku/0000129379.pdf
(2023.9.22.) より

10.1.6　食事バランスガイド

食事バランスガイドは，健康な人々の健康づくりを目的として，食生活指針(**表10.5**)の項目が一般の人々にも

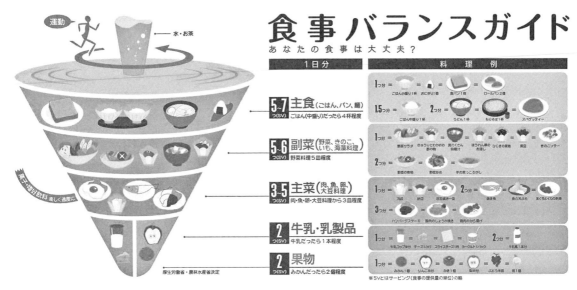

図 10.4　食事バランスガイド

出所）厚生労働省．https://www.mhlw.go.jp/shingi/2005/06/dl/s0621-5a.pdf（2023.9.18.）より

わかりやすく，実践しやすいように作られたものである。専門の知識がなくても栄養素のバランスがとれた 1 日の食事を計画し，さらに食事の評価や改善のために一般の人々が活用することが期待されている。2005 年に「日本人の食事摂取基準 2005 年版」の数値を基に，厚生労働省と農林水産省によって合同で発表され，「日本人の食事摂取基準 2010 年版」に合わせて改定（2010 年）された。1 日に「何を」「どれだけ」食べればよいかを，「主食」「副菜」「主菜」「牛乳・乳製品」「果物」の区分に，料理のイラストを目安（**SV：サービング**[*]）として示している（図 10.4）。全体的にコマのイラストが用いられ，重要な水・お茶は軸に，そしてコマの上で運動をする人は，バランスの良い食事だけではなく，運動を行わないとコマが倒れることを示している。なお，SV 量は，性別や年齢，身体活動レベルによって異なり，バランスガイドにはエネルギー量が 2200 ± 200 kcal（基本形）の 1 日分の量が記載されている。

*SV（サービング）　食事の提供量の単位のことで，一皿分の料理の標準量を表したもの。主食，副菜，主菜などコマにあるイラストの個数分を 1 日で摂取すれば，栄養バランスの整った食事になる。

10.1.7　食品の購入および保存時の留意点

　献立に記載されている食材の重量は，一般的に可食部（食べることができる）重量である。しかし，実際に購入する場合は廃棄する部分（いも類や果物類の皮や魚類の内臓や骨など）も含めた状態で購入する。そのため，日本食品標準成分表に記載されている廃棄率などを参考にして，図 10.5 の計算式を用いて廃棄量を含めた重量を求め，発注する。

　購入した食材は，状態などを確認後，速やかに適切な保存を行い，品質を維持することが重要である。

$$\text{廃棄部を含めた}\ \text{原材料重量（g）} = \frac{\text{調理前の可食部重量（g）}}{100 - \text{廃棄率（％）}} \times 100$$

図 10.5　廃棄部を含めた原材料重量を求める計算式

10.2　ライフステージへの対応

　私たちは，ライフステージの変化とともに，成長・発達し，成熟，老化など身体的・精神的変化を経験することになる。特に身体的変化に応じた食事管理が必要となり，食事の量や質についても考慮しなければならない。各ライフステージの食事設定で留意することを以下に示す。

10.2.1　妊娠・授乳期

（1）妊娠期

　妊娠期は，妊娠・分娩・産褥に伴う母体変化と，児の正常な発育のために必要な栄養を摂取し，管理することが重要である。妊娠期には母体と胎児の組織合成に必要なエネルギー[*1]，たんぱく質[*2]，ビタミン類，鉄[*3]などの栄養素の付加量が設定されている。推定エネルギー必要量の妊娠後期付加量は 450 kcal（身体活動レベル 2）で，コンビニサイズのおにぎり 2 ～ 3 個程度であり，1 日の食事摂取量が極端に増加するということではない。たんぱく質は，動物性食品では脂身の少ない赤身肉や，必須脂肪酸を含む青魚を選択し，植物性食品では，大豆・大豆製品など良質なたんぱく質を主菜・副菜に取り入れるとよい。妊娠中は血液量が増え，妊娠前よりさらに多く鉄の摂取が必要となる（表 10.6）。ヘム鉄は吸収率がよく動物性食品（赤身の肉や魚，貝類）に多く含まれるため，たんぱく質と鉄が一緒に摂取できる。非ヘム鉄は植物性食品にも多

*1　エネルギーの付加量は，推定エネルギー必要量に対し，初期で + 50 kcal/日，中期で + 250 kcal/日，後期で + 450 kcal/日である。

*2　たんぱく質付加量は推奨量に対し，初期で + 0 g/日，中期で + 5 g/日，後期で + 25 g/日である。

*3　鉄の付加量は推奨量に対し，初期で + 2.5 mg/日，中・後期で + 9.5 mg/日である。

表 10.6　鉄を多く含む食品

ヘム鉄			非ヘム鉄		
	1 回使用量（g）	含有量（mg）		1 回使用量（g）	含有量（mg）
ぶたレバー	50	6.5	こまつな	80	2.2
鶏レバー	50	4.5	ほうれんそう	80	1.6
牛ヒレ肉	80	2.2	えだまめ	50	1.4
塩さば切り身	80	1.6	ブロッコリー	50	0.5
まいわし（丸干し）	30	1.3	切り干しだいこん	10	0.3
さんま	120	1.1	調製豆乳	200	2.4
あさり	30	1.1	がんもどき	50	1.8
ししゃも	60	0.8	絹ごし豆腐	150	1.8
まぐろ（赤身）	70	0.6	糸引き納豆	50	1.7

出所）文部科学省：日本食品標準成分表 2020 年版（八訂）に基づき作成

く含むものがあるが(大豆・大豆製品，青菜，海藻類)，ヘム鉄と比較して吸収率は低いため，ビタミンCを多く含む野菜や柑橘類などと一緒に摂取すると吸収率が高まる。カルシウムは胎児の歯や骨の形成に必要となり，妊娠中は母体の吸収率が高まるが，普段から不足しやすい栄養素であるため積極的に摂取し，さらにビタミンD(きのこ類，鮭，鯖などに多い)とあわせて摂ると吸収率が高まる。

　妊娠前に低体重(やせ)であった場合，早産や低出生体重児を出産するリスクが高いことが報告されているため，「妊娠前から始める妊産婦のための食生活指針」が厚生労働省から策定されている(表10.7)。妊娠後に急激に食事を変えることは難しく，妊娠前からの適切な栄養摂取が望まれる。妊娠前からはじめる妊産婦のための食生活指針では，妊娠前からの健康づくりや妊産婦に必要な食事内容についてのみならず，生活全般，からだや心の健康にも配慮した10項目からなっている。

表10.7　妊娠前からはじめる妊産婦のための食生活指針
〜妊娠前から，健康なからだづくりを〜

●妊娠前から，バランスのよい食事をしっかりとりましょう
●「主食」を中心に，エネルギーをしっかりと
●不足しがちなビタミン・ミネラルを，「副菜」でたっぷりと
●「主菜」を組み合わせてたんぱく質を十分に
●乳製品，緑黄色野菜，豆類，小魚などでカルシウムを十分に
●妊娠中の体重増加は，お母さんと赤ちゃんにとって望ましい量に
●母乳育児も，バランスのよい食生活のなかで
●無理なくからだを動かしましょう
●たばことお酒の害から赤ちゃんを守りましょう
●お母さんと赤ちゃんのからだと心のゆとりは，周囲のあたたかいサポートから

出所）厚生労働省ホームページ
https://www.mhlw.go.jp/content/000776926.pdf（2023.6.14.）

(2) 授乳期

　授乳期は，産後の母体の回復，妊娠中に増加した体重の管理，授乳による母乳の分泌に配慮した食事計画が必要となる。妊娠期と同様にエネルギー[*1]，たんぱく質[*2]，ビタミン類，鉄[*3]などの付加量が設定されている。授乳期の食事のポイントは妊娠期と同様である。しかし，近年の世帯構成の変化や就業状況の変化などで，慣れない育児と家事との両立，仕事復帰への不安など，多様な悩みを抱えている。気軽に相談できる人や，地域とのつながりが減少していることにより，育児の孤立化や負担が大きくなる。電子レンジや電気圧力鍋の活用，半調理済み食品などを利用した時短料理を適宜取り入れることで，負担を軽減することも大切である。

*1　エネルギー付加量は，推定エネルギー必要量に対し，＋350 kcal/日である。

*2　たんぱく質付加量は推奨量に対し，＋20 g/日である。

*3　鉄の付加量は推奨量に対し，＋2.5 mg/日である。

10.2.2　乳・幼児期

（1）乳児期

　生後1歳未満を乳児期という。生後5〜6ヶ月頃になると成長にともない母乳やミルクだけでは不足する栄養素が出てくるため，幼児食（固形食）へと移行する必要があり，この移行期に与えるのが離乳食である。離乳食の進め方は，個々の成長や様子を見ながら焦らずに行い，それぞれの期に応じた食材の選定^{*1}，かたさ，量，味付けを心がける。エネルギーや栄養素を補うほかに，生活リズムを整え，食べることの楽しさを経験させることも大切である。また，乳児は細菌感染への抵抗力も弱いため，衛生管理に十分注意して調理を行う。まとめて多めに調理し，一食分に分けて冷凍保存^{*2}してストックすると便利である。また，電子レンジやハンドブレンダーなどの活用やベビーフード^{*3}なども上手く取り入れるのもよい。

　離乳後期になると手づかみ食べを始めるようになるので，子どもが手で持ちやすいサイズに食材を切るなどの工夫をする。

（2）幼児期

　幼児期は満1歳から小学校就学前までの時期をいう。幼児期は，身体的，精神的に発達が著しい時期であり，食事からのエネルギーや栄養素は健康の維持増進と，成長・発達のためにも必要となる。活動量が多くなるため，エネルギー不足にならないようにする。あごの発達を促すため，噛む回数が増えるメニューを取り入れる。

　また，2歳前後になると第一次反抗期（いやいや期）とも重なり，好き嫌いや遊び食べ，むら食い，偏食が出てくる時期となる。しかし，食習慣の確立および食事マナーを形成する大切な時期でもあるため，単なる食わず嫌いなのか，空腹であるか，食べにくいからか，味，香り，温度，食感を嫌うのかなど，原因を見極め，対処していく^{*4}。

10.2.3　学童期・思春期

　6歳から11歳までを学童期という。幼児期に続き，全身の発達が著しく，学齢が進むにつれて身体が急激に変化し，運動能力も高まる。高学年ごろになると第二次発育急進期となり，身体はより多くのエネルギーや栄養素が必要となるため，不足に注意が必要である。

　学童期は，幼児期に比べて行動範囲が広がり，自主性が確立し，自分で食品を選択するようになる時期である。規則正しい食生活と運動習慣を身に付けることが大切であり，学校給食を通した食育とあわせ，不規則な食事時間や孤食とならないよう，家庭においても食事づくりへの関わり，参加ができる機会に配慮する。

*1　はちみつは乳児ボツリヌス症を引き起こす可能性があるため，満1歳を過ぎるまでは与えない。

*2　加熱調理したものは衛生的に扱うように注意する。粗熱を取り，冷凍用保存袋に平たくして入れ，急速冷凍するのがよい。

*3　ベビーフードは，手作りの離乳食と併用することで，児の食体験も豊かになるほか，各期における食材のかたさや大きさも参考になる。また，長期保存が可能なため，備蓄食品として災害時にも役立つ。

*4　一緒に食べる大人がおいしそうに食べる様子を見ることで，安心して食べることができる。また，子どもが好む形に野菜を型抜きし，遊び感覚でトッピングさせる方法などがある。

　思春期は，明確な年齢区分が定義されていないが，女子の場合は 8 ～ 9 歳ころから始まり(男子は女子より 2 年ほど遅れる)，17 ～ 18 歳ごろまでとなる。特に，第二次性徴の発現により，それ以降，女子は月経により体内の鉄が不足しやすいため，貧血予防に鉄の多い食品を，男女では骨量が増加するため，カルシウムの多い食品を積極的に献立に取り入れる工夫をする。

10.2.4　成人期

　成人期は 20 歳～ 64 歳までとされることが多いが，さらに細かく分類する方法もある。20 歳代は，他の年代に比べて朝食欠食が多い傾向にあり，朝食欠食の理由として「時間がない」，「食欲がない」などが多い。朝食の準備としては，手間をかけずに食べられる調理方法[*1]がよい。前日の夕飯の支度時に翌日の朝食の材料を準備するのもよい。炭水化物，たんぱく質，ビタミン類が取れるような献立を考え，ワンプレートに工夫するのもよい。

　30 ～ 40 歳代では，男性の肥満者の割合が急激に増え始める。肥満は心臓病や糖尿病などの生活習慣病の要因となるため，予防や改善が望ましい。1 日の摂取エネルギーが慢性的に過剰にならないよう，一汁三菜を基本とする栄養素バランスに配慮した献立が望ましく，外食利用時にも主食・主菜・副菜を意識することが望ましい。また，女性では子育てが忙しい時期にもあたるため，家庭によっては料理に十分な時間を確保できない場合もある。市販の調理済み食品に頼りすぎず，調理の負担を軽減するような工夫が求められる[*2]。

　50 歳代以降になると，食習慣や運動習慣，睡眠などこれまでの生活習慣の積み重ねにより，健康診査の指摘事項が増え始めてくる。個人差はあるが，女性では女性ホルモンの減少により，更年期障害の不快な症状，脂質異常，骨密度の低下などがみられるようになる。積極的に摂り入れたい食材として大豆食品がある。大豆食品は女性ホルモン(エストロゲン)に似た働きをする大豆イソフラボンだけでなく，たんぱく質やミネラル，ビタミン，食物繊維が含まれ，骨を強くするカルシウムが豊富である。また，適量のアルコール，低塩を意識する。血圧降下作用のあるカリウムの摂取が推奨されるが，水に溶けやすい性質がある。水さらしや下ゆではカリウムが流出するため，電子

*1　食欲がない場合は，おかゆやスープ，お茶漬けなどに胡麻やしそなどの香りがある食品を取り入れると食欲が出てくる。また，おかゆ，汁物などの調理の際に，水の代わりに牛乳や豆乳を使うことで，栄養価を高くすることが出来る。さらに，卵や乳製品など単品でも栄養素が含まれるものを食べるとよい。

*2　コラム 19 参照

レンジや蒸すなどの加熱方法や切る大きさ^{*1}にも配慮するとよい。

10.2.5　高齢期

　65歳以上を高齢期という。徐々に身体機能の低下や免疫力，抵抗力の低下などの変化がでてくる。味覚閾値の上昇や口腔機能感覚の低下が言われているが，高血圧の治療をする者も多く，減塩を指示されている場合には味付けや使用の工夫が必要である。醤油やソース類は小皿に移して使うことで摂取量が抑えられ，だしのうま味を活用すると，味噌や塩の使用を控えることもできる。また，酸味や香辛料，香味野菜やごまなどの香りのある食材を使うとよい。減塩のポイントを表10.8にまとめた。高齢期にかかわらず，すべてのライフステージにおける減塩対策として活用してもらいたい（表10.8）。また，高齢者では歯が欠落し，咀嚼機能の低下や唾液分泌量の減少により飲み込む力が低下する嚥下障害が起こりやすくなる。咀嚼機能に応じた食材の大きさや，繊維質を断つように切るとよい。嚥下障害には，片栗粉などの一般的なでんぷんの他，マヨネーズやホワイトソースなどの使用でまとまりがよくなり滑らかさも加わるため，誤嚥の予防にもなる。さらに，高齢期は食事量が減る，消化吸収能力が低くなる，などの理由から低栄養となり，フレイルになる恐れがある。予防のためには，たんぱく質をとり，少量でも栄養価の高い食品を取り入れるとよい。低栄養予防対策として，例えば，牛乳200gで6.6gのたんぱく質と220mgのカルシウムを補給できるが，プロセスチーズなら1片（25g）で5.7gのたんぱく質と160mgのカルシウムが補給できる。食品にはそれぞれ特徴があるため，栄養士・管理栄養士を目指す学生は，食品成分の知識を増やすとよい。

表10.8　減塩のポイント

1.　漬け物は控える	7.　香辛料、香味野菜や果物の酸味を利用する
2.　麺類の汁は残す	8.　外食や加工食品を控える
3.　新鮮な食材を用いる	9.　うま味を上手に利用する。
4.　具だくさんのみそ汁にする	10.　油脂で香りとコクを出す
5.　むやみに調味料を使わない	11.　香ばしい焦げの風味をつける
6.　低塩の調味料をつかう	12.　調味料は食材の表面につける

出所）日本高血圧学会ホームページ
　　　https://www.jpnsh.jp/data/salt01.pdf（2023.8.16.）を一部改変

10.3　生活習慣病予防への活用と展開

　代表的な生活習慣病は，①肥満症，②2型糖尿病，③脂質異常症，④動脈硬化，⑤高血圧症，⑥高尿酸血症，⑦狭心症・心筋梗塞，⑧脳血管疾患，

⑨肝硬変・脂肪肝，⑩がん（悪性新生物），⑪歯周病，⑫骨粗鬆症，⑬白内障・緑内障などで，これらの症状は重複することが多い。特に内臓脂肪型肥満との関連で起こりやすいと考えられている高血圧症，脂質異常症，耐糖能異常（糖尿病）などの症状が重なり合った状態であるメタボリックシンドロームでは，①から⑨および⑩の一部の発症リスクが高くなる。生活習慣病には，遺伝的な関与や大気汚染などの環境要因のほか，過食や偏食，暴飲暴食，多量飲酒や喫煙，運動不足や睡眠不足など，自分で改善できる要素も多いことから，食生活を見直し改善することは，生活習慣病予防の有効な手段と考えられる。

10.3.1　肥満予防の食事

　肥満予防の第一歩は，自分の適正体重を知り維持することにある。適正体重をオーバーした場合でも，急激な減量は有害事象をきたす可能性があるため避けた方がよく，長期的な計画のもとに基本的な三大栄養素（炭水化物，脂質，たんぱく質）を適正に摂取し，徐々に体重を落として無理のない減量を心がけるようにする。表 10.9 に献立作成上の留意点を示す。

　その他，肥満予防の対策として，①調理にはテフロン加工のフライパンなどを使い，油の使用量を減らす，②大皿盛りは避け，1人ずつの皿に盛る，③食べる時はよく噛む（脳血流量を増し体内代謝が活発になるため，唾液が胃中に溜まり満腹中枢が働き始める）などがある。

表 10.9　肥満予防の食事における献立作成上の留意点

エネルギー	・1日3食（朝・昼・夕）のエネルギー配分では，夕食を少なめにし，主食には必ず穀類をとるようにする。 ・朝食にはたんぱく質性食品をとり，酵素やホルモンの働きを活性化する。昼食は高エネルギーでもよく，揚げ物や肉料理は昼食でとるようにする。夕食は低エネルギーで皿数を増やし，たんぱく源[*1]は豆腐や魚を充分にとる。 ・夕食時間を早めにし，夜食はとらない。 ・間食はエネルギーの低いものを選ぶ。
いも及びでん粉類きのこ類	きのこやこんにゃくなどを用いて，料理にボリューム感を出し，満足感を得る。
豆類	大豆，大豆製品を積極的に利用する。
野菜類	・野菜のたっぷり入った汁[*2]をとる。また，野菜の皿を増やして食物繊維を多くとる。 ・醸造酢を用いた酢の物を多くとるように心がける。
肉類	肉類は脂肪の少ない部位を用いる。
油脂類	油やバターを多く用いた献立（揚げ物，グラタンなど）は回数を減らす。
し好飲料類	単糖類を多く使用しているジュース類は血糖値を上昇させ，体脂肪合成を促進させるため控える。

*1　夜間に成長ホルモンが分泌され，脂肪組織を筋肉組織に変える。

*2　水分により満腹中枢を刺激する。

10.3.2　脂質異常症予防の食事

　脂質異常症は，血液中の脂質である **LDL コレステロール**[*3]，トリグリセリドのうちいずれかが高値を示す，または **HDL コレステロール**[*3]が低値を示す疾患

*3　LDL コレステロール，HDL コレステロール　→ p.43 参照

表 10.10　脂質異常症予防の食事における献立作成上の留意点

エネルギー	・適正なエネルギーを摂取する。 ・エネルギーの約半分は穀類からとるようにする。 ・スパゲッティや焼きそば，調理パンや菓子パンなど，高脂肪，高エネルギーとなる穀類摂取に注意する。
コレステロール	食事中のコレステロールが多くならないように注意する。
脂肪酸	飽和脂肪酸[*1]：一価不飽和脂肪酸：多価不飽和脂肪酸を 3：4：3 の割合で摂取すると，脂肪酸のバランスがよい。
砂糖及び甘味類 果実類 野菜類	・砂糖，糖分の多い果物[*2]の過剰摂取に注意する。 ・食物繊維や抗酸化物質（ビタミンE，C，β-カロテン，ポリフェノールなど）を多くとる。 ・野菜は抗酸化物質，食物繊維，ミネラルが多いので，食事の最初に十分摂取することで，高エネルギー食になることを防ぐ。 ・果物に含まれる果糖は，血中トリグリセリドを増加しやすく，短時間でエネルギーになるため，夜よりも朝食や昼食時にとるとよい。
豆類	大豆は低脂肪，植物性の良質なたんぱく質性食品であり，抗酸化物質（イソフラボン，サポニン，ビタミンE）と食物繊維，リノール酸なども含むため，積極的に利用する。
藻類	海藻には，水溶性の食物繊維（アルギン酸），抗酸化物質（クロロフィル，フコキサンチン）が含まれるため，積極的に利用する。
魚介類	青背の魚には **IPA**[*3] や **DHA**[*3] が豊富に含まれるため，肉より魚を多くとるよう心がける。魚の内臓と卵はコレステロールが多いため，めざしやししゃもなど，丸ごと摂取する魚に注意する。
肉類	肉類は霜降りを避け，脂身は取り除き，挽肉は赤身と表示されているものを選ぶ。レバーやもつは，コレステロール含量が多いので注意する。
卵類	卵黄は脂肪，コレステロールを多く含むので注意する。
乳類	乳製品の脂肪（飽和脂肪酸）や牛乳のたんぱく質（カゼイン）は，血中コレステロール値を上げやすい。ただし，カッテージチーズは低エネルギーでコレステロール含量が低いので積極的に利用する。
油脂類	油脂類はサラダ油，オリーブ油，ごま油，ジアシルグリセロール油，バターなど数種類を使い分けるとよい。ドレッシングは，低エネルギーのものやノンオイルドレッシングを選ぶようにする。
し好飲料類	アルコールやジュースは過剰摂取に注意する。

*1　動物油脂に多い飽和脂肪酸は血中コレステロール上昇作用が強いのに対して，植物油脂に多いα-リノレン酸，魚油に含まれるイコサペンタエン酸(IPA)やドコサヘキサエン酸(DHA)などのn-3系多価不飽和脂肪酸は，血中コレステロールを下げる作用が強いといわれている。

*2　1日にみかんなら3個，りんごなら1個，いちごなら15粒を目安にする。

*3　魚の油は酸化しやすいため，新鮮なものを選ぶ。

である。食生活の洋風化に伴う動物性脂肪，アルコールや清涼飲料水など嗜好品の過剰摂取と運動不足を背景に，動脈硬化症の最も強いリスクファクターが脂質異常症である。表 10.10 に献立作成上の留意点を示す。

10.3.3　血圧上昇抑制の食事

　標準体重を上回る体重増加は**インスリン抵抗性**[*4]を引き起こし，血圧上昇の要因となるため，適正体重を維持する摂取エネルギー量に設定する。また，減塩食を習慣づけ，食事を規則正しく摂取することが重要である[*5]。食事の際の塩分摂取に注意をはらい，薄味でもおいしく食べられる調理の工夫（調味料の使い方）や，煮汁を残すなどにも留意する。なお，薄味教育は幼少期からの食教育の一環として早めに行うことが望ましい。薄味料理では，酢や香味食品（しその葉，さんしょうの実，しょうが，わさび，かんきつ類など）を上手に使い，だし汁（かつお節，こんぶ，しいたけなど）は濃いめにとり，味付けは調理の仕上

*4　インスリンに対する感受性が低下し，インスリンの作用が十分に発揮できない状態のこと。

*5　降圧が期待される生活習慣改善のポイント
　①食塩 6 g/日未満の減塩
　②野菜，果物，魚(魚油)の積極的摂取
　③コレステロールや飽和脂肪酸の摂取抑制
　④適正体重の維持
　⑤有酸素運動
　⑥節酒：男性 20 ～ 30 g 以下/日，女性 10 ～ 20 g 以下/日
　⑦禁煙

表10.11　高血圧予防のための食品選択のポイント

塩分制限	・漬物，佃煮類は控える。 ・塩干物，塩辛類は控える。 ・汁物は，1日1回以下にする。 ・新鮮な食材を選ぶ。 ・丼物，炊き込みご飯，カレーライス，炒飯，ラーメン，うどんなどの味のついた主食は週1回程度にし，めん類は汁を残す。
カリウム，マグネシウム，カルシウムの充足	・海藻，いも類および新鮮な野菜（特に緑黄色野菜）やバナナ，キウイフルーツなどの果物を積極的にとる。 ・ごま，玄米，かき（牡蠣）はマグネシウム含有量が多い。 ・低脂肪牛乳，スキムミルクなどの低脂肪乳製品を利用する。 ・肥満症，糖尿病などを合併している場合は，果物，種実類，穀類やいも類などの摂取は適正量にする。
コレステロール，飽和脂肪酸の制限	・肉の脂身，ベーコン，乳脂肪を控える。 ・鶏卵，うずら卵，魚卵などの卵類は控える。 ・レバー，鶏手羽肉などのコレステロール含有量が多い食品は，制限する。 ・肉より魚[*1]を多く摂取するようにする。
食物繊維の充足	・ふき，ごぼう，たけのこ，山菜などの野菜類やこんにゃく，きのこ，海藻類を上手に利用する。 ・大豆，納豆，きなこなどの大豆製品には，食物繊維が多く含まれ，降圧効果があるとされる大豆ペプチド，カリウム，抗酸化物質のイソフラボンやビタミンEの補給源でもあるので積極的に利用する。
カルシウム拮抗薬服用者への注意	薬剤の作用がより強く現れることがあるため，グレープフルーツなどの摂取は控える[*2]。

*1　まぐろの脂身，はまち，さんま，いわしなどは，IPA，DHAの含有量が多い。

*2　「コラム20 食物と薬剤の相互作用」p.161参照

げに行うなどの工夫をする。高血圧予防のための食品選択のポイントを**表10.11**に示す。

10.3.4　血糖上昇抑制の食事

　近年，病態別の栄養管理とは別に成分別の栄養管理法が用いられるようになった。糖尿病食は，肥満症食，痛風食などとともに，エネルギー管理中心に調整が行われる「エネルギーコントロール食」に分類される。

　日本人の糖尿病患者の90％以上は2型糖尿病患者であり，エネルギー摂取過剰に伴う肥満はインスリン抵抗性を引き起こすことから，糖尿病の食事療法の基本はエネルギー管理となる。2型糖尿病患者を中心に「食品交換表」を用いた食事指導が一般的に行われているが，インスリン治療を必要とする患者の食事療法においては，エネルギー管理の視点ばかりでなく，血糖管理の視点が食事療法にも求められている。近年，1型糖尿病患者を中心として，血糖管理に着目した食事療法（**カーボカウント法**[*3]）が展開されており，エネルギー管理の視点とは異なる考え方で糖尿病の食事療法が実践されている。

　糖尿病診療ガイドライン（日本糖尿病学会編）では，すべての糖尿病患者において食事療法は治療の基本であり，食事療法の実践により糖尿病状態が改善され合併症の危険性は低下すると述べている。糖尿病食事療法のための食品交換表を用いる際の留意点を**表10.12**に示す。

*3　糖尿病における食事療法，インスリン調整法の一つで，食物の中で最も急激な血糖上昇をきたすのが炭水化物であるという事実から，食事中の炭水化物量を計算して糖尿病の食事管理に利用する方法である。

表 10.12　糖尿病食事療法のための食品交換表を用いる際の留意点

6つの食品グループと調味料		留　意　点
表1	穀物 いも 炭水化物の多い野菜と 種実豆（大豆を除く）	・1日に食べる単位数のうち約半分は表1からとる。 ・いもや種実，豆などの炭水化物の多い野菜を多く食べる時には，ごはんやパンなどは減らす。 ・クロワッサンは脂質が多く，コーンフレークの中には砂糖を多く含んだものがあるため，菓子パンは嗜好食品として別に扱う。
表2	くだもの	・くだものはビタミンやミネラルの補給源であるため，1日1単位程度はとる。 ・糖度の高いくだものは，血糖値の上昇や血中の中性脂肪の増加を招く場合があるため，過剰摂取に注意する。 ・干しくだものやくだものの缶詰などは，ビタミンの含有量が少なく糖度が高いため，嗜好食品として扱う。
表3	魚介 大豆とその製品 卵，チーズ 肉	・卵はコレステロール含有量が多いため，血中コレステロールが高い人は控える。 ・チーズは乳製品だが，牛乳と栄養素組成が大きく異なり，炭水化物が少なくたんぱく質や脂質が多いため，表3に分類される。但し，クリームチーズは脂質含有量が多いため，表5に分類される。 ・肉の1単位のg数はあぶら身（皮下脂肪）を除いた重量である。あぶら身は調理するとき，できるだけ除くか食べ残すようにする（あぶら身は表5に分類される）。
表4	牛乳と乳製品 （チーズを除く）	・牛乳（普通牛乳）100 mLにはカルシウムが110 mg含まれており，日本人に不足しがちなカルシウムの補給源であるため，1日1.5単位（180 mL）とるようにする。但し，過剰摂取は脂質の摂り過ぎになるため注意する。 ・牛乳が苦手な人はヨーグルト（全脂無糖）に代替するとよい。
表5	油脂 脂質の多い種実 多脂性食品	・植物油は必須脂肪酸の供給源である。 ・動物性油脂のバターやラードなどには飽和脂肪酸が多く含まれるため，動脈硬化予防のためには，不飽和脂肪酸を多く含む植物油を用いた方がよい。 ・多脂性食品に含まれるアボカドは食物繊維を多く含んでいるが，摂り過ぎに注意して指示単位の範囲内で用いる。
表6	野菜（炭水化物の多い 一部の野菜を除く） 海藻 きのこ こんにゃく	・野菜は色々取り合わせて1日350 g以上を朝，昼，夕食に分けてとるようにする。 ・緑黄色野菜はビタミン（カロテン，ビタミンC，ビタミンEなど），カルシウムや鉄分を多く含むので，1日120 g以上とるようにする。 ・野菜の漬物は食塩が多いため，少量摂取にとどめる。 ・海藻，きのこ，こんにゃくは日常摂取する量ではエネルギー量は僅かである。 ・海藻，きのこはミネラルや食物繊維を豊富に含んでいるため，毎日とるようにする。
調味料	みそ，みりん，砂糖など	・カレールウやハヤシルウは炭水化物と脂質が多くエネルギー量が多いため，使用の際は主治医の指示に従う。 ・砂糖，みりんなどは控えめにし，だしやスープの味を活かして薄味にする。 ・調味料には食塩を多く含むものが多いため，糖尿病腎症や高血圧予防のためには摂取量を控える。 ・みそは米・麦・豆みそなどを用いる麹，淡色・赤色，甘口・辛口など色や味などにより多くの種類があるが，食塩量に差があるため食品表示を確認してから用いる。

出所）日本糖尿病学会編：糖尿病食事療法のための食品交換表 第7版，文光堂（2013）

＊鉄の吸収に関わる食品と摂取方法

吸収されやすい鉄	赤身の肉や魚，レバーに含まれているヘム鉄
非ヘム鉄の吸収をよくするもの	一緒にとるとよいものとして，肉類・魚類（動物性たんぱく質），ビタミンC（緑黄色野菜），果物（有機酸），酢，香辛料，梅干しなど（胃酸の分泌促進）がある。 鉄の調理器具を使う。
鉄の吸収を阻害するもの	阻害する食品成分には，緑茶，コーヒー，紅茶（タンニン酸），食物繊維，穀物（フィチン酸），無精製の穀類，豆類の皮，青菜のシュウ酸，卵黄（ホスビチン）などがある。喫煙

＊各食品の1回の使用量および鉄含有量については表10.6を参照。

10.3.5　貧血予防の食事

　鉄欠乏性貧血は，鉄欠乏が主症状であるため，貧血予防および改善には造血と造血機能を高めることを原則とする。鉄には肉，魚などに含まれるヘモグロビンやミオグロビンの色素部分を構成しているヘム鉄と野菜類に含まれる非ヘム鉄がある。ヘム鉄の吸収率はよいが，非ヘム鉄は水酸化鉄として存在し吸収されにくい。ヘム鉄を利用すると同時に非ヘム鉄の吸収をよくするような工夫が必要である[*]。鉄欠乏性貧血予防の食事における献立作成上の留意点を**表10.13**に示す。

　なお，牛乳や卵は良質のアミノ酸を多く含むが，牛乳はリン酸カルシウム，卵はリンたんぱく質を多く含むため吸収率が低く，ほうれんそうもシュウ酸が多いため吸収率は低い。このような場合，ヘム鉄を多く含む食品と同時に摂取するか，オレンジその他の有機酸およびビタミンCを多く含むかんきつ

表 10.13　鉄欠乏性貧血予防の食事における献立作成上の留意点

エネルギー たんぱく質	・全身栄養状態回復のため高エネルギー食とするが，脂質のとり過ぎには注意する。 ・良質のたんぱく質を含む動物性食品を選ぶ。これらは還元作用のあるアミノ酸を含み，3価の鉄を2価の鉄に変えて吸収をよくする。
ビタミンC	ビタミンCは非ヘム鉄を2価に変えて吸収を助けるため，ビタミンC含有量の多い緑黄色野菜などを積極的にとる。
果実類	かんきつ類など酸味の強い食品は，胃酸を分泌させ鉄の吸収を高める。
豆類	大豆および大豆製品は，鉄の含有量も多く有効な食品であるため，積極的にとる。
その他	鉄の吸収を妨げるタンニンを含む緑茶，コーヒー，紅茶などは，食事中，食前1時間くらいは飲まない方がよい。

類とともに摂取すると吸収率が高まる。

巨赤芽球貧血[*1]は，赤血球そのものの生成に障害があるため，改善のためにはビタミンB_{12}，**葉酸**[*2]の補給が必要であるが，あくまでも補助療養である。レバーやしじみなどビタミンB_{12}を多く含む食品と同時に鉄も補給する必要があり，ヘム鉄とビタミンB_{12}，葉酸を含むレバー料理が適している。レバーは血抜き，臭み消しなどの下処理をしてから使用する。豆腐としじみのみそ煮やだいこん葉とあさりの煮物など，大豆製品や緑黄色野菜と一緒に魚介類や肉類をとるとよい。葉酸は補酵素としてDNAの合成に関与するため，ナッツ類など葉酸の多い食品を摂取し欠乏を防ぐ工夫（かき（牡蠣）フライやほうれんそうのピーナッツ和え，牛肉のアスパラ巻きなど）も必要である。

10.3.6　骨粗鬆症予防の食事

骨粗鬆症予防は，若年期の最大骨量（PBM：Peak Bone Mass）を高めておくことや閉経後の骨量減少をできるだけ抑制することである。骨はコラーゲン（たんぱく質）を主体とする基質と，**カルシウム**[*3]，リンを主体とする骨塩から成り立っている。食事の基本は十分なカルシウム摂取と良質なたんぱく質を含むバランスのよい食事を規則正しくとることである。

*1　巨赤芽球貧血対策の食生活としては，偏食を避けることが重要である。また，高齢者や胃切除後の人は，消化の良い食べ物を頻回にとる。

*2　葉酸　ビタミンB群の仲間でB$_{12}$とともに造血に働く水溶性ビタミンである。葉酸は加熱すると破壊されるので注意する。

*3　カルシウムが不足すると古い骨が壊される骨吸収が促進するため，骨粗鬆症治療のためには800mg以上の摂取が望ましい。カルシウムの豊富な食品は牛乳，ヨーグルト，大豆，ごま，干しひじきなどがある。ほうれんそうやピーナッツに多く含まれるシュウ酸，穀類や豆類に多いフィチン酸の過剰摂取はカルシウムの吸収を阻害することが知られている。

*4　CYP（シップ）　シトクロムP450（Cytochrome P450）の略称。異物（薬物）代謝における主要な第一相反応の水酸化酵素であり，肝臓において解毒を行うほか，ステロイドホルモンの生合成，脂肪酸の代謝や植物の二次代謝など，生物の正常活動に必要な反応に広く関与している。

••••••••••••••••••••••••••• コラム 20　食物と薬剤の相互作用 •••••••••••••••••••••••••••

　薬剤の吸収，作用，代謝，排泄などに食物摂取の時間や内容が影響を与えることがある。例えば，グレープフルーツ，スウィーティー，ぶんたんなどの成分が薬剤代謝にかかわる**CYP**[*4]活性を阻害することにより，薬物の血中濃度が上がるため効果が増強される。特にカルシウム拮抗薬は高血圧，狭心症，不整脈などの治療に広く使われているが，服用中にはグレープフルーツなどを避けるべきである。

　また，食事により胃内容物の排泄される時間が遅くなるため，食後の服用は胃に薬剤が長く停滞する。一般的には，胃に薬剤が長く停滞すると小腸での吸収率は低下または遅延する。吸収率のみでなく，望ましい効果の発現のしかた，副作用の軽減などを考慮する必要がある。経口糖尿病薬は食事による急激な血糖上昇を抑えるため，食直前に服用することが多い。なお，薬剤の服用はジュースやお茶を避け，水または白湯で行うようにする。食物と薬剤の相互作用については未解明の部分も多いが，薬剤の吸収，作用，代謝，排泄などを，栄養の視点からも総合的に考えることが重要である。

食事においてカルシウムを十分に摂取すると共に骨の材料となるたんぱく質やマグネシウム，カルシウムの吸収を高める**ビタミンD**[*1]，骨を丈夫にするとされる**ビタミンK**[*2]の摂取に心がける。また，カルシウムの吸収を阻害するリン，シュウ酸，フィチン酸，カフェイン，アルコールの過剰摂取は控える。

10.4 食事療法への活用と展開

10.4.1 特別治療食

入院時食事療養制度では，「食事は医療の一環として提供されるべきものであり，それぞれの患者の病状に応じて必要とする栄養素量が与えられ，食事の質の向上と患者サービスの改善をめざして行われるべきものである」と定義されており，大きく「一般治療食」と「特別治療食」に分類されている。これらの治療食は院内約束食事箋に基づき給与エネルギー量や各種栄養成分が設定され食種が選択・決定される。

特別治療食は，疾病の治療の直接手段として，医師の発行する食事箋に基づき提供された適切な栄養量および内容をもつ患者食であり，糖尿病食や腎臓病食などに代表されるような病名に基づく食事分類(疾病別管理法)と，栄養成分に基づく食事分類(栄養成分別管理法)がある。また特別治療食のなかには，直接的な治療効果を求めるもの以外に治療のサポートを行う潜血食，低残渣食，ヨード制限食などの検査食もある。さらに，近年増加傾向にある食種としてアレルギー対応食がある。栄養成分別管理法に基づく食種・適応疾患と食事設計上の留意点を**表10.14**に示す。

表10.14 栄養成分別管理法に基づく食種・適応疾患と食事設計上の留意点

食種	適応疾患	食事設計上の留意点
エネルギーコントロール食	糖尿病，肥満症，痛風（高尿酸血症），甲状腺機能障害，高血圧症，脂質異常症，心疾患，動脈硬化症，慢性肝炎，代償性肝硬変症，貧血，妊娠中毒症，授乳期など	1日の総摂取エネルギーを調節した食事であり，PFCバランスおよび各栄養素量が食事摂取基準の給与目標量を満たす食事設計を行う。通常，1,000〜2,000 kcalの範囲で200 kcalごとに食事設計を行い，病院における基礎食とされる1,200 kcal食から1,600 kcal食に展開する場合，主として穀類・いも類・たんぱく質源の魚類・肉類・大豆類などを増やす。
たんぱく質コントロール食	低たんぱく質食： 　腎疾患，肝硬変など 高たんぱく質食： 　熱傷や低栄養，栄養失調， 　低アルブミン血症，貧血など	低たんぱく質食（体重1 kg当たり0.3〜0.8 g）と高たんぱく質食（体重1 kg当たり1.2〜1.5 g）に分けられる。低たんぱく質食では，たんぱく質の利用効率を上げるために良質なたんぱく質を利用し，さらに十分なエネルギー量を確保する。これはたんぱく質代謝産物（尿素，尿酸，クレアチニン，アンモニアなど）の生成を抑制して腎臓への負担を軽減するためである。必要なエネルギー量を確保して体たんぱく質の崩壊を防ぐため，不足するエネルギー量を脂質と炭水化物で調整する。また，たんぱく質を含まない粉あめ，でんぷん食品，低たんぱく質食品を有効に活用する。
脂質コントロール食	糖尿病，急性肝炎，膵炎，胆嚢炎，胆石症（回復期），胃炎，胃・十二指腸潰瘍，消化器がんなど	脂質量と脂肪酸組成を調節した食事である。たんぱく質の多い食品を選択する際にはその脂質含有量に注意する。脂肪酸組成を調節する食事は，脂質異常症に適用する。多価不飽和脂肪酸と飽和脂肪酸の比率を適正に保ち，摂取エネルギーを制限する。血清コレステロール値が高い場合は，食事中のコレステロールを1日当たり300 mg以下にする。

表 10.15 嚥下困難者の食事における食品選択のポイントと調理上の工夫

適した食品	・野菜であれば，だいこんやじゃがいもなど煮込んで軟らかくなるもの，果物ではバナナやアボガドなど。 ・肉は，脂の多い豚ばら肉など。 ・魚は，身の軟らかいひらめ，かれい，たらなど。 ・絹ごし豆腐や卵料理など。
不適な食品	・離水しやすいかんきつ類，繊維の多い葉物やきゅうりのような食感を楽しむ食品。 ・肉は，脂の少ない鶏胸肉やささみなど。 ・魚は，加熱すると硬くなる，かじきまぐろなど。
適した調理法	・飲み込みやすくするために，油脂を加える。油脂は喉の滑りをよくして嚥下を促す効果がある上，少量で高エネルギーのため低栄養予防にもなる。 ・食べやすくするために，する，つぶす，蒸す，煮るなどの調理法を用いる。 　りんごやじゃがいものように硬いものは，すりおろす。 　いも類・豆類は，加熱して熱いうちに潰してつなぎを入れる。 　プリンや茶碗蒸しなどの蒸し料理。 　魚は，焼くより蒸した方が軟らかくなる。 　大根などは，かくし包丁を入れて煮ると味がしみ込みやすく軟らかくなる。 　肉は，圧力鍋などで軟らかく煮込む。 ・つなぎを使う，和える，あんかけにする。 　やまいもや卵はつなぎの役割をし，混ぜながら食べることで飲み込みやすくなる。 　マヨネーズやタルタルソースのようなとろみのある調味料で和えると，まとまりやすくなる。 　焼き魚やフライなどにあんをかけると，口の中でばらけにくくなる。

10.4.2 嚥下困難者用の食事

　加齢や脳神経障害などにより嚥下機能が低下すると，噛むことや飲み込むことが困難になり，誤嚥せずに安全に食べるために食形態の調整が必要になる。しかし，従来のミキサー食に代表されるような味や見た目への配慮が足りない食事では，食欲は減衰し低栄養も誘発することから，近年では，味や外観に配慮した「嚥下調整食」の提供が求められている。食べやすさ，飲み込みやすさを決める 3 つのポイントは「かたさ」「付着性」「凝集性」である。すなわち，やわらかく，口や喉に貼り付きにくく，口の中でまとまりやすいものほど嚥下しやすいことになる。食品選択のポイントと調理上の工夫を**表10.15** に示す。

＊日本摂食・嚥下リハビリテーション学会 嚥下調整食分類 2021（略称：学会分類 2021）は，国内の病院・施設・在宅医療および福祉関係者が共通して使用できることを目的に，食事およびとろみについて段階分類を示したものである。

10.4.3 アレルギー対応食

　「食物アレルギーの栄養指導の手引き 2022（厚生労働科学研究班）」によると，食物アレルギーの治療・管理の原則は，正しい診断に基づき必要最小限の原因食物を除去することにある。食べると症状が誘発される食物だけを除去し，原因物質でも食べられる範囲まで食べることを勧めている。すなわち，原因食物であっても過度な除去をせず，安全に摂取できる範囲まで食べられる除去食が推奨されている。原因食物のたんぱく質の特徴（加熱や発酵などによる変化）を考慮しながら，具体的に食べられる食品例を示し，選択できる食品の幅を広げられるようにする。最小限の食物除去であってもエネルギー，たんぱく

質，カルシウム，鉄分，微量栄養素が摂取不足にならないよう，主食，主菜，副菜を組み合わせた献立により，バランスよく栄養素が摂取できるようにする。栄養士・管理栄養士は医師の診断に基づき，除去食物ごとに不足しやすい栄養素を補う方法や，代替食材・加工食品のアレルギー表示の説明などを行い，不安解消を図ることも重要である。アレルゲンを含む食品の表示について**表 10.16** に，主な除去食物別の調理に関する栄養指導の要点を**表 10.17**に示す。また，主な加工食品の例を**表 10.18** に，代表的な調理法と代用例を**表 10.19** に示す。

表 10.16　アレルゲンを含む食品の表示について

特定原材料 （表示義務）	えび，かに，くるみ，小麦，そば，卵，乳，落花生（ピーナッツ）
特定原材料 に準ずるもの （表示推奨）	アーモンド，あわび，いか，いくら，オレンジ，カシューナッツ，キウイフルーツ，牛肉，ごま，さけ，さば，大豆，鶏肉，バナナ，豚肉，まつたけ，もも，やまいも，りんご，ゼラチン

出所）厚生労働科学研究班による食物アレルギーの栄養食事指導の手引き 2022，33（2023）

表 10.17　主な除去食物別の調理に関する栄養指導の要点

除去食物	調理に関する栄養指導の要点
鶏卵	・加熱によりアレルゲン性が低減する。ただし，加熱卵が摂取できても，生や半熟卵の摂取には注意する。 ・卵黄よりも卵白の方が抗原として反応することが多く，卵黄から解除になる場合が多い。
牛乳	・カルシウム不足が問題になるため，その摂取方法としてアレルギー用ミルクの利用，カルシウムを多く含む食品の種類や摂取の目安量などを具体的に伝える。 ・牛乳は加熱や発酵では抗原性を低減させることは難しい。
小麦	・小麦はパンやめんなどの主食の原材料であるため，主食は米飯中心となる。 ・しょうゆには小麦のたんぱく質は残存しないため，基本的には除去する必要はない。
大豆	・大豆以外の豆類の除去が必要なことは少ない。 ・精製した油にたんぱく質はほとんど含まれないため，重症のアレルギーでなければ大豆油を除去する必要は基本的にない。

出所）津田ほか監修：食べ物と健康Ⅳ　調理学　食品の調理と食事設計，131，中山書店（2018）

表 10.18　代表的なアレルゲンを含む食品と主な加工食品の例

アレルゲン を含む食品	主な加工食品の例
鶏卵	マヨネーズ，洋菓子の一部，練り製品，肉類加工品の一部（ハム，ウィンナーなど）
牛乳	ヨーグルト，チーズ，バター，生クリーム，全粉乳，脱脂粉乳，一般の調製粉乳，練乳，乳酸菌飲料，発酵乳，アイスクリーム，パン，パン粉，乳糖，洋菓子類の一部（チョコレートなど），調味料の一部
小麦	パン，うどん，マカロニ，スパゲッティ，麩，餃子の皮，市販のルウ（シチュー，カレーなど），調味料の一部
大豆	豆乳，豆腐，湯葉，厚揚げ，油揚げ，がんも，おから，きなこ，納豆，しょうゆ*，みそ*，大豆由来の乳化剤を使用した食品（菓子類，ドレッシングなど）

＊は微量反応する重症な場合のみ除去が必要。

表 10.19 アレルゲンを含む食品を用いた代表的な調理法と代用例

アレルゲンを含む食品	代表的な調理法	代用例
鶏卵	①肉料理のつなぎ ②揚げ物の衣 ③洋菓子の材料 ④料理の彩り	①使用しないか，でんぷん，すりおろしたいもで代用。 ②鶏卵を使用せず，水とでんぷんの衣で揚げる。 ③ゼラチンや寒天，でんぷんで代用。 　ケーキなどは重曹やベーキングパウダーで膨らませる。 ④かぼちゃやとうもろこし，パプリカで彩り（黄色）を代用。
牛乳	①ホワイトソース ②洋菓子の材料	①ルウは，すりおろしたいもで代用。 　アレルギー対応マーガリンと小麦粉や米粉，でんぷんで手作りしたり，市販のアレルギー対応ルウを利用。 ②豆乳，ココナッツミルク，アレルギー対応ミルクで代用。
小麦	①ルウ ②揚げ物の衣 ③パン・ケーキの生地	①米粉やでんぷんで代用。 ②下味をつけ，水とでんぷんの衣で揚げたり，米粉パンのパン粉や砕いた春雨で代用。 ③米粉や雑穀粉，いもやおからなどで代用。
大豆	しょうゆ，みそ	雑穀や米で作られた発酵調味料や魚 醤 などで代用。

10.4.4 低栄養対応食[*1]

　高齢者は，加齢に伴う体力低下や咀嚼・嚥下機能の衰えなどから食欲不振になり，体重減少から低栄養へと負のスパイラルに陥ることが少なくない。低栄養状態を回避するためには，少量でも必要な量の栄養素を確保すること[*2]が欠かせない。

　食事設計では，エネルギー不足にならないよう留意し，必須アミノ酸（特に分岐鎖アミノ酸のロイシン）[*3]や必須脂肪酸（特に n-3 系脂肪酸の IPA（イコサペンタエン酸））の補給が重要である。また，免疫力を高める工夫も必要である。特に

*1　フレイル　→ p.147 側注参照

*2　低栄養対策の食生活
　①主食・主菜・副菜を揃えて食べる（食事バランスガイドの活用）
　②たんぱく質が多く含まれる主菜をしっかり食べる。
　③間食に牛乳・乳製品や果物を食べる。
　④水分を十分にとる。
　⑤全部食べられない時は，おかずから先に食べる。
　⑥食事は朝，昼，夕と決まった時間にきちんと食べる。

*3　体内で合成されない必須アミノ酸のうち，ロイシン，イソロイシン，バリンの3つのアミノ酸は，構造中に分岐構造をもつため，分岐鎖アミノ酸（BCAA：Branched-Chain Amino Acids）と呼ばれている。

表 10.20　低栄養対応食におけるエネルギー，たんぱく質，IPA アップの工夫

エネルギー	・少量で高エネルギーの食材を選ぶ。 　青魚，肉類，乳製品，卵，いも，かぼちゃなど。 ・食事回数を増やす。 　1日3回の食事以外に間食や夜食を提供する。 ・調理法を工夫する。 　油を使った料理を増やす（炒め物，揚げ物）。 　仕上げにごま油やオリーブ油をかける。 　はちみつ，ごま，マヨネーズを利用する。 ・栄養補助食品を利用する。 　**MCT**[*4]オイルやMCTパウダーを主食，副食，汁物，牛乳に混ぜる。 　（ただし，加熱せずに仕上げにかけるか和えるようにする）。 　砂糖の代わりに粉あめを用いて調理する。
たんぱく質	・高たんぱく質の食材を選ぶ。 　魚類，肉類，乳製品，卵，大豆製品，いも，かぼちゃなど。 ・栄養補助食品を利用する。 　たんぱく質パウダーを主食，副食，汁物，牛乳に混ぜる。 　スキムミルクを副食，汁物，牛乳に混ぜる。
イコサペンタエン酸（IPA）	・青魚を摂取する。 　魚は加熱せずさしみで食べる。ただし，脂肪分が酸化しやすいため新鮮なものを選び，体内での酸化予防のため緑黄色野菜や大豆などと一緒に食べる。 ・α-リノレン酸（IPAの前駆体）を摂取する。 　あまに油，ごま油を使用する。 　くるみ，大豆を食べる。

*4　MCT（Medium Chain Triglyceride）：中鎖脂肪酸　ココナッツ，パームフルーツ，母乳，牛乳などに含まれる脂肪酸で，吸収が早く，すばやく分解されてエネルギーになりやすい。

体を動かす源となるエネルギー(ご飯，パン，めん)と，生命の維持に欠かせないたんぱく質(魚・肉・卵・大豆製品)をとることは，低栄養を予防する上で欠かせない。表 10.20 に低栄養対応食におけるエネルギー，たんぱく質，IPA アップの工夫を示す。

10.5　災害食への活用と展開

　大規模災害時には多くの被災者が避難所での生活を余儀なくされる。避難所生活はさまざまな面で生活環境を悪化させるが，食事状況の悪化も例外ではない。特に，調理ができない避難所ほど食事状況は悪化する。食材が限られた被災地においても"調理した食事"を提供することは，栄養素バランスの改善や被災者の心のケアにもつながるため，極めて重要である。しかしながら，災害時はライフラインの停止や食材・調理器具等の不足などから普段の調理環境とは異なるため，注意が必要となる。

10.5.1　災害時に生じる栄養・食の問題

　災害時には発災からの時期(フェーズ)によりさまざまな健康問題が生じる。例えば，災害発生から概ね 72 時間以内は傷病者の救出・救命が最優先であり，心の問題などは比較的後半にケアが必要になるといわれている。しかしながら，栄養・食の問題は災害直後からすべてのフェーズで問題が発生することがその特徴である(表 10.21)。また，フェーズによってその内容は異なる。

(1) 急性期 (概ねフェーズ 0 〜 1)：水分とエネルギーの確保

　災害発生時にまず優先されるのは生命維持のための「水分」と「エネルギー

表 10.21　一般的な災害サイクル（フェーズ）における栄養管理の特徴

フェーズ	フェーズ 0	フェーズ 1	フェーズ 2	フェーズ 3
	概ね発災後 24 時間以内	概ね発災後 72 時間以内	概ね発災後 4 日目〜1 か月	概ね発災後 1 か月以降
栄養補給	・水分補給 ────────── ・高エネルギー食品の提供 ──────		・たんぱく質不足への対応 ────── ・ビタミン，ミネラル不足への対応 ──	──────────▶ ──────────▶
				・栄養過多・偏りへの対応 ──
被災者への対応	主食（パン類，おにぎり）を中心 ※災害時要配慮者への対応 ────── 　・乳幼児 　・高齢者（嚥下困難等） 　・食事制限のある慢性疾患患者 　　糖尿病，腎臓病，心臓病， 　　肝臓病，高血圧，アレルギー	炊き出し ──────	弁当支給 ──────	──────────▶ ──────────▶

出所）国立健康・栄養研究所，日本栄養士会：災害時の栄養・食生活支援マニュアル（2011）を一部改変

の確保」である。災害時には，断水等による水供給量の制限，食事由来の水分摂取量の減少，トイレ環境(汚い，屋外設置のため遠い)等の理由から，水分摂取量が減少することが懸念される。さらに，高齢者では口渇感の低下による水分摂取量の減少や，失禁を回避するために水分摂取を自ら制限する場合もあるため，十分な注意が必要となる。水分摂取の不足は，脱水症や熱中症，便秘，エコノミークラス症候群(深部静脈血栓症，肺塞栓症)，心筋梗塞や脳梗塞などのリスクとなるため，積極的な水分摂取が必要である。

　食事については，災害直後は健康・体力の維持のために，まずはエネルギーの高い食品を積極的に摂取することを優先させる。また，この時期に栄養支援ニーズが高くなる災害時要配慮者(いわゆる災害弱者)は「乳幼児」「妊婦・授乳婦」「高齢者」である。特に，ミルクまたは離乳食が必要な乳幼児の栄養支援ニーズは最も多い。高齢者の場合は，食事の摂取量が少なくなりがちであるため，注意が必要である。これは，「飲めない」「噛めない」といった問題があるにもかかわらず，それに合った食事を提供できないことが原因である。「食物アレルギー患者」についても適切な食事の提供に問題がある場合が多い。

(2) 亜急性期（概ねフェーズ2）：たんぱく質やビタミン，ミネラル等の不足

　避難所の食事は，おにぎりやパン，カップめんなどの炭水化物の食品が多く，野菜や肉，魚，乳製品などの生鮮食品の供給状況が悪くなる。そのため，たんぱく質やビタミン，ミネラル，食物繊維等の摂取が困難となる。災害の規模によっても異なるが，大規模災害の場合にはこのような状況が1ヶ月以上継続する場合もある。食事の量・質ともに悪化した状況が長期化すると，欠乏症等が懸念されるため，不足しやすい栄養素への対策が必要となる。

　また，この時期にニーズが高まる災害時要配慮者は，「食物アレルギー患者」である。東日本大震災では，避難所で提供される食事での誤食を恐れ，食物アレルギー患児に米飯だけ食べさせていたことも報告されている。

(3) 慢性期（概ねフェーズ3以降）：慢性疾患への対応

　慢性期になると，揚げ物中心の弁当や，食塩含有量が多い缶詰，レトルト食品などが多くなる。災害時には，血糖や血圧の悪化も報告されていることから，食事制限が必要な慢性疾患患者への支援ニーズが高まる時期である。また，支援物資には菓子なども多くなることから，エネルギー過剰による肥満も問題となる。これらの栄養問題は，被災後半年以上続いている場合もあり，二次的な健康被害の最小化や災害関連死*を防ぐため，長期的な対応が必要となる。

　このように，栄養素の欠乏症を回避するための「積極的に食べるフェーズ」から，慢性疾患に対応するための「食べる量を調節するフェーズ」に移行す

*災害関連死　災害による直接の死亡(外傷や溺水など)ではなく，避難後に過労やストレス，生活環境の悪化等による死亡のこと。

ることもあり，災害のフェーズによっては対応が逆になる場合もあることに注意する必要がある。

10.5.2 災害時の食事設計

上述のように，被災地では炭水化物中心で，たんぱく質やミネラル，ビタミン，食物繊維が不足しやすい状況が長期化することが問題となるが，栄養素バランス改善のために重要になるのが，"調理"を行うことである。実際に，ガスが使用できて調理ができること，炊き出しを増やすことで，避難所の食事が改善することがわかっている。調理ができる避難所では，食事を提供する回数が多く，食事の量を確保することができる。東日本大震災の際，炊き出し回数が多い避難所では，主菜・副菜・果物の提供回数が多かった（図10.5）。さらに炊き出しの献立を栄養士・管理栄養士が立てることも食事改善に有用である。災害時においても栄養士・管理栄養士が食事設計を行い，調理ができる環境に整えることは，被災者の健康保持のためにも重要である。

（1）災害時における食事提供の計画

災害時の食事の計画や評価をするにあたり，使用すべき栄養の基準がある。東日本大震災のあと，厚生労働省が算出した「避難所における栄養の参照量」である。災害時に特に優先すべき栄養素として，エネルギー，たんぱく

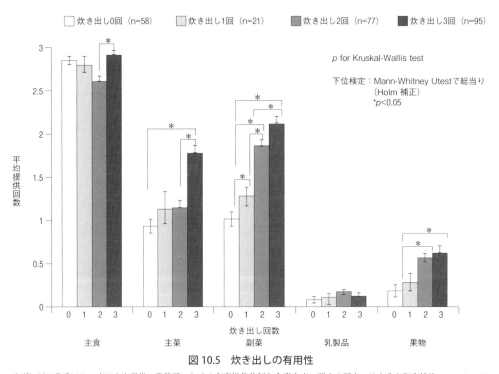

図 10.5　炊き出しの有用性

出所）原田萌香ほか：東日本大震災の避難所における食事提供体制と食事内容に関する研究，日本公衆衛生雑誌，**64**，547-555（2017）を基に作成

質，ビタミン B₁，ビタミン B₂，ビタミン C の基準値を設定している。災害時に特化した基準を設定している国は，世界的に見ても珍しい。東日本大震災の 1 カ月後には，「避難所における食事提供の計画・評価のために当面の目標とする栄養の参照量」を，3 カ月後には「避難所における食事提供の評価・計画のための栄養の参照量」を通知している。なお，これら 2 種類の栄養の参照量は，それぞれ使用目的が異なる。

前者の基準「避難所における食事提供の計画・評価のために当面の目標とする栄養の参照量」は，おもに食事計画に用いるために必要な栄養量を示している（表 10.22 左）。たんぱく質はもちろんのこと，ビタミン B₁，ビタミン B₂，ビタミン C は，体内貯蔵量が少なく，初期の段階で欠乏症が生じやすいため，災害時に特に優先すべき栄養素である。被災地での食事提供のみならず食料備蓄の目安としても活用できる。国立研究開発法人 医薬基盤・健康・栄養研究所では，「避難所における栄養の参照量」に対応した食品構成例を示している（表 10.23）。

表 10.22　避難所における栄養の参照量（東日本大震災）

1 歳以上，1 人 1 日当たり

エネルギー・栄養素	避難所における食事提供の計画・評価のために当面の目標とする栄養の参照量（震災後 1 〜 3 カ月）2011 年 4 月 21 日発出	避難所における食事提供の評価・計画のための栄養の参照量（震災後 3 カ月〜）2011 年 6 月 14 日発出
エネルギー	2,000 kcal	1,800 〜 2,200 kcal
たんぱく質	55 g	55 g 以上
ビタミン B₁	1.1 mg	0.9 mg 以上
ビタミン B₂	1.2 mg	1.0 mg 以上
ビタミン C	100 mg	80 mg 以上

※日本人の食事摂取基準（2010 年版）で示されているエネルギーおよび各栄養素の摂取基準値をもとに，平成 17 年国勢調査結果で得られた性・年齢階級別の人口構成を用いた加重平均である。
※エネルギーおよび各栄養素は，身体活動レベル I と II の中間値を用いた。（ビタミン B₁ と B₂ はエネルギー量に応じて再計算）
出所）厚生労働省健康局総務課生活習慣病対策室：避難所における食事提供の計画・評価のための当面目標とする栄養の参照量について（事務連絡）2011 年 4 月 21 日および避難所における食事提供に係る適切な栄養管理の実施について（事務連絡）2011 年 6 月 14 日，上記を基に作成

表 10.23　避難所における食品構成例

単位：g

穀類	550
いも類	60
野菜類	350
果実類	150
魚介類	80
肉類	80
卵類	55
豆類	60
乳類	200
油脂類	10

注）この食品構成の例は，平成 21 年国民健康・栄養調査結果を参考に作成された値。穀類の重量は調理を加味した数量である。
出所）医薬基盤・健康・栄養研究所：避難所における食事提供の計画・評価のための当面目標とする栄養の参照量」に対応した食品構成　https://www.nibiohn.gp.jp/eiken/info/hinan_kousei.html（2020.1.6.）ホームページより作成

(2) 災害時における食品の入手

災害時においても食事設計を維持するためには，食べるためのモノ（食料や熱源等）がなければならない。支援物資の配給が開始されてからも，工場の被災や物流機能の低下により，食品が入手しにくい状況が続くため，備蓄食品や支援物資，各家庭からの持ち寄りなどのさまざまな方法で食べ物を確保する必要がある。東日本大震災では栄養士・管理栄養士が支援物資の物流に関わることが有効であったことがわかっている。さまざまな支援物資の中から必要な食品を探し出すこと，仕分けることも，栄養士・管理栄養士がもつスキルのひとつである。また，集団給食施設においては，行政や連携施設・系列施設，業者等と連絡が可能であった施設では，調達できる食材の種類が多かったこともわかっている。

災害時の食品確保には，平常時から各個人，各施設などでの備蓄が重要である。農林水産省は「最低3日分〜1週間分×人数分」の食品の家庭備蓄を推奨している。また，災害時要配慮者のための備蓄ガイドでは，乳幼児，高齢者，慢性疾患・食物アレルギーの方などに向けて，「少なくとも2週間分」の食料備蓄を推奨している。災害時には物流機能の停滞等により，特殊食品が手に入りにくくなることが想定されるため，特殊な食品が必要となる要配慮者は通常よりも多い量を用意しておく必要がある。食料備蓄には非常食だけでなく，日常食品を**循環備蓄**＊することも有効である。

(3) 災害時における調理と注意点

食料，熱源，調理器具の入手が困難な状況でも，確保できた物資でできる限りの食事提供を行うことが望まれる。

1）炊き出し 災害発生後，被災地では自衛隊や多くのボランティア団体などが炊き出し活動を実施する。炊き出しは一度に大人数を対象とした調理をすることができるため多くの被災者を救う。一方で，被災地で実際に炊き出しを実施しているのは被災者自身であることが多く，炊き出しの担当者の疲労も問題となることがある。災害時の炊き出しには，①被災者として自ら炊き出しをする場合，②外部団体に炊き出しを依頼する場合，③支援者として被災地に出向き炊き出し支援をする場合の3パターンがあるとされている。備蓄食品や災害時でも手に入りやすい食材を利用した炊き出し献立を事前に作成しておくことも必要となる。

2）パッククッキング パッククッキング法とは，熱に強い高密度ポリエチレン袋に食材を入れ，空気を抜いて袋を結び，湯煎により加熱する調理法である。パックした食材をそのまま湯煎し，袋のまま食器にのせることで調理器具や食器の洗浄が不要であるため，災害時の調理法として適している。利点として，①素材の風味やうま味を逃さない，②パック

＊**循環備蓄** 普段から使う食品を少し多めに買い置きしておき，賞味期限を考えて古いものから消費し，消費した分を買い足すことで，常に一定量の食品が家庭で備蓄されている状態を保つための方法である。費用，時間の面や，普段の買い物の範囲でできることや，買い置きのスペースを少し増やすだけで済むことが特徴である。ランニングストックやローリングストックともいう。

出所）農林水産省：災害時に備えた食品ストックガイド，2019年3月

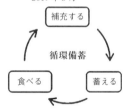

することにより衛生管理や持ち運びが楽，等がある。また，湯煎は，電気ポットなどに湯を張って利用することも可能である。

3）災害時の衛生管理　断水等により被災地全体の衛生状況が悪く，避難所では同じ空間に多くの人が集まって生活していることから食中毒の発生やノロウイルスなどの感染性胃腸炎の発生が懸念される。そのため，被災地における調理では通常以上に衛生管理を徹底することが求められる。実際に東日本

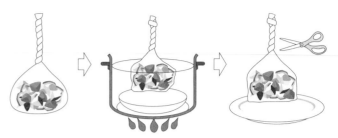

図 10.6　パッククッキングの手順

〈一般的なパッククッキングの手順〉
①食材と調味料をポリ袋に入れ，水圧を利用して中の空気をしっかり抜く。
　（※ポリ袋は，耐熱温度が130℃以上のもの，または湯煎対応の記載がある高密度ポリエチレン製で厚さ 0.01 mm の，無地でマチがないものを使う。）
②加熱するとふくらむので，袋の上の方でしっかり結ぶ。
③鍋に湯を沸かして鍋底に皿を敷き，加熱する。
④加熱されたポリ袋は，穴あきおたまやトングで取り出す。
⑤袋の結び目を切って，そのまま食器にのせる。
出所）農林水産省「要配慮者のための災害時に備えた食品ストックガイド」2019 年 3 月
イラストは著者作成

大震災では，外での調理や汚染された水の使用，炊き出しボランティアの衛生管理の不備，害虫の発生といった調理場の衛生問題や，冷蔵庫の不足による食品の保存状態に関する問題などさまざまな衛生管理の問題点があった。また，停電により冷蔵庫が使用できない場合の食品管理には細心の注意が必要である。

　被災地において調理をする際には，作業前に手洗いをしっかりする（手洗いの方法はコラム 21 参照），食品の消費期限を確認する，下痢や吐き気があるときには食事の担当はしない，食べ物には直接触れない（ラップや使い捨て手袋の使用），調理用ボウルやお皿等はラップを敷いて利用する，加熱が必要な食品は中までしっかり熱を通すなどに留意する。また，大量調理に慣れていないボランティア等には栄養士・管理栄養士が介入し，これらの指導を徹底することも必要である。

　さらに，被災者へ食事を提供する際には，調理品等は早めに食べること，食べ残しは食事担当スタッフへ返すこと，食事を取り置きしないこ

.... コラム 21　被災地での手洗い ....

〈流水が使える場合〉
トイレ後，調理前，食前等こまめに流水と石けんで手洗いを行う。
〈断水している場合〉
①〜③の順に実施可能な段階に応じて行う。
　① 避難所に設置されている手指用アルコール消毒剤を利用する。
　② ウェットティッシュを利用する。
　③ 給水車からの水があれば，バケツに消毒液を入れた水を用意する。
出所）医薬基盤・健康・栄養研究所：避難生活で生じる健康問題を予防するための栄養・食生活について「2. 衛生管理リーフレット」の解説資料（2017 年 9 月改訂）

と，缶詰などの加工食品は開封後早めに食べることなどの指導を徹底する。特に，被災者は抵抗力が低下気味になっていることが多く，食中毒が発生しやすい状況にあるため，普段以上の注意が必要となる。

(4) 災害時における食事提供の評価

避難所等で提供した食事の評価には，(1)の「避難所における栄養の参照量」のうち，「避難所における食事提供の評価・計画のための栄養の参照量」を使用する（表10.22 右および表10.24）。評価のための栄養の参照量は，栄養の必要量を示しており，この値を下回る食事を提供している避難所の割合をできるだけ少なくするよう食事計画を再考することが望まれる。東日本大震災で初めて公表されて以降，「平成28年熊本地震」および「平成30年7月豪雨」（いわゆる西日本豪雨）においても被災地域の人口構成に応じた参照量が公表されている。

表10.24　避難所における食事提供の評価・計画のための栄養の参照量
（熊本地震および西日本豪雨）

目的	エネルギー・栄養素	1歳以上，1人1日あたり
エネルギー摂取の過不足の回避	エネルギー	1,800 〜 2,200 kcal
栄養素の摂取不足の回避	たんぱく質	55 g 以上
	ビタミン B$_1$	0.9 mg 以上
	ビタミン B$_2$	1.0 mg 以上
	ビタミン C	80 mg 以上

※1　日本人の食事摂取基準（2015年版）で示されているエネルギーおよび各栄養素の値をもとに，平成22年国勢調査結果（熊本県）で得られた性・年齢階級別の人口構成を用いて加重平均により算出。
※2　日本人の食事摂取基準（2015年版）で示されているエネルギーおよび各栄養素の値をもとに，平成27年国勢調査結果（岡山県，広島県，愛媛県）で得られた性・年齢階級別の人口構成を用いて加重平均により算出。
出所）厚生労働省健康局健康課栄養指導室：避難所における食事提供に係る適切な栄養管理の実施について（事務連絡），2016年6月6日を基に作成

10.5.3　栄養士・管理栄養士による災害時の栄養・食生活支援

被災地における栄養・食生活支援は，被災自治体の行政栄養士が中心となって行う。その業務は，避難所での食事調査や巡回指導，炊き出しの栄養管理・衛生管理支援，災害時要配慮者対応，食品の分配など多岐にわたる。これらの業務のすべてを被災自治体の行政栄養士のみで担うことは困難であり，下記の支援チーム等をうまく活用していく必要がある。しかしながら，過去の災害においては，被災自治体の受援力（支援を受ける力）不足により，支援を有効活用できなかったケースもあった。各自治体においては，災害対応マニュアルの作成等，平常時から受援の対策をしておく必要がある。

(1) 災害時健康危機管理支援チーム（DHEAT：Disaster Health Emergency Assistance Team）

被災地の公衆衛生業務を支援するチームである。健康危機管理に必要な情

報収集・分析や全体調整などの専門的研修・訓練を受けた都道府県等の行政職員を派遣し，被災地行政の指揮調整機能等をサポートする。DHEATの構成メンバーには管理栄養士も含まれており，「防ぎえた死と二次的な健康被害の最小化」を目的に任務を行う。2016年度より全国で養成が行われている。

(2) 日本栄養士会災害支援チーム（JDA-DAT：Japan Dietetic Association-Disaster Assistance Team）

栄養士・管理栄養士のみで構成される支援チームが東日本大震災を機に発足した（図10.7）。国内外で大規模な自然災害が発生した場合に，72時間以内に被災地に入り，被災地での栄養・食生活支援活動を行う機動性の高い栄養士・管理栄養士のチームである。被災地内の医療・福祉・行政部門等と協力・連携して栄養支援を行う。彼らは，被災地の限られた資源の中で，被災者により良い食事を提供できるようトレーニングを受けた災害支援栄養士である。

また，大規模災害時には，普段の食事が食べられない災害時要配慮者が必要とする特殊な食品を一般物資とは分離してストックする「特殊栄養食品ステーション」を設置しており，優先的に確保が必要な乳児用ミルク，離乳食，濃厚栄養食品，嚥下困難な方向けのおかゆなど軟らかい食事，アレルギー対応食，病者用食品等を中心にストックしている。

図10.7　日本栄養士会災害
支援チーム
（JDA-DAT）
ユニフォームと
キッチンカー
（筆者撮影）

10.6　食育への活用と展開

10.6.1　食育基本法

(1) 食育基本法策定の社会的背景

近年における国民の食生活をめぐる環境の変化に伴い，国民が生涯にわたって健全な心身を培い，豊かな人間性をはぐくむための食育を推進することが緊要な課題となっていることを背景として，食育基本法（2005（平成17年））が制定された。食育基本法における食育の基本理念7項目を**表10.25**に示す。食育の推進は，家庭，学校，保育所，地域等を中心に，国民運動として取り組んでいくことが課題であり，国および地方公共団体による施策の実施に加え，教育関係者，農林漁業者，食品関連事業者，国民等の多様な関係者による連携・協力が重要である。具体的な施策については，食育基本法に基づき作成されている「食育推進基本計画」に，その成果や達成度を客観的な指標により把握するための数値目標が設定されている。

(2) 食育の意義

食育基本法の前文では，「子どもたちが豊かな人間

表10.25　食育基本法（概要）

食育の基本理念（第2条〜第8条）
① 国民の心身の健康の増進と豊かな人間形成
② 食に関する感謝の念と理解
③ 食育推進運動の展開
④ 子どもの食育における保護者，教育関係者等の役割
⑤ 食に関する体験活動と食育推進活動の実践
⑥ 伝統的な食文化，環境と調和した生産等への配意及び農山漁村の活性化と食料自給率の向上への貢献
⑦ 食品の安全性の確保等における幅広い食育の役割

出所）食育基本法（平成27年最終改正）

性をはぐくみ，生きる力を，身に付けていくためには，何よりも『食』が重要である。今，改めて，食育を生きる上での基本であって，知育，徳育及び体育の基礎となるべきものと位置付けるとともに，さまざまな経験を通じて『食』に関する知識と『食』を選択する力を習得し，健全な食生活を実践することができる人間を育てる食育を推進することが求められている」と示されている。すなわち，食育を推進することは，人々が健康で豊かに生きるための基礎的な力を養うために重要な意義がある。

特に子どもの食育については，同じく前文で「心身の成長及び人格の形成に大きな影響を及ぼし，生涯にわたって健全な心と身体を培い豊かな人間性をはぐくんでいく基礎となるものである」と述べられ，重視されている。子ども一人ひとりが将来にわたって主体的に食生活を営む力をつけるために，同法5条においても，保護者，教育関係者は子どもの食育に積極的に取り組むよう明記されている。家庭へ良い波及効果をもたらすためにも，保育所ならびに学校は食育が実践される場として大きな役割を担っている。

10.6.2 食育としての給食の意義
(1) 保育現場における食育の実践
1) 保育所における食育

保育所における食育は，保育所保育指針を基本として取り組むこととされている。保育所では保育所長，保育士，栄養士・管理栄養士等の協力のもと，保育計画に連動した組織的・発展的な食育計画を策定することが期待されている。食べることは生きることの源となることから，乳幼児期から発達・発育段階に応じた豊かな食の体験を重ねることにより，生涯にわたる健康で質の高い生活を送る基本となる「食を営む力」の基礎を培うことが大切である。2017年に改定(2018年施行)された保育所保育指針では，食育の促進や安全な環境の確保についての内容がさらに充実された。

2) 保育活動と食育

保育現場における給食は最も日常的な食育の機会である。栄養士・管理栄養士は，子どもや保育士・保護者などに向けて給食の役割を伝えることも食育につながる。給食は保育活動との連動により，「食」に興味関心を抱かせる場の一つとして効果が大きい。子どもたちの身体状況に合わせ，食事摂取基準にそった食事提供のみならず，食事の彩り，嗜好，食環境等への配慮も必要である。給食に使用している食材や料理，行事食や郷土料理，食文化などについて子どもが興味関心をもてるような情報を保育士と相互に共有化することも重要である。

子どもたちの保育活動と連携を図りながら進めることができる，栽培活動

やクッキング保育を活用することもある。保育中の栽培活動で間引いた青菜を「食べたい」という子どもたちの要望を受けて，調理されて給食で提供してくれる保育所もある。このことは，活動から生じた子どもたちの「今，やりたい」という興味関心が尊重され，欲求の充足にもつながることである。

また給食は，喫食前からそのにおいや音で食を体感することができ，存在感が大きい。図10.8 は，ガラス越しに調理室をのぞく子どもたちの様子であるが，これから食べる給食への期待感が感じられる。図10.9 は，給食前に栄養士と子どもたちがこれから食べる食材を3つの色にグループ分けしている様子である。このような時間を設けることで，栄養に関する知識が定着し，子どもたちの理解が深まる。また，給食の場を食事の準備や片付けのマナーを学ぶ場としてその環境をととのえることは，子どもたちの主体的な行動の促進につなげることができる。食べることだけではない，「食」に付随する一連の行動を，当たり前のこととして自然な流れで行うことができるようになる(図10.10)。これらの行動を促すためには，子どもの手の大きさに合わせた使いやすい台布巾の準備や片付けしやすいようなお盆・かごの準備など，子どもの視点に立ち，子どもが動きやすい場をつくる工夫が大切である。

図10.8　調理室をのぞく子どもたち

図10.9　栄養士と子どもたちによる食材のグループ分け

3）　栄養士・管理栄養士の役割

保育士が中心となる保育現場においても，栄養の専門家である栄養士・管理栄養士が日常的に子どもたちと関わることで信頼関係が築かれ，食育が実践しやすいものとなる。保育現場においては，イベント的な食育だけでなく，作物の育ちにはプロセスがあることを実感できるような長期的な活動(野菜の栽培や米作り等)への支援も大切にしたい。また，クッキング保育における調理技術の支援など，食に関する知識や調理特性を理解している栄養士・管理栄養士だからこそ担える役割は大きい。

図10.10　食べ終えたお皿の片付け

（2）学校における食育の実践

1）　学校における食育

学校における食育は，小学校学習指導要領および中学校学習指導要領の総則に示された食育の推進をふまえ，体育科，家庭科(中学校では保健体育科，技術・家庭科)，特別活動の時間[*1]，各教科，道徳科，外国語活動および総合的な学習の時間など，学校教育活動全体を通じて組織的，計画的に実施する。

学校における食育活動は，先に示した食育基本法(pp.173-174参照)のみならず**学校給食法**[*2]にも明確に位置付けられているように，子どもが食について計

*1　給食の時間などを含む。

*2　学校給食法(2008(平成20)年に改正，平成21年に施行)
この法律の目的として第1条に「学校における食育の推進」が明確に位置付けられ，第2条に「学校給食の目標」として「7つの目標」が掲げられた。さらに，第3章に「学校給食を活用した食に関する指導」が新設され，栄養教諭の役割が明記された。

＊栄養教諭　栄養教諭制度が平成
17年に創設され，学校におけ
る食育を推進するために，教育
的資質と栄養に関する専門性を
兼ね備えた「栄養教諭」が配置
されるようになった。栄養教諭
は，学校給食の管理とともに，
食に関して児童・生徒の個別指
導および集団指導を行うほか，
他の教職員や家庭・地域と連携
した食に関する指導を推進する
ための連絡・調整を行う。

画的に学ぶことができるよう，各学校において学校長の指揮の下に教職員が連携し，指導に係る全体的な計画が策定される必要がある。その中で，**栄養教諭**が配置される学校では指導体制の要として食育の推進に重要な役割を担うことになる。栄養教諭は，子どもが将来にわたり健康に生活していけるよう，栄養素や食事の取り方について正しい知識に基づいて自ら判断し，食生活をコントロールしていく「自己管理能力」や「望ましい食習慣」を身につけさせるが，食の指導(肥満，偏食，食物アレルギーなどの児童生徒に対する個別指導)と給食管理を一体のものとして行う。子どもが発達段階に応じて食生活に対する正しい知識と望ましい食習慣を身に付けることができるよう，学校においては食事の場である給食が生きた食育教材として活用される。これは，保育現場における食育の実践と共通するところである。給食を通じて地域や家庭とも連携し，食事の楽しさ，食への関心，食事作りへの関心，健康的な食べ方を実践することで，高い教育効果が得られる。食育に関する指導が実践しやすくなるよう，「食に関する指導の手引き(第二次改訂版)」では，6つの「食育の視点」(**表10.26**)を示している。

表10.26　学校における食育の推進　～6つの「食育の視点」～

【食事の重要性】 食事の重要性，食事の喜び，楽しさを理解する。 【心身の健康】 心身の成長や健康の保持増進の上で望ましい栄養や食事のとり方を理解し，自ら管理していく能力を身に付ける。 【食品を選択する能力】 正しい知識・情報に基づいて，食品の品質及び安全性等について自ら判断できる能力を身に付ける。 【感謝の心】 食べ物を大事にし，食料の生産等に関わる人々へ感謝する心をもつ。 【社会性】 食事のマナーや食事を通じた人間関係形成能力を身に付ける。 【食文化】 各地域の産物，食文化や食に関わる歴史等を理解し，尊重する心をもつ。

出典）文部科学省編：食に関する指導の手引き（第二次改訂版），(2019)

2)　幼稚園における食育

幼稚園における食育については，平成20(2008)年3月に改訂された幼稚園教育要領に記載され，平成29(2017)年3月に改訂された幼稚園教育要領でもその充実が図られている。具体的には領域「健康」において，「先生や友達と食べることを楽しみ，食べ物への興味や関心をもつ」ことがねらいを達成するために指導する内容とされている。幼児自身が教師や他の幼児と食べる喜びを味わい，さまざまな体験を通じて食べ物への興味や関心をはぐくむことが大切となる。

10.6.3　家庭・地域における食育

食生活や社会の変化に伴い，家庭を主体として存在していた「食」が変わりつつあり，かつ危機的状況であることは否めない。「食」に関する子育ての不安や心配を抱える保護者も少なくないことから，家庭や地域における食育は，保育現場や学校と連携・協働して進めることが不可欠となる。食生活に関する相談や助言・支援を行う立場として保育現場や学校・地域が存在し，家庭と連携することができる。また，保育現場や学校・家庭は地域を食育の

場として活用することができる。このように相互に連携を図りながら食育を推進していくことができる仕組みがあることは心強い。食への感謝の気持ち，食品の安全知識，社会人として身につけるべきマナーなど，食に関する知識と食を選択する力の習得こそが食育であり，「生きる力」となる。それぞれの立場で，子どもたちが食について実践的に学ぶことができる環境づくりを意識し，さらにはその食育実践が継続できるようにすることが何より大切なことである。

　家庭における食育は，栄養バランスのとれた食事，早寝早起き朝ごはんの習慣化，共食，適度な運動といった望ましい生活習慣を意識すること，買い物や食卓づくり（お手伝い，料理，箸や食器の準備，配膳下膳，食器洗いなど）といった日常的な生活体験が自然とできるような工夫が望まれる。また，地産地消につながる食行動は，環境問題にも関連する食育実践の一つであることから積極的に推奨したい。地域における食育は，保育所や学校の学びの場として，あるいは消費者を受け入れる生産者の立場として，その影響力は大きいものであるといえる。

　また近年，**子ども食堂***の活動が広まっており，家庭における共食が難しい子どもたちに対し，共食の機会を提供する取組みが増えている。地域における食育推進を担う連携先の一つとして子ども食堂が位置づけられ，その取組みに地域ぐるみで協力し，活動遂行に役立つような環境整備が地方自治体には期待されている。

　栄養士・管理栄養士は職務として食育に関わることもでき，家庭や地域という立場で関わることもできる存在である。食の専門家として学んださまざまな知識に工夫を加えて家庭や地域で大いに活かし，「生きる力」を育む支援につなげていただきたい。

***子ども食堂**　地域住民等による民間発の取組みとして無料または安価で栄養のある食事や温かな団らんを提供する場。食育の推進という観点から見た子ども食堂の意義は，(a)子どもにとっての貴重な共食の機会の確保，(b)地域コミュニティーの中でのこどもの居場所を提供，等が認められている。農林水産省においても，子ども食堂と連携した地域における食育を推進している。

<hr>

・・・・・・・・・・・・・・・・・・・・ コラム22　クッキング保育 ・・・・・・・・・・・・・・・・・・・・

　保育所保育指針には，保育の内容の一環として食育が位置づけられており，各保育所の創意工夫のもとに食育を推進していくことが求められている。2008年に改定された保育所保育指針に食育計画の策定が義務づけられたこともあり，各保育所では盛んにクッキング保育の計画や実践がなされている。栽培した米を使ったおにぎり作り，夏野菜のカレー作り，小松菜のクッキー作り，スイートポテト作り，とうもろこし（爆裂種）栽培からのポップコーン作りなど，栽培・収穫活動からクッキング保育につなげる取り組みを行っている保育所は多くある。また，地元の農家に出向き青梅を収穫して梅ジュース作りを行うなど，地域とのかかわりを深められるような取組みもすすめられている。クッキング保育を通じて，素材の育ち，季節や旬を体感することができ，子どもたちの興味関心を大いに引き出すことができる。「食」は生きていく上では欠かすことができないものであるからこそ，発達特性に応じた自然な形で，子どもたちの育ちにつなげていける支援をしていくことが大切である。

【演習問題】

問 1　献立作成に関する記述である。誤っているのはどれか。1 つ選べ。

（2019 年国家試験）

（1）食品構成を目安として作成する。

（2）朝食，昼食，夕食の配分比率は，1：1：3 を目安とする。

（3）主菜は，主食に合わせて選択する。

（4）主菜，副菜の順に決める。

（5）デザートで不足の栄養素を補足する。

解答（2）

問 2　次の文を読み答えよ。

A 市役所に勤務する管理栄養士である。大規模災害発生時の危機管理として，住民への食生活支援を担当する立場にある。

2015 年 9 月 1 日に発生した震度 6 強の地震により，9 月 7 日現在，A 市内では 15 の避難所に約 3,000 人の住民が生活している。すでに支援物資が届き始め，各避難所の特徴を把握し，巡回支援を行うところである。

自治体として行う各避難所への対応である。最も適切なのはどれか。1 つ選べ。　（2017 年国家試験）

（1）十分な量の主食を追加提供する。

（2）市の職員が分担して，各避難所で炊き出しを行う。

（3）乳児全員に粉ミルクを提供する。

（4）食事制限のある患者に対して，個別に食事への配慮を行う。

解答（4）

問 3　食育基本法に関する記述である。最も適当なのはどれか。1 つ選べ。

（2023 年国家試験）

（1）食育推進会議の会長は，厚生労働大臣が務める。

（2）食育の推進に当たって，国民の責務を規定している。

（3）子ども食堂の設置基準を規定している。

（4）特定保健指導の実施を規定している。

（5）栄養教諭の配置を規定している。

解答（2）

参考文献

足立己幸，衛藤久美，食育に期待されること，栄養学雑誌，**63**(4)，201-212（2005）

上田隆史，河村剛史，佐藤祐造編：臨床栄養学　病態・食事療法編，培風館（2006）

笠岡（坪山）宜代，近藤明子，原田萌香ほか：東日本大震災における栄養士から見た口腔保健問題，日摂食嚥下リハ会誌，**21**，191-199（2017）

笠岡（坪山）宜代，原田萌香：東日本大震災の避難所を対象とした炊き出し実施に関する解析—自衛隊，ボランティア，栄養士による外部支援の状況—，日本災害食学会誌，**5**，1-5（2017）

笠岡（坪山）宜代，廣野りえ，高田和子ほか：東日本大震災において被災地派遣された管理栄養士・栄養士の支援活動における有効点と課題—被災地側の管理栄養士・栄養士の視点から—，日本災害食学会誌，**3**，19-24（2016）

笠岡（坪山）宜代，星裕子，小野寺和恵ほか：東日本大震災の避難所で食事提供に影響した要因の事例解析，日本災害食学会誌，**1**，35-43（2014）

厚生労働省：授乳・離乳の支援ガイド（2019 年改訂版），
https://www.mhlw.go.jp/content/11908000/000496257.pdf（2019.10.9.）

厚生労働省：日本人の食事摂取基準（2020 年版）策定検討会報告書

佐藤和人，本間健，小松龍史編：臨床栄養学（第 8 版），医歯薬出版（2017）

山東勤弥，幣憲一郎，保木昌徳編：ケーススタディで学ぶ臨床栄養学実習，化学同人（2016）

長寿科学振興財団：健康長寿ネット，
https://www.tyojyu.or.jp/net/kenkou-tyoju/eiyouso/index.html（2019.10.9.）

Tsuboyama-Kasaoka, N., Hoshi, Y., Onodera, K., et al., What factors were important for dietary improvement in emergency shelter after the Great East Japan Earthquake?. *Asia Pac J Clin Nutr*, **23**, 159-166（2014）.

特定非営利活動法人キャンパー，一般社団法人日本調理科学会：災害時炊き出しマニュアル，東京法規出版（2012）

名古屋市健康福祉局健康部：「若者（大学生）の朝食摂取状況調査」調査報告書（2013），
http://www.kenko-shokuiku.city.nagoya.jp/pdf/breakfast_report.pdf（2019.10.9.）

日本高血圧学会：減塩委員会，https://www.jpnsh.jp/com_salt.html（2019.10.9.）

日本高血圧学会編：高血圧診療ステップアップ—高血圧治療ガイドラインを極める—，診断と治療社（2019）

農林水産省：こども食堂と連携した地域における食育の推進
https://www.maff.go.jp/j/syokuiku/kodomosyokudo.html（2024.2.6.）

農林水産省：平成 27 年度食育白書（2015），
http://www.maff.go.jp/j/syokuiku/wpaper/h27/h27_h/book/part1/chap1/b1_c1_2_01.html（2019.10.9.）

Nozue, M., Ishikawa-Takata, K., Sarukura, N., et al., Stockpiles and food availability in feeding facilities after the Great East Japan Earthquake. *Asia Pac J Clin Nutr*, **23**, 321-330（2014）.

藤谷順子監修：テクニック図解　かむ・飲み込むが難しい人の食事，講談社（2013）

布施眞里子，篠田粧子編：応用栄養学，学文社（2015）

南出隆久ほか編：調理学，講談社サイエンティフィク（2015）

箕輪貴則，柳田紀之，渡邊庸平ほか：東日本大震災による宮城県における食物アレルギー患児の被災状況に関する検討，アレルギー，**61**，642-651（2012）

山崎英恵編：調理学　食品の調理と食事設計，中山書店（2018）

吉村芳弘，西岡心大，宮島功，嶋津さゆり編：低栄養対策パーフェクトガイド—病態から問い直す最新の栄養管理—，医歯薬出版（2019）

索　引

執筆者紹介

*小林　理恵　東京家政大学栄養学部栄養学科教授
　　　　　　　（第1章，第8章 8.1.1-4, 8.3.3-4, 8.4）

京極　奈美　金沢学院短期大学食物栄養学科助手（第2章，第10章 10.2）

七尾由美子　金沢学院大学栄養学部栄養学科教授（第2章，第10章 10.2）

*高崎　禎子　信州大学名誉教授（第3章）

芝崎　本実　十文字学園女子大学人間生活学部食物栄養学科講師（第4章）

山中なつみ　名古屋女子大学健康科学部健康栄養学科教授（第5章，第8章 8.2.3）

片平　理子　相模女子大学栄養科学部健康栄養学科教授
　　　　　　　（第6章，第8章 8.2.1-2, 8.2.4）

大石　恭子　和洋女子大学家政学部家政福祉学科教授（第7章）

佐藤　瑶子　お茶の水女子大学基幹研究院自然科学系講師（第7章）

岩田惠美子　畿央大学健康科学部健康栄養学科准教授
　　　　　　　（第8章 8.1.5-8，第10章 10.1）

野中　春奈　佐野日本大学短期大学総合キャリア教育学科栄養士フィールド准教授
　　　　　　　（第8章 8.3.1-2, 8.5，第10章 10.6）

新澤　祥恵　北陸学院大学健康科学部栄養学科教授（第9章 1, 3, 4）

谷口明日香　東京家政大学家政学部栄養学科助教（第9章 2）

荒井恵美子　島根県立大学看護栄養学部健康栄養学科講師（第10章 10.3-4）

笠岡(坪山)宜代　医薬基盤・健康・栄養研究所国際災害栄養研究室室長（第10章 10.5）

原田　萌香　医薬基盤・健康・栄養研究所研究員（第10章 10.5）

（執筆順，*編者）

新　調理の科学—基礎から実践まで—

2024年4月1日　第一版第一刷発行　　　　　◎検印省略

編著者　高崎禎子
　　　　小林理恵

発行所　株式会社 学 文 社
発行者　田 中 千 津 子

郵便番号　　　　153-0064
東京都目黒区下目黒3-6-1
電　話　03(3715)1501(代)
https://www.gakubunsha.com

©2024 TAKASAKI Sadako & KOBAYASHI Rie
乱丁・落丁の場合は本社でお取替します。
定価は売上カード，カバーに表示。

Printed in Japan
印刷所　新灯印刷株式会社

ISBN 978-4-7620-3312-4